THE AGE OF EMPATHY
共感の時代へ
動物行動学が教えてくれること
Nature's Lessons for a Kinder Society

Frans de Waal
フランス・ドゥ・ヴァール
柴田裕之［訳］／西田利貞［解説］

紀伊國屋書店

THE AGE OF EMPATHY
共感の時代へ
動物行動学が教えてくれること
Nature's Lessons for a Kinder Society

Frans de Waal

THE AGE OF EMPATHY

Nature's Lessons for a Kinder Society

いつも私を笑わせてくれるカトリーヌに捧げる

目次

はじめに

今時、強欲は流行らない。世は共感の時代を迎えたのだ。

二〇〇八年に世界的な金融危機が起き、アメリカでは新しい大統領が選ばれたこともあって、社会に劇的な変化が見られた。多くの人が悪夢から覚めたような思いをした——庶民のお金をギャンブルに注ぎ込み、ひと握りの幸運な人を富ませ、その他の人は一顧だにしない巨大なカジノの悪夢から。この悪夢を招いたのは、四半世紀前にアメリカのレーガン大統領とイギリスのサッチャー首相が導入した、いわゆる「トリクルダウン」経済（訳注　大企業や富裕層が潤うと経済が刺激され、その恩恵がやがて中小企業や庶民にまで及ぶという理論に基づく経済政策）で、市場は見事に自己統制するという心強い言葉が当時まことしやかにささやかれた。もうそんな甘言を信じる者などいない。

どうやらアメリカの政治は、協力と社会的責任を重んじる新時代を迎える態勢に入ったようだ。新しい政治は、社会を一つにまとめるものに力点を置く。生きる価値のある社会を築くことを、社会から物質的豊かさを引き出すことよりも大切にする。共感こそが私たちの時代の最大のテーマであり、それはバラク・オバマの演説にも反映されている。たとえばシカゴのノースウェスタン大学の卒業式で、彼はこう語った。「私たちは共感面での『赤字』についてもっと語るべきだろう。……人は自己を超えるものに狙いを定めたとき、初めて自分の真の潜在能力に気づく[1]」

　人間の本性はこの試みをじつに力強く後押ししてくれるというのが、本書『共感の時代へ』のメッセージだ。利己的な諸原理に基づく社会を正当化するために、たいてい生物学的な特質が担ぎ出されることは確かだが、その同じ特質がさまざまな共同体をまとめる接着剤を生み出してきたことも、けっして忘れてはならない。この接着剤は、私たち人間以外の多くの動物の間にも見られる。他者と調和し、活動を連携させ、困っている者を気遣うという行為は、私たちの種《しゅ》に限ったものではない。人間の共感には、長い進化の歴史という裏付けがある。本書のタイトルには、そのような意味も込められているのだ。

第一章
Biology, Left and Right

右も左も生物学

政《まつりごと》とは、人間の本性の比類なき省察以外の何物たりえようか？
――アメリカ合衆国第四代大統領ジェイムズ・マディソン（一七八八年）(1)

私たちはみな、同胞の面倒を見るのが当たり前なのだろうか？　そうする義務を負わされているのだろうか？　それとも、その役割は、私たちがこの世に存在する目的の妨げとなるだけなのだろうか？　その目的とは、経済学者に言わせれば生産と消費であり、生物学者に言わせれば生存と生殖となる。この二つの見方が似ているように思えるのは当然だろう。なにしろ両者は同じ頃、同じ場所、すなわち産業革命期にイングランドで生まれたのであり、ともに、「競争は善なり」という論理に従っているのだから。

それよりわずかに前、わずかに北のスコットランドでは、見方が違った。経済学の父アダム・スミスは、自己利益の追求は「仲間意識」によって加減されなくてはならないことを誰よりもよく理解していた。『道徳感情論』（世評では、のちに著した『国富論』にやや見劣りするが）を読むとわかる。同書は次のような有名な言葉で始まる。

人間はどれだけ利己的であると思われていようと、その本性に何らかの道徳基準が備わっているのは明らかであり、そのおかげで私たちは他者の境遇に関心を抱き、また、他者の幸福が自らに欠かせなくなっている。他者の幸福からは、それを目の当たりにするという喜び以外には何一つ引き出せないのだが。(2)

フランス革命では「同胞愛」がしきりに唱えられ、エイブラハム・リンカーンは思いやりの絆に訴え、セオドア・ルーズベルトは仲間意識こそ「健全な政治・社会生活を生み出す上で最重要の要因」であると、熱を込めて語った。だが、もしこれがほんとうなら、なぜこのような心情は、ときに感傷的だなどと揶揄《やゆ》されるのか？　最近の例として、二〇〇五年にハリケーン・カトリーナがルイジアナ州を襲ったあとのことを考えてみよう。この前代未聞の大惨事にアメリカ国民が呆然としているとき、あるケーブルニュースのネットワークは、なんと、合衆国憲法には災害救援の規定のようなものがあるのだろうかと問いかけた。番組のゲストは、他人の窮状など私たちの知ったことではないと言い放った。

堤防が決壊した日、たまたま私はジョージア州アトランタから車でアラバマ州に出向いた。オーバーン大学で講演するためだ。アラバマ州のそのあたりはわずかに木が倒れた程度で、ほとんど被害はなかったが、泊まったホテルは避難民であふれ返り、どの部屋も老人や子供、犬や猫を連れた人でいっぱいで、朝、目覚めたときには動物園にいるようなありさまだった。生物学者が動物園にいてもさほど場違いではないかもしれないが、被害の大きさを痛感させられた。それでも、そこにたどり着いた人は、まだ運が良いほうだった。部屋に届けられた朝刊を手に取ると、目に飛び込んできたのは、「なんで私たちは動物のように置き去りにされたままなのか?」という見出しだ。食べ物もなくトイレも使えないまま、何日にもわたってルイジアナ・スーパードームに足止めされていた人の言葉の引用だ。

その見出しには不満だった。といっても、被害者の救済措置には文句のつけようがないと感じていたからではなく、動物たちは必ずしも仲間を置き去りにしたりしないからだ。私の講演のテーマは、まさにそれ、つまり、私たち人間は「内なるサル」を抱えていて、それは世間で言われているほど冷淡でも意地悪でもなく、私たちの種はごく自然に他者と共感できるということだった。ただし、いつも共感が表れると主張していたわけではない。お金も車もある何千何万という人が、病人や高齢者、貧しい人を置き去りにしてニューオーリンズから逃げ出している。その結果、死体が水に浮かび、ワニの餌食になる場所もあった。

だが、この大惨事の直後から、こうした事態に全国の人がすっかり恥じ入り、信じ難いほどの支援の手がこれでもかとばかりに差し伸べられたことも事実だった。思いやりが存在しなかったわけではなく、それが表れるまでに時間がかかっただけだ。アメリカ人は気前は良いのだが、自由市場の「見えざる手」(ほかならぬアダム・スミスが思いついた比喩)が社会の不幸を片づけてくれるという誤った考え方を子供の頃から吹き込まれている。しかし、見えざる手は、ニューオーリンズで繰り広げられた適者生存の恐ろしい場面の数々を防ぐ上では、何の役にも立たなかった。

経済的成功の裏には醜い秘密が隠されている。そうした成功は公共のための支出を犠牲にして初めて手に入る場合があり、その結果、誰にも顧みられないような巨大な下層階級を生むことになるのだ。ハリケーン・カトリーナは、アメリカ社会の恥部を暴いた。アトランタへの帰り道に、ふと思い至った――これだ、公共の利益こそが私たちの時代のテーマだ、と。私たちは戦争やテロの脅威、グローバリゼーション、けちな政治スキャンダルなどにとかく注目しがちだが、それよりもっと大きな問題は、繁栄する経済と思いやりのある社会の両立なのだ。これは、医療や教育、司法、そして（カトリーナの例を見れば明らかなように）自然災害対策と結び付いている。ルイジアナ州の堤防の保守管理は不当なまでに手抜きされていた。洪水のあとの数週間というもの、メディアは責任追及に余念がなかった。技術者の過失ではないか、資金が流用されたのではないか、大統領は休暇を切り上げるべきではなかったかと、誰かを指差して非難することが繰り返された。私の祖国オランダでは、指は堤防の穴をふさぐのに使われる。少なくとも、少年が指で穴をふさいで堤防を守ったという伝説がある。国土の大半が最大で六メートル余り海面よりも低いオランダでは、堤防は神聖そのものなので、政治家たちはそれについていっさい口出しできない。治水は、技術者と、建国にすら先立って設立されていた地元の委員会の手に委ねられている。

考えてみると、これまた政治に対する不信感を反映している。政治と言っても、大きな政府ではなく、目先のことしか頭にない大半の政治家のことなのだが。

強欲を正当化する「進化」

人々がどう社会を組織するかは、生物学者が頭を悩ますべき話題には思えないかもしれない。生物学者はハシジロキツツキについてや、エイズやエボラ熱の流行に霊長類が果たす役割について、あるいは、熱帯多雨林の消滅や、人間は類人猿から進化したのかどうかという疑問について考えていればいいと見る向きもあるだろう。人類の祖先についてはまだ異論があるものの、生物学の役割に関しては、世論に劇的な変化が起きた。E・O・ウィルソンが動物と人間の行動のつながりについて講演して冷水を浴びせられた時代は、もはや過去のものとなった。人間の行動と動物の行動との類似性を指摘しても、もうそれほど物議を醸すことはない。おかげで生物学者は助かっている。そこで私は次の段階に進み、生物学の観点から人間の社会を解明できないか、試みることにした。政治論争のまっただなかに足を踏み入れることになるかもしれないが、それもよかろう。生物学がそうした論争にかかわるのは、なにもこれが初めてではない。社会や政治についての議論はすべて、人間の本性についてのじつに大胆な仮定に基づいている。そして、そうした仮定は、生物学に直接根差しているかのように提示されるのが常だ。だが、それはたいてい事実に反する。

たとえば、自由競争を好む人は、しばしば進化を引き合いに出す。「進化」という言葉は、一九八七年の映画『ウォール街』でマイケル・ダグラス演じる冷酷な企業乗っ取り屋ゴードン・ゲッコーの悪名高い「強欲スピーチ」にさえ、さりげなく登場する。

ようするに、みなさん、「強欲」――これよりましな言い方がないのでこの言葉を使いますが――

強欲は善なのです。強欲は正しい。強欲はうまくいく。強欲は物事を明確にし、核心を衝き、進化の精神のエッセンスを捉えるのです。

進化の精神？　人間の生物学的特質についての仮定が、いつもネガティブになるのはどうしたことか？　社会科学では、人間の本性はホッブズの古い言葉によって類型化されている。すなわち、「ホモ・ホミニ・ルプス（人間は人間にとってオオカミである）」。だがこれは、私たちの種を言い表すものとしては首を傾《かし》げたくなるし、オオカミという種に関しての不正確な前提に基づいてもいる。それはともかく、このように、社会と人間の本性との相互作用を探究する生物学者は、とくに目新しいことをしているわけではない。唯一の違いはと言えば、生物学者は特定のイデオロギーの枠組みを正当化しようとする代わりに、人間の本性とは何か、それが何に由来するかという疑問にほんとうに興味を持っている点だ。進化の精神は、ゲッコーが主張したように、強欲に尽きるのだろうか？　それとも、そこにはそれ以上のものがあるのか？

法律や経済、政治を研究する人間は、自らの社会を客観的に眺める道具を持ち合わせていない。彼らは社会を何と比べるというのか？　人類学や心理学、生物学、神経科学の分野で蓄積されてきた、人間の行動に関する膨大な知識を彼らが参照することは、まずない。そうした分野から得られる答えをひと言で言えば、人間とは集団性の動物である、となる。非常に協力的で、不公平に敏感で、好戦的になることもあるが、たいていは平和を好む。これらの傾向を顧みない社会は最適のものとは言えない。たしかに人間はご褒美目当てで行動する動物でもあり、地位や縄張り、食べ物の確保に関心が向いているので、こうした傾向を顧みない社会もまた、最適のものたりえない。私たちの種には、社会的な面も、利己的な面もある。とはいえ、少なくとも欧米では後者の傾向を前提とすることが圧倒的に多いので、私は前者の傾向、すなわち共感と社会的なつながりという特質に焦点を当てることにする。

人間と動物の利他的行為と公平さの起源については新たな研究がなされており、興味をそそられる。たとえば、二匹のサルに同じ課題をやらせる研究で、報酬に大きな差をつけると、待遇の悪いほうのサルは課題をすることをきっぱりと拒む。人間の場合も同じで、配分が不公平だと感じると、報酬をはねつけることがわかっている。どんなに少ない報酬でも、もらえないよりはましなので、サルも人間も利潤原理に厳密に従うわけではないことがわかる。不公平な待遇に異議を唱えるのだから、こうした行動は、報酬が重要であるという主張と、生まれつき不公平を嫌う性質があるという主張の両方を裏付けている。

それなのに私たちは、利他主義や公平さに満ちた連帯意識のかけらもないような社会にますます近づいているように見える。そんな社会では、多くの人が貧乏籤《びんぼうくじ》を引くことになるだろうに。この傾向と、病める人や貧しい人の面倒を見るといった、古き良きキリスト教の価値観との折り合いをつけるのは絶望的に思えるかもしれないが、被害者を責めるというのが常套手段の一つだ。貧しいのは自分が悪いのだと言えれば、貧しくない人は責任を免れる。たとえば、カトリーナの被害のあった翌年、保守派の著名な政治家ニュート・ギングリッチは、ハリケーンから逃れそこなった人々による「市民的行動の不履行」の調査を求めた(3)。

個人の自由を強調する人は、集団の利益を絵空事と見なし、腰抜けや共産主義者の謳うものと蔑《さげす》むことが多い。彼らは、誰もが自分の身は自分で守るべしという考え方を好む。たとえば、一地方全体を守る堤防にお金を注ぎ込む代わりに、各自に自分の身の安全を守らせればいいではないかというわけだ。あるフロリダ州の新しい企業は、まさにこの理屈を地で行き、ハリケーンの危険地域から脱出する人に、自家用ジェット機の座席を賃貸している。このサービスを利用できるお金持ちは、庶民とともに大渋滞の中を自動車でのろのろと逃げ出さずに済む。

どんな社会も、この利己的な態度と取り組まなくてはならない。私はそうした取り組みがなされるのを日々、目にしている。もっとも、人間ではなく、私が勤務するヤーキーズ国立霊長類研究センターのチンパンジーたちによってだが。アトランタ北東にある私たちのフィールド・ステーションでは、屋外に設置した複数の囲いの中でチンパンジーを飼っていて、ときどきスイカのような、みんなで分けられる食べ物を与える。ほとんどのチンパンジーは、真っ先に手に入れようとする。いったん自分のものにしてしまえば、他のチンパンジーに奪われることはめったにないからだ。所有権がきちんと尊重されるようで、最下位のメスでさえ、最上位のオスにその権利を認めてもらえる。食べ物の所有者のもとには、他のチンパンジーが手を差し出して寄ってくることが多い（チンパンジーの物乞いの仕草は、人間が施しを乞う万国共通の仕草と同じだ）。彼らは施しを求め、哀れっぽい声を出し、相手の面前でぐずるように訴える。もし聞き入れてもらえないと、癇癪《かんしゃく》を起こし、この世の終わりが来たかのように、金切り声を上げ、転げ回る。

つまり、所有と分配の両方が行なわれているということだ。けっきょく、たいていは二〇分もすれば、その群れのチンパンジー全員に食べ物が行き渡る。所有者は身内と仲良しに分け与え、分け与えられた者がさらに自分の身内と仲良しに分け与える。なるべく大きな分け前にありつこうと、かなりの競争が起きるものの、なんとも平和な情景だ。今でも覚えているが、撮影班が食べ物の分配の模様をフィルムに収めていたとき、カメラマンがこちらを振り向いて言った。「うちの子たちに見せてやりたいですよ。いいお手本だ」

というわけで、自然は生存のための闘争に基づいているから私たちも闘争に基づいて生きる必要があるなどと言う人は、誰であろうと信じてはいけない。多くの動物は、相手を蹴落としたり何でも独り占めしたりするのではなく、協力したり分け合ったりすることで生き延びる。これが最も明確に当てはまるのは、オオカミやシャチのように群れで獲物を襲う動物だが、私たちに最も近い霊長類の仲間たちにしても同じだ。コートジボアールのタイ国立公園で研究対象となったチンパンジーたちは、ヒョウに傷つけられた群れの仲間の血を舐《な》め、念入りに泥を取り除き、傷口に寄ってくるハエを追い払うなどして、世話をした。けがをした仲間を守り、彼らがついてこられないと、移動する速度を落とした。オオカミや人間がそれなりの理由があって集団で生きているのと同じで、チンパンジーもそれなりの理由があって群れを作って暮らしているのだから、これはすべてしごくもっともなことだ。もし人間は人間にとってオオ

チンパンジーは私たち人間と同じように、手のひらを上に向けて手を差し出す仕草で食べ物を分けてくれるように請う。

カミだとすれば、ネガティブな意味ばかりでなく、ポジティブな意味でもオオカミなのだ。人間の祖先が互いによそよそしかったなら、今の私たちはないだろう。

したがって、私たちは人間の本性に関する前提を全面的に見直す必要がある。自然界では絶え間ない闘争が繰り広げられていると思い込み、それに基づいて人間社会を設計しようとする経済学者や政治家があまりに多すぎる。だが、そんな闘争はたんなる投影にすぎない。彼らは奇術師さながら、まず自らのイデオロギー上の偏見というウサギを自然という帽子に放り込んでおいて、それからそのウサギの耳をわしづかみにして取り出し、自然が彼らの主張とどれほど一致しているかを示す。私たちはもういい加減、そんなトリックは見破るべきだ。自然界に競争がつきものなのは明らかだが、競争だけでは人間は生きていけない。

直観的な道徳判断

ドイツの哲学者イマヌエル・カントは、人間の親切心にはほとんど何の価値も見出さなかった。アメリカのディック・チェイニー前副大統領が省エネルギーの試みを馬鹿にしていたのと同じだ。チェイニーは次のように、省エネルギーを嘲った。「個人的徳の表れ」ではあるが、残念ながら地球には何のためにもならない、と。カントは、思いやりは「美しい」としながらも、有徳の生活には無関係だと述べた。義務がすべてであるならば、優しい気持ちなど、誰が必要とするだろう?

今私たちが生きているのは、知性が称えられる時代で、感情は感傷的でどろどろしたものとして見下される。感情は制御しづらいので、なお分が悪い。なにしろ、自己を制御できてこそ私たちは人間たりうるはずなのだから。現代の哲学者たちは、人生のさまざまな誘惑に逆らう世捨て人さながら、人間の情念とは距離を置き、かわりに論理と分別に集中しようとする。だが、世捨て人でさえ美しい乙女や美味しい食べ物の夢を見ずにはいられないのと同様、どんな哲学者も、（彼らにとってはあいにく）現に血と肉でできている人間という種の、基本的な欲求や願望や執着は避けて通れない。「純粋理性」などという概念は、純粋なフィクションなのだ。

もし道徳が抽象的な原理から引き出されるのなら、判断が即時に下されることが多いのはどうしたことか？　私たちは、ほとんど考える必要もない。それどころか、心理学者のジョナサン・ハイトによれば、私たちは直観的に判断しているという。彼は被験者たちに常軌を逸した行動の話（たとえば、姉と弟がひと夜限りの関係を結ぶ話）を聞かせた。すると誰もが即座にそれを非とした。そこで彼は、被験者が近親相姦を拒絶するために思いつく理由に、片端から異議を唱えた。近親相姦は障害を持つ子供の誕生につながるという意見が出れば、この話では姉弟は有効な避妊処置をとっていたことを指摘し、この主張を退けた。ほとんどの被験者は、たちまち道徳的な説明に行き詰まり、理由を挙げられぬままに、その行動は何と言おうと間違っていると言い張るのだった。

明らかに、私たちは本能に従って瞬間的に道徳上の判断をすることが多い。情動が判断を下してくれて、それから推論の能力が情報操作官として後追いし、もっともらしい言い分をでっち上げるのだ。このように、人間の論理が優越するという見方には欠陥があるため、道徳に対するカント以前のアプローチが復活してきている。そうしたアプローチでは、道徳はいわゆる「情緒」に根差している。この見方は、進化論や現代の神経科学や霊長類の仲間たちの行動と、うまく合致する。だからといって、サルや類人猿が道徳的な生き物であるというわけではないが、私は間違いなくダーウィンに同意する。彼は『人間の進化と性淘汰』の中で、人間の道徳を動物の社会性の延長線上にあるものと見なしている。

明確な社会的本能を持つ動物はすべて……その知能が人間のものと同等あるいはそれに近い水準まで発達するやいなや、必然的に道徳観念ないし良心を持つことになる。[4]

では、この社会的本能とは何なのか？　私たちは何のおかげで他者の行動、いや、他者そのものを気にかけるのか？　道徳的判断がたんなる気遣い以上のものなのは明らかだが、他者への関心はその根底を成す。それなしでは、人間の道徳などありえない。すべてはこの基盤の上に成り立っているのだ。[5]

私たちがめったに考えないようなことが体のレベルではたくさん起きている。誰かが悲しい話をするのを聞いていると、私たちは無意識に肩を落とし、相手と同じように首を傾げたり顔をしかめたりする。今度はそうした体の変化が、私たちが他者の中に読み取るものと同じ気落ちした状態を自分の中にも生み出す。頭で相手の頭の中のことを考えるのではなく、体が相手の体を写し出す。幸せな感情にも同じことが当てはまる。私はある朝、レストランを出るとき、なぜか口笛を吹いていたので不思議に思った。なんでこんなに気分が良くなったのだろう？　そして思い当たった。私は二人の男性のそばに座っていた。どう見ても古い友達どうしで、久しぶりに顔を合わせたようだった。背中を叩き合い、笑い、愉快な話を次々に語っていた。そのせいで私は機嫌が良くなったに違いない。二人とも知らない人だったし、会話の内容はわからなかったけれど。

表情やボディランゲージを介した気分の伝染力はとても強いので、日頃から気分を伝え合っている人たちは、ほんとうに外見が似てくる。これは、長年連れ添ったカップルの顔写真で検証されている。結婚した日に撮ったカップルのそれぞれの写真と二五年後に撮ったそれぞれの写真を、被験者に、どれだけ似ているかを基準に組み合わせてもらう。すると、二五年後に撮った写真では、誰と誰が夫婦かは難なく判断できた。ところが、結婚当時の写真で判断させると、被験者はみな、落第点を取った。したがって、夫婦が似ているのは、自分と外見の似た相手と結婚するからではなく、年月がたつうちに顔つきが似てくるからなのだ。そのうえ、この類似性は幸せなカップルほど大きかった。どうやら毎日感情を共有していると、お互いが相手を自分の中に「取り込み」、ついには分かち難い仲であることが誰にも見て取れるまでになるらしい。

ここで私は付け足さずにはいられないのだが、飼い主と飼い犬が似ていることもある。しかし、これは話が別だ。私たちは飼い主の写真と飼い犬の写真をうまく組み合わせられるが、それは犬が純血種の場合だけで、雑種ではうまくいかない。純血種は多額のお金を払って手に入れるから、当然、飼い主も慎重に選ぶ。上品なご婦人はウルフハウンドを連れて散歩したがるかもしれないし、自己主張の強い人はロットワイラーを好むかもしれない。似ている度合いは、飼い主がペットと過ごしてきた年数とともに増したりはしないので、肝心なのは飼い主が選ぶ血統だ。これは、配偶者が感情の共有で似てくるのとはまったく違う。

人間の体と心は社会的な生活を営むためにできており、それができないと、私たちは絶望的なまでに落ち込む。だからこそ、独房監禁は死刑に次いで重い罰なのだ。絆を結ぶのは私たちにとってじつに有益だから、確実に寿命を伸ばしたければ、結婚して、その結婚を長続きさせるに限る。ただしこれには、配偶者を失ったときのリスクが高いという泣き所がある。人は配偶者を失うと絶望し、生きる意欲が萎えることが多い。残された配偶者が交通事故やアルコール濫用、心臓病、癌で命を落とすのは、そのためかもしれない。配偶者を失った人は、その後の半年間、死亡率が高くなる。年長の人より若者、女性より男性のほうが、その傾向が強い。

動物の場合も、少しも違いはない。私自身、それが原因で二度、ペットを失っている。最初は手ずから育てた、ヨハンという名のコクマルガラスだ。ヨハンはおとなしくて愛想が良かったが、私になついてはいなかった。彼の生涯の恋人は、ラフィアという名の、自分と同じコクマルガラスのメスだった。二羽は何年もいっしょだったが、ある日、ラフィアが屋外の鳥小屋から逃げてしまった。近所の子供が好奇心に駆られて戸を開けたのだろう。あとに残されたヨハンは来る日も来る日もラフィアを呼び、空を見渡していた。そして、何週間もしないうちに死んだ。

次が、シャム猫のサラだった。サラは小さいとき、大きなオス猫のディエゴに育てられた。ディエゴはサラを舐めてきれいにしてやり、サラがまるで乳を飲もうとするかのように腹を揉むのも意に介さず、よくいっしょに寝ていた。一〇年ほど、二匹はほんとうに仲良くしていたが、やがてディエゴが歳をとって死んだ。サラはディエゴより若くて健康そのものだったのに、ぱったりと食べるのをやめ、二か月後、ディエゴのあとを追うようにして死んだ。獣医にも死因はわからなかった。

もちろん、こうした事例は挙げていけばきりがなく、なかには、近親への愛着を断ち切れない動物の話もある。霊長類の母親が、死んだ赤ん坊を肌身離さず暮らしているうちに、とうとう骨と皮が残るだけになってしまう例は珍しくない。一週間前に赤ん坊を亡くしたばかりのケニアのメスのヒヒは、亡骸《なきがら》を残してきたサバンナの低木の茂みを認めると、激しく動揺した。彼女は高い木に登ってあたりを見回し、ふだんはヒヒが群れからはぐれたときに使う、悲しげな声を発した。ゾウも仲間の亡骸の所に戻り、日にさらされて色褪《いろあ》せた骨を見下ろし、厳粛に立ち尽くすことが知られている。一時間もかけて、何度も骨をひっくり返しては匂いを嗅ぐこともある。ときには骨を運び去るが、骨を「墓所」に戻すゾウも目撃されている。

人間は動物の献身的な愛情に感じ入り、像を建ててきた。スコットランドのエディンバラには、一八五八年に埋葬された主人の墓を頑として離れようとしなかったスカイテリア、「グレイフライヤーのボビー」の小さな像がある。まる一四年というもの、ボビーは彼のファンから餌をもらいながら墓を守り続け、やがて死ぬと、近くに葬られた。墓標には、「彼の忠誠心と献身を万人の教訓とせん」とある。東京にもよく似た像がある。ハチ公という名の秋田犬のために作られたもので、ハチ公は仕事から戻ってくる主人を出迎えに、毎日渋谷駅に来ていた。一九二五年に主人が亡くなったあとも、この日課を守り続け、有名になった。ハチ公は一一年間、時間が来ると駅で待っていた。愛犬家たちは今でも年に一度、「ハチ公口」と名づけられた駅の出口に集まり、彼の忠節ぶりに敬意を表している。

感動的な話と言えるかもしれないが、人間の行動とどう関係があるのだろう? 肝心なのは、私たちは哺乳類、つまり、母親が子供の世話をせざるをえない動物である点だ。当然ながら、哺乳類にとっては絆を結ぶことが生存上、途方もない価値を持つ。わけても重要なのが母子の間の絆だ。この絆は大人の間のものも含め、他のあらゆる愛着にとっての、進化上の雛型《ひながた》を提供する。したがって、恋愛中の人間が親と幼子の段階まで退行する傾向を見せ、自分では食べられないかのように食べ物をひと口ずつ食べさせてもらい合ったり、ふだんなら赤ん坊にしか使わないような高い声で戯言《たわごと》を言い合ったりしても、驚く必要はない。何を隠そう、私もビートルズのラブソング、「抱きしめたい」（訳注 原題を直訳すると「あなたの手を握りたい」）を聞いて育った。これまた退行的な歌だ。

親抜き「ベビー・ファーム」

じつは、私たち人間がお互いをどう扱うかに、多大な影響を与えた一群の動物研究がある。一世紀前、捨て子や孤児を収容する施設は、私に言わせれば、他のどんな心理学の学派よりも大きな害をもたらした一派の助言に従った。その学派とは行動主義で、その名称からもわかるとおり、行動こそ科学が目にでき、知ることができる唯一のものであり、それゆえ、科学はその研究に専心すべきであると考える。仮に心などというものが存在したとしても、それはあくまでブラックボックスであり、感情はおおむね取るに足りないものであるというわけだ。この考え方は、動物の精神的な営みを取り上げるのをタブー視することにつながった。動物は機械として記述されるべきであり、動物行動の研究者は、人間を連想させることのない用語体系を開発しなくてはならないとされた。皮肉なことに、少なくとも「結合、結合すること（bonding）」という用語については、この勧告は裏目に出た。もともとこの用語は、「友達」とか「仲間」といった、擬人的なレッテルを動物に使うのを避けるために案出された。ところが、その後この用語は（たとえば「男どうしの絆（male bonding）」や「絆が形作られる体験（bonding experience)」といったふうに使われ）人間の関係にまつわる語としてすっかり定着したので、動物に使う用語から、おそらく除外しなければならないだろう。

人間が動物同様、効果の法則に支配されていることは、行動主義の父ジョン・ワトソンによって、もっともらしいかたちで例証された。ワトソンは人間の赤ん坊「リトル・アルバート」に、毛の生えた対象への病的恐怖を植え付けたのだ。[6] 最初、アルバートは与えられた白いラットと楽しく遊んでいた。だが、ラットに触れるたびに、ワトソンがアルバートの頭の真後ろで鋼鉄の棒をハンマーで叩き、大きな音を立てたため、かわいそうに、アルバートは恐れを抱くようになった。その後、アルバートはラット（あるいは実験者）を目にするたびに、目を覆い、べそをかいた。

ワトソンは条件付けの力にすっかり心を奪われてしまったので、感情アレルギーになった。母性愛の意義に関してはとくに懐疑的で、それを危険な道具と考えた。母親は子供のことでやたらに騒ぎ立て、彼らを脆弱にし、不安や劣等感を植え付け、台無しにしてしまう、社会にはこれほどの温かさは不要で、もっとしっかりした仕組みが必要だというのだ。ワトソンは、乳幼児が科学的原理に沿って育てられるような、親抜きの「ベビー・ファーム」を夢見た。たとえば、子供は非常に行儀が良かったときにだけ触れてやるべきで、それも、抱き締めたりキスしたりするのではなく、軽く頭を撫でてやるだけでいい。身体的報酬は体系的に与えると驚くほど効果があり、ごく普通の善意の母親によるいかにも感傷的な子育てよりもはるかに優れているとワトソンは思っていた。

不幸にも、ベビー・ファームのような環境は実在した。そして、結果は致命的だったとしか言いようがない。白いシーツで隔てられた小さなベビー・ベッドに寝かされ、視覚的な刺激もスキンシップもない状態に置かれた孤児の赤ん坊を心理学者が調べてみると、それが明らかになった。科学者の勧めに従い、それまで優しくささやきかけられることも、抱かれることも、くすぐられることもなかった孤児たちは、まるでゾンビのようで、顔の動きがなく、目は大きく見開かれたまま、表情を欠いていた。ワトソンが正しければ、彼らは元気に成長しているはずだったが、現実には病気に対してまったく抵抗力がなかった。一部の孤児院では、死亡率が一〇〇パーセントに迫るほどだった。

　ワトソンは自らが「キスされすぎた子供」と呼ぶものの撲滅運動を展開し、一九二〇年代には非常に世評が高かった。今日では理解し難い話だが、おかげで、これまた心理学者のハリー・ハーロウがなぜ自明の事柄の証明に取り組んだのか合点がいく。それは、母性愛は重要であるということだ。ただし、サルにとって、だが(7)。ハーロウは、ウィスコンシン州マディソンの霊長類研究所で実験を行ない、隔離して育てられたサルは精神面でも社会性の面でも異常を来すことを実証した。そうしたサルを群れに入れると、社会的に交わる技能はもとより、その気配も見せなかった。大人になると、交尾や子育てすらできなかった。ハーロウの研究の倫理性を今日どう見るかはともかく、彼は、身体的接触を奪うのは哺乳動物にふさわしくないことを、疑いの余地がないまでに証明したのだ。

　月日がたつうちに、この種の研究が流れを変え、人間の孤児の待遇を改善する上で役立った。だが、例外もある。ルーマニアでは大統領のニコラエ・チャウシェスクが感情面での欲求を無視した強制収容所《グーラグ》のような施設を作って、多数の新生児を育てさせた。鉄のカーテンが取り払われ、チャウシェスクの孤児院の実態が明るみに出ると、世界は情緒遮断育児の悪夢を再び見せつけられた。孤児たちは笑うことも泣くこともできず、胎児のような姿勢で日がな一日体を揺すりながら過ごし（ハーロウのサルと恐ろしいまでによく似ている）、遊び方さえ知らなかった。新しいおもちゃを与えられても、壁に投げつけるばかりだった。

絆を結ぶことは、人間という種には不可欠であり、絆のおかげで私たちは最も幸せになれる。フランスの指導者シャルル・ド・ゴール将軍は、「幸せは間抜けどものためにある」と嘲ったとされるが、もちろんここで言う幸せとは、そのときド・ゴールの頭にあったに違いない、喜びのあまり飛び跳ねるような有頂天の気持ちではない。むしろ、アメリカの独立宣言で「幸福の追求」と言うときの幸福で、それは、自分の送っている生活に満足している状態のことだ。これは測定可能な状態であり、収入が一定の水準を超えると、物質的豊かさの重要性は驚くほど小さいことが、さまざまな研究から明らかになっている。生活水準は何十年にもわたって着実に上がっているが、それで幸せの度合いが変わっただろうか？　断じてそんなことはない。金銭や成功や名声ではなく、家族や友人と過ごす時間が、何よりも私たちのためになるのだ。

ルーマニアの孤児は感情面での欲求を無視した「科学的」原理に沿って育てられた。

社会的なネットワークはあまりにも身近な存在なので、私たちはその価値を見過ごしてしまうことがある。呆れた話だが、霊長類を専門とする私のチームでさえ、研究センターのチンパンジーたちが登れるような新しい遊具を作ったときに、この過ちを犯してしまった。私たちは物理的な環境に意識を向けすぎた。チンパンジーたちは三〇年以上にわたって同じ屋外の囲い地で暮らしてきた。広々とした場所で、金属製のジャングルジムが備え付けられていた。私たちは、木製の大型電柱を手に入れてボルトでつなぎ合わせ、もっとわくわくするようなものを作ることにした。製作中、チンパンジーたちは現場の隣に閉じ込めておいた。最初のうち、彼らは騒がしくて落ち着かなかったが、電柱を地面に打ち込む巨大な機械の音を耳にすると、そのあとはずっとおとなしくしていた。何やら大変な作業が始まったのがわかったのだ。電柱の間にロープが渡され、新たに草が植えられ、排水溝が掘られ、八日後には準備が整った。新しい遊具はそれまでのジャングルジムの一〇倍の高さがあった。

チンパンジーが放されるところを見ようと、フィールド・ステーションから少なくとも三〇人の職員が出てきた。どのチンパンジーが最初に電柱に触れるか、最初にてっぺんまで登るかという賭けさえ行なわれていた。チンパンジーたちは、何十年も木の匂いを嗅いだり、木に触れたりしたことがなかった。いや、一度もそういう経験のない者さえいた。想像に難くないが、霊長類センターの最上位の人間である所長は、最上位のオスとメスが最初だろうと予想した。だが私たちは、オスのチンパンジーが少しも勇敢ではないことを知っていた。彼らはいつも自分の政治的地位の向上に余念がなく、そのプロセスでは大きな危険を冒すが、何か新しい物や事態に出くわすと、途端に恐れのために下痢をするほどだ。

私たちが囲いを見下ろすタワーに立ち、カメラを何台も回す中で、チンパンジーの群れが放たれた。すると、私たちが最初に目にした光景はまったく予想外のものだった。真夏の炎天下で汗水たらして作り上げた素晴らしい遊具のことにばかり気をとられていた私たちはすっかり忘れていたが、チンパンジーたちは何日も別々のケージ、それも別の建物の中のケージに入れられていた。だから、放たれた直後の数分間は、すべて社会的関係の回復のために費やされた。お互いの腕の中に飛び込み、抱き合ってキスを交わす者さえいた。大人のオスたちは、序列を忘れている者がいるといけないので、一分もしないうちに全身の毛を逆立てて威嚇のディスプレイ（誇示行動）を始めた。

チンパンジーたちは、新しい遊具に気づく様子はほとんど見せなかった。まるで目に入らないかのように、その真下を通り抜ける者もいた。彼らは、気づくことを拒んでいるように見えた。だがそのうちようやく、地面から見えるように私たちがあちこちに載せておいたバナナに気づいた。最初に遊具に登ったのは年長のメスたちで、皮肉にも、最後にやっと電柱に触れたのは、群れの威張り屋として知られているメスだった。

とはいえ、バナナを手に入れて食べてしまうと、みんなさっさと遊具から離れた。まだそれで遊ぶ気になっていないのは明らかだった。彼らは古い金属製のジャングルジムに集まった。前日、私の教え子たちがためしに腰掛けてみたところ、これほど座り心地の悪いものはないと言っていたのだが。しかし、チンパンジーたちにしてみれば、生まれてからずっと慣れ親しんできたわけだ。だから、そのジャングルジムのあちこちにのんびりと寝そべり、隣に私たちが作り上げた豪勢な遊具を、楽しむのではなく観察する対象であるかのように見上げていた。新しい遊具でたっぷり時間を過ごすようになるまでには、その後、何か月もかかった。

自ら作り上げた自慢の遊具に目が曇った私たちは、チンパンジーに正され、基本に立ち戻る羽目になった。私はイマヌエル・カントのことをあらためて考えてみざるをえなかった。というのも、これこそが現代哲学の抱える問題点に思えたからだ。人間にとって新しくて重要だと考えられていること、すなわち抽象的な思考や良心や道徳の虜《とりこ》になって、私たちは基本をおろそかにしている。人間ならではのものを見くびるつもりはないが、人間がどのようにして今に至ったかを本気で知りたいのなら、足元を見つめ直すところから始めなければいけない。文明の頂にばかり注目する代わりに、麓《ふもと》の丘陵地帯にも注意を払う必要がある。頂は日の光を浴びてきらめいているが、親にわが子を甘やかさせるような感傷的な情動も含めて、私たちを突き動かすもののほとんどは、麓の丘陵地帯で見つかるのだから。

人類の自然な状態

それは、気の利いたイタリア料理店でディナーを食べているときによくある、霊長類どうしの衝突だった。ある男性がガールフレンドの前で別の男性（私）に挑んでいる。私の書いたものを読んでいる人にとって、自然界における人間の位置以上に恰好の標的があるだろうか？「人間を動物と区別するのが難しい領域を一つ挙げてください」と、ためしに彼は尋ねてきた。おいしいパスタを口に運ぶ合間に、私は反射的に答えていた。「セックス」

口にするのも憚《はばか》られることでも思い出したのだろうか、彼が少しばかりまごつくのが見て取れたが、それもほんの一瞬のことで、彼は、愛欲は人間特有のものであるとして、それを擁護する理由を滔々《とうとう》と述べ立て始めた。ロマンティックな愛の起源がまだ新しいことを強調し、愛につきものの素晴らしい詩やセレナーデに触れる一方で、愛の仕組みを重視する私を鼻であしらった。愛の仕組みは人間だろうとハムスターだろうとグッピーだろうと本質的に同じだ（グッピーのオスにはペニスのような形に変わったひれがある)。彼はこうした具体的な解剖学的詳細に、いかにも不快そうな顔をした。

彼にとっては嘆かわしいことに、ガールフレンドは私と同業で、たちまち熱心に会話に加わり、動物のセックスの例をさらに挙げてくれた。というわけで私たちがディナーを食べながら交わした会話は、霊長類学者好みではあっても、それ以外の人にはばつの悪いものとなった。ガールフレンドが「すごい勃起だったのよ」と、興奮して声を上げたときには、周りのテーブルの人たちが肝を潰して黙り込んだ。それが、彼女の口を突いて出た言葉のせいなのか、それとも、その言葉に添えて、親指と人差し指をほんの少しばかり離してみせた彼女の身振りのせいなのかは定かではない。彼女は南アメリカ産の小型のサルの話をしていたのだ。

私たちの論争にはとうとう決着がつかなかったが、幸い、デザートが運ばれてきた頃には応酬は下火になっていた。こうしたやりとりは、私にとって日常的なものだ。私は、人間は動物だと思っているが、他の人たちは、人間はまったく別のものだと信じている。セックスの話になると、人間はユニークだと主張するのは苦しいかもしれないが、飛行機や議会や高層ビルについて考え始めると、状況は変わる。人間は文化やテクノロジーに関しては、じつに感嘆すべき能力を持っている。文化の要素を多少は示す動物は多いとはいえ、ジャングルでカメラを手にしたチンパンジーを見かけたら、そのカメラはチンパンジーが自分で作ったものではないと思ってまず間違いない。

だが、過去数千年間に世界の大半が経験した文化の急成長から取り残された人間たちについてはどうだろう?　はなはだ辺鄙《へんぴ》な土地でひっそりと暮らすそうした人々は、言語や芸術や火といった、私たちの種に特徴的なものをすべて持っている。彼らを研究してみると、彼らが今日のテクノロジーの進歩とはまったく無縁に生き抜いていることがわかる。彼らの生活様式は、人類の「自然な状態」と広く思われているものと合致するだろうか？　人類の「自然な状態」というのは、欧米では豊かな歴史を持つ概念であり、それがフランス革命やアメリカ合衆国憲法をはじめ、近代的な民主主義へ向かうさまざまな歴史的なステップで異彩を放っているために、人間が原始的な状態のときにどんなふうに生きていたかを立証するのは容易ではない。

恰好の例が、アフリカ南西部に住む、いわゆる「ブッシュマン」かもしれない。かつて彼らははなはだ素朴な暮らしをしていたので、一九八〇年代の映画『ミラクル・ワールド ブッシュマン』で物笑いの種にされた。人類学者のエリザベス・マーシャル・トーマスはティーンエイジャーのときに、やはり人類学者だった両親に連れられてカラハリ砂漠に行き、ブッシュマンの中で暮らした。ブッシュマンことサン族[8]は小柄で敏捷な人たちで、草の多い開けた生態系に、ごく慎ましい生態的地位《ニッチ》を築き上げた。そこは一年の半分は水が極端に乏しく、飲み水を確実に得られる場所がわずかしかないため、行動範囲が非常に限られている。彼らは何千年となくこの暮らしを続けてきた。トーマスが自著に『昔ながらのやり方で』というタイトルをつけたのは、そのためだ。

昔ながらのやり方の例には、レイヨウの皮で作った最低限の衣服、草で作ったささやかな小屋、土を掘るために先を尖らせた棒、日帰りで出かけるときに水を入れて持ち歩くダチョウの卵の殻などがある。小屋はしょっちゅう建て替えられる。棒を何本か地面に突き刺し、先端を束ね、できた枠組みを草で覆う。それを見たトーマスが思い出したのは、類人猿が枝を何本か手早く編み合わせ、木の上に一夜の寝床を作って眠る様子だ。こうすれば、危険が潜む地上から離れていられる[9]。

ブッシュマンは移動するときには一列縦隊になり、男性の一人が先頭に立って、捕食者の真新しい足跡や、ヘビ、その他の危険に目を光らせる。女性と子供は安全な位置を占める。これもチンパンジーを思い起こさせる。チンパンジーは、人間の作った道を横切るときのような危険な状況では、大人のオスが前後を固め、メスと子供がその間に入る。全員が渡り切るまでアルファオス（最上位のオス）が路上で見張りに立つこともある。[10]

私たちの祖先は、他の霊長類よりも食物連鎖の上位にいたかもしれないが、けっして頂点を占めていたわけではない。だから、背後に気を配らなければならなかった。ここで人類の「自然な状態」に関する最初の神話に行き当たる。それは、私たちの祖先がサバンナに君臨していたというものだ。身長がせいぜい一二〇センチメートル程度の二足歩行の類人猿に、どうしてそんなことが可能だろうか？　彼らはきっと、クマほどの大きさがあった当時のハイエナや、現在のライオンの二倍も大きい剣歯虎《けんしこ》におびえながら暮らしていたに違いない。そのため、あまり適当とは思えない時間帯に狩りをするしかなかった。夜陰に乗じて獲物を捕らえるのが最善なのだが、今日のブッシュマン同様、初期の人類はおそらく昼日中を選んで狩りをしたと思われる。狙った動物には、はるか手前からまる見えだっただろうが、夜は「プロの」ハンターたちがいるので割り込む余地はなかった。

ダチョウの卵の殻に満たした水を子供に飲ませるブッシュマンの母親。

サバンナの王者はライオンで、それは『ライオン・キング』

の物語や、ライオンに対してブッシュマンが抱く畏敬の念を見るとよくわかる。これは特筆に値するが、ブッシュマンは猛毒を塗った矢をライオンには使わない。勝ち目のない戦いが始まりかねないことを承知しているからだ。普通、ライオンはブッシュマンに手を出さないが、ある場所のライオンが何かの弾みで人食いを始めると、ブッシュマンはそこを去るしかない。ブッシュマンはつねに危険が頭から離れないので、夜、寝ている間も焚き火が消えないように気を遣う。そのためには、誰かが夜中に起きて、火をかき立てなくてはならない。夜間に跳梁《ちょうりょう》する捕食者の目が闇に光っているのを見つけると、火のついた枝を焚き火から拾い上げ、頭上で振りながら（こうすると、自分が実際以上に大きく見える）、どこかへ行って、もっとましなことをするようにと、穏やかな、それでいて揺るぎない声で捕食者に促すといった、適切な行動をとる。ブッシュマンはけっして意気地なしではないが、ライオンに懇願する姿は、私たちがしばしば思い描くような勇敢な人類のあり方にはほど遠い。

「社会契約」の神話

とはいえ、昔ながらのやり方はとてもうまくいったに違いない。というのも、現代の世界でも、私たちは安全のために力を合わせるという、同じ傾向を相変わらず示すのだから。私たちは危機に瀕すると、自分たちを分け隔てるものなど忘れてしまう。たとえば、九・一一の同時多発テロでニューヨークの世界貿易センタービルが攻撃され、人々が信じられないほど大きな精神的衝撃を経験したあと、この傾向がはっきり見て取れた。九か月後、人種間の関係をどう見るかと訊かれると、どの人種のニューヨーカーも、おおむね良好と答えた。それまではずっと、おおむね不適当と答えてきたのだが。

テロのあと、「みんな揃って同じ体験をしている」という気持ちのおかげで、市内にまとまりが生まれたのだ。

こうした無意識の行動は、多くの動物と同様に私たち人間が持っている、脳の最も深部の、最も古い層に元をたどれる。ニシンなどが群れを成して泳ぎ、サメやイルカが近づいてくると、身を寄せ合ってたちまち密度を高めるところを眺めるといい。あるいは、銀色の体をきらめかせながら、群れ全体が唐突に向きを変え、捕食者が特定の一匹に狙いを定めるのを防ぐところを。群れを作る魚は、測ったようにお互いの間に一定の間隔を置き、同じぐらいの大きさの仲間を見つけ出し、泳ぐスピードと方向を完璧に一致させる。それも、何分の一秒という短い間にそうすることが多い。何千という個体が、こうしてまるで一つの生き物のように振る舞う。あるいは、ムクドリのような鳥が密集した群れを作って飛び回り、近づいてくるタカから一瞬のうちに身をかわす。生物学者の用語に「利己的な群れ」というものがある。それぞれの個体が自らの安全のために、膨大な数の他の個体の間に隠れる現象だ。獲物となりうる他の個体がいてくれるおかげで、群れのそれぞれの個体が、自らの危険を減らすことができる。二人の男性がクマに追われる古いジョークに似ていなくもない。クマより速く走れなくても大丈夫――相棒より速く走れさ

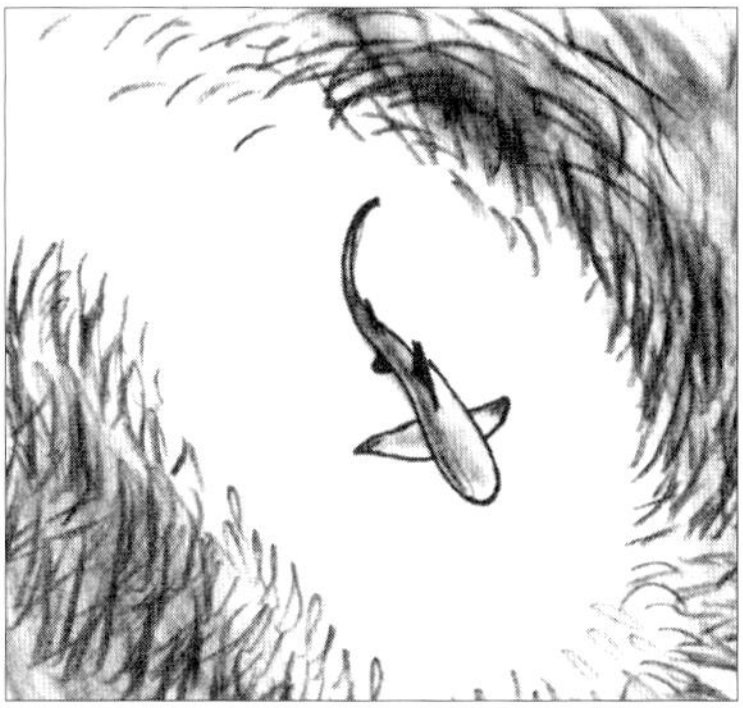

魚は密集して捕食者を惑わす。魚がサメから逃れているところ。

えすれば。

危険が迫っているときには、反目し合うライバルどうしでさえ、手を組もうとする。繁殖期には縄張りを巡って、相手が死ぬまで戦う鳥たちも、渡りの間には同じ群れで過ごすことがある。私は魚を飼っているので、熱帯魚の大きな水槽を大掃除するたびに、この傾向をわが目で確かめることができる。シクリッドのように、多くの魚はしっかり縄張りを持っていて、ひれを広げて他の魚を威嚇し、侵入者を追い回して退ける。私はそれぞれの水槽を二年に一度ぐらい掃除する。その間、魚たちは樽に入れておく。数日後に戻してやるときには、水槽は前とはすっかり様子が違っている。魚たちは途端に、仲間を見つけていっしょにいようとするから面白い。激しく争ってきた魚たちが、今やまるで親友のように寄り添って泳ぎ回り、新しい環境をいっしょに探検する。だが、それももちろん、自信を取り戻して縄張りを確保し始めるまでの話だ。

安全こそが、社会生活の第一にして最大の理由だ。それが、起源にまつわる第二の偽りの神話につながる。すなわち、人間社会は独立した人間が自発的に生み出したものである、という神話だ。これは、私たちの祖先は他人など必要としていなかったという錯覚に基づいている。彼らはもともと、誰とも深く関与していなかった、彼らの唯一の問題は競争があまりに激しかった点であり、そのコストに耐えられなくなったとき、人間は聡明な動物だから、多少の自由を犠牲にしても共同体での生活を選ぶことにした、という筋書きだ。この起源の物語は、フランスの哲学者ジャン＝ジャック・ルソーによって「社会契約」というかたちで提唱され、これにおおいに触発されたアメリカの建国の父たちは、「自由なる者の国」を創り出した。この神話は、大学の政治学部やロースクールで相変わらず絶大な人気を誇っている。社会とは、人間が自然と生み出したものではなく、交渉した上で妥協の産物として行き着いたものであると見なしているからだ。

たしかに、人間どうしの関係を対等な当事者間の合意から生まれたものと見なすと、得るところが大きい。お互いにどういうふうに接するか、あるいは接するべきかを考える上で役に立つ。とはいえ、このような捉え方はダーウィン以前の時代の遺物で、人類に関する、完全に誤ったイメージに基づいていることを悟ったほうがいい。多くの哺乳動物がそうであるように、どんな人間のライフサイクルにも、他人に頼る段階（幼いときや、歳をとってから、あるいは病気のとき）や、他人に頼られる段階（幼い子供や老人や病人の世話をしているとき）がある。私たちは他人に頼ることなしには生きていけないと言っても過言ではない。私たちの祖先は何ら社会的義務を負わない、鳥のように自由な存在だったとする何百年も前の幻想[11]ではなく、この現実こそ、人間社会についてのあらゆる議論の出発点とすべきなのだ。

私たちは、集団生活をする相互依存度の高い霊長類の、長い長い系統の末端にいる。安全の必要性が社会生活を形作ることは、霊長類学者がインドネシア諸島の異なる島々でカニクイザルの数を数えたときにはっきりした。インドネシア諸島には、トラやウンピョウのようなネコ科の肉食動物がいる島もあれば、いない島もある。カニクイザルは、ネコ科の動物のいる島では大きな群れで移動するが、そうでない島では小さな群れで移動していた。動物間の捕食関係の影響で、このように個体どうしが結び付けられるわけだ。一般に、弱い種ほど大きな集団を作る。ヒヒのように地上で生活するサルは、捕食者から逃げやすい樹上性のサルより大きな群れで移動する。また、体が大きいので日中は恐れる相手がほとんどいないチンパンジーは、たいてい単独で、あるいは小さな群れで餌を探し回る。

群れる本能を持たない動物はめったにいない。アメリカ合衆国議会上院の多数党の元院内総務トレント・ロットが、自分の回顧録に『猫たちをまとめる』という題をつけたのは、コンセンサスに至るのが不可能だと言いたかったからだろう。政治家にしてみれば、これはいらだたしいことなのだろうが、猫にとっては当然だ。飼い猫は単独で狩りをするから、お互いにはあまり注意を払う必要がない。だが、イヌ科の動物のように助け合って狩りをする動物や、ヌーのように餌食にされるほうの動物はみな、連携して行動する必要がある。彼らはたいていボスに従い、多数派に追随する。森を出て開けた危険な環境に進出したとき、人間の祖先は捕食される側に回り、他の多くの動物のものに優る集団本能を発達させた。私たちは体の動きを合わせるのに秀でていて、そこから喜びさえ得る。たとえば、誰かと並んで歩いていると、自然に歩調が合ってくる。スポーツのイベントでは、声を揃えて応援し、ウェーブを起こし、ポップスのコンサートではいっしょに体を揺らし、エアロビクスの教室では同じリズムで跳んだり跳ねたりする。講演のあと誰も拍手していないときに拍手したり、逆にみんなが拍手している中で、自分だけ拍手しないでいたりできるか、試しにやってみるといい。私たちは恐ろしいまでに集団性の動物だ。政治指導者は群集心理の扱いに長けているから、人々が大挙して彼らに付き従い、狂気の企てに乗り出した例は、過去、無数にある。指導者は外からの脅威をでっち上げ、恐れをかき立てるだけでいい。すると、あとは人間の集団本能が引き受けてくれる。

攻撃性と戦争

こうして起源の神話の三番目に行き着く。それは、人類は誕生して以来ずっと戦争をしてきたという神話だ。第二次大戦のあとを受け、一九六〇年代には人間は平和主義者と思われていた本物の類人猿の対極に置かれ、きまって「殺し屋のサル」として描かれた。攻撃性が人間の特徴と見なされた。私は人間が平和の天使だなどと言うつもりは毛頭ないが、殺人と戦争とは区別する必要がある。戦争は多くの集団を含む緊密な階層構造の上に成り立っているのだが、すべての集団が攻撃性に駆り立てられているわけではない。それどころか、そのほとんどは、たんに命令に従っているだけだ。ナポレオン麾下《きか》の兵士たちは攻撃的な気分で凍えるように寒いロシアに進軍したわけではないし、アメリカの兵士たちも誰かを殺したくてイラクへ飛んだわけではない。開戦の決定はたいてい、首都で快適に暮らしている年長の男性たちが下す。私は軍隊が行進するのを見たとき、攻撃性が現実の形をとっているとは必ずしも思わない。私の目に映るのは集団本能だ。何千という兵士が上官の命令に進んで従い、密集行進しているのだから。

最近の歴史を振り返ると、戦争関連の死があまりに多く目につくので、これまでもずっとこんな具合だった、戦争は人間のＤＮＡの中に書き込まれているのだ、と私たちは思いがちだ。ウィンストン・チャーチルは次のように述べている。「人類の物語は戦争に尽きる。短く危うい幕間を除けば、この世にはついぞ平和が訪れたことはなかった。そして、有史以前、血生臭い争いはいたるところで果てしなく繰り返されていた」[12]。だが、自然な状態は戦争であるというチャーチルの主張は、ルソーの描く高潔な野蛮人よりどれだけ説得力があるというのか？　個人的な殺人の考古学的形跡は何十万年前にもさかのぼるものの、それと同等の戦争の形跡（たとえば、武器が突き刺さっている骨格が多数見つかる墓地）は、農業革命以前には見られない。エリコの壁は、最初期の戦争の証拠であるとされ、崩れ落ちたことが旧約聖書に語られているので有名だが、この壁でさえ、おもに泥流に対する備えの役割を果たしていたのかもしれない[13]。

これよりずっと前、私たちの祖先の暮らしていた世界は人口が非常に少なく、全部合わせても二〇〇万人ほどにすぎなかった。およそ二五平方キロメートルに一人という割合で暮らすブッシュマンと同じような人口密度だったかもしれない。約七万年前までさかのぼると、私たちの祖先は全地球で二〇〇〇人程度しかおらず、小さな集団で散らばって暮らし、絶滅の危機に瀕していたことを示唆する証拠さえある[14]。こういう状況では、絶え間ない戦争が起きていたとはとうてい思えない。そのうえ、これまたブッシュマンと同様、おそらく私たちの祖先には、戦う価値のあるものなど、ほとんどなかっただろう。ブッシュマンにとって、例外と言えば、水と女性ぐらいのものだ。だが、ブッシュマンは、相手がよそ者でも喉が渇いていれば水を分け与えるし、普通、子供を近隣の集団にやって結婚させる。この婚姻習慣のおかげで、集団間にしばしば血縁関係が結ばれ、互いの結束が強まる。長い目で見れば、自分の血縁者を殺すのは好結果を生む習性とは言えない。

トーマスはブッシュマンの間で一度も戦争を目撃しなかった。また彼女は、楯が見られないのは、よそ者とめったに戦うことがない証拠だと考えている。楯は丈夫な皮革から簡単に作れるし、矢に対しては効果的な防御手段となる。したがって、楯がないのは、ブッシュマンが集団間の敵対行為をあまり心配していない証拠だと考えられる。もちろん、原始的な社会には戦争がまったくなかったと言っているわけではない。ときおり戦争を行なう部族は多く知られているし、なかには、頻繁に戦う部族もある。思うに、私たちの祖先は、戦争が起きる可能性とはつねに背中合わせで生きていたものの、今日の狩猟採集民のものと同じパターンに従っていたのではないだろうか。今日の狩猟採集民は、チャーチルの推測とは正反対のことをしている。すなわち、平和と調和の長い時期を維持し、その短い幕間に暴力を伴う衝突を起こすのだ。[15]

類人猿と比較したところで、この問題はほとんど解決しない。チンパンジーがときどき近隣の集団を襲い、敵の命を冷酷に奪うことがわかったので、彼らも、私たちが自らに対して抱いている戦士のイメージにしだいに近づいてきた。私たち同様、チンパンジーも縄張りを巡って暴力に満ちた戦いを繰り広げる。だが私たちは、遺伝的には、ボノボという別の類人猿にもチンパンジーと同じぐらい近い。そして、このボノボは、そうした戦いはいっさいしない。ボノボも近隣の集団と敵対することがあるが、衝突が始まるとすぐ、メスたちが敵方に駆け寄って、オスや他のメスと性行為をする。性行為と戦争を同時に行なうことはできないので、その場はたちまち一種のピクニックと化す。最後は、違う群れの大人どうしが互いにグルーミング（毛づくろい）をし、子供たちがいっしょに遊ぶかたちで衝突は終息する。ボノボが争いで相手を死に至らせたという話は、これまで聞いたためしがない。[16]

唯一確かなのは、私たちの種には戦争をする可能性があり、特定の状況下ではその可能性が醜い頭をもたげるということだ。ときには小競り合いの収まりがつかなくなり、死につながる場合があるし、どこの若い男性にも、結果などほとんど考えずによそ者と戦い、自分の肉体的能力を見せびらかす傾向があるものだ。だが同時に、私たちの種は、遠く離れて暮らすようになった血族どうしが後々まで絆を維持する点でユニークでもある。そのおかげで、集団間の全面的なネットワークが存在し、経済的交流が促され、戦争は非生産的なものとなる。部外者との結び付きは、予測が難しい環境では生存上の保険を提供してくれる。食料不足や水不足といったリスクを集団間で分散できるからだ。

アメリカの人類学者ポリー・ワイスナーは、ブッシュマンの間での「リスク分散」を研究し、自分たちの縄張りの外にある資源へのアクセスを獲得するための細心な交渉を次のように説明している。そうした交渉がこれほど慎重かつ遠回しになされるのは、人間関係が競争と無縁であることはけっしてないからだ。

一九七〇年代、平均的なブッシュマンは一年のうち三か月以上を自分の集団の外で過ごした。訪問者たちは受け入れ主たちと挨拶の儀式を行ない、敬意を表して滞在の許可を求める。まず、訪問者は、野営地の周りにある日よけ用の木の下に座る。数時間後、受け入れ主が出てきて挨拶する。訪問者は自分の地域の人々や状態について、リズミカルな言葉で語る。受け入れ主は、ひとくだりごとに、最後の数単語を繰り返し、「エ・ヘ」と付け加え、確認する。受け入れ主はたいてい食糧が不足していると文句を言うが、訪問者はそれがどれほど深刻か読み取れる。もしほんとうに深刻なら、ほんの数日だけ滞在するつもりで来たと言う。受け入れ主が不足や問題を強調しなければ、訪問者はもっと長く滞在できることがわかる。このやりとりのあと、訪問者は野営地の中に招き入れられる。彼らは贈り物を持ってきていることが多い。ただし、非常にさりげなく、慎み深く渡す。嫉妬を引き起こしたりしないためだ(17)。

私たちの祖先は資源が乏しく、集団どうしで依存し合っていたので、大規模な戦争を始めたのは、定住して農業によって富を蓄積しだしてからだった。その富のおかげで、他の集団を攻撃することのメリットが増えた。戦争は攻撃的な衝動の産物というより、権力と利益の追求にかかわるものに見える。これはもちろん、戦争が不可避ではないことも意味する。

私たちの祖先を獰猛で恐れ知らずで自由な人間として描く、欧米における人類の起源の物語は、このように神話にすぎない。社会的な義務に縛られることなく、敵に対しては容赦がなかったとされる私たちの祖先は、典型的なアクション映画からそのまま飛び出してきたかのようだ。それなのに、この地球を好き勝手にしてかまわない、人類は永遠に戦争を繰り返すだろう、個人の自由は共同体に優先するといった、こうしたマッチョな神話に、今日の政治思想は相変わらずしがみついている。

そのどれもが、昔ながらのやり方とは相容れない。昔ながらのやり方が重視するのは、お互いに頼り合い、つながりを築き、内部紛争も外部紛争もともに抑圧することで、それは、生き延びること自体が非常に難しく、食糧と安全の確保が最優先されるからだ。女性は果実や植物の根を集め、男性は狩りをし、男女が協力して小さな家族を養っていく。彼らが生き残れるのは、家族が、社会というより大きな構造にしっかりと埋め込まれているからにほかならない。共同体は彼らのために存在し、彼らは共同体のために存在する。ブッシュマンは、長い距離と複数の世代を網羅するネットワークの中でのささやかな贈り物のやりとりに多くの時間をかけ、多くの注意を傾ける。合意によって意思決定に至るように懸命に努力し、社会から爪弾《つまはじ》きにされたり孤立したりするのを、死ぬことよりも恐れる。

ある女性の、こんな告白がそれを何よりもよく物語っている。「死ぬのはよくない。なぜなら、死んだら独りぼっちだから(18)」

私たちは産業化以前のこのような生き方には戻れない。私たちの暮らす社会は気が遠くなるほど規模が大きくて複雑で、人類が自然な状態で享受してきたものとはまったく異なる構成を必要とする。だが私たちは、都市に住み、自動車やコンピューターに囲まれているとはいえ、相変わらずかつてと本質的には同じ動物であり、同じ心理的欲望や欲求を持っているのだ。

第二章
The Other Darwinism

もう一つのダーウィン主義

マンチェスターの新聞に、じつに諷刺の効いた記事を載せられた。私が「力は正義である」と証明することによって、ナポレオンは正しく、不正を働く商人たちもすべて正しいことを立証したというのだ。
——チャールズ・ダーウィン(一八六〇年)[1]

アメリカ社会は競争を基本原理として取り入れて久しいが、職場であろうと、街頭であろうと、家庭であろうと、どこを眺めても、家族や仲間付き合いや同僚間の協同や市民としての義務を尊ぶ点では、世界のどんな社会にも引けを取らない。このような、競争原理に基づく経済的自由と、他者への配慮を重視する社会的価値との間の張り詰めた関係からは目が離せない。私は外部の人間と内部の人間という両方の立場から、この関係を見守っている。ヨーロッパ人であると同時に、アメリカで二五年以上も暮らし、仕事をしているからだ。それぞれの価値観を体現するこの国の二大政党間で、振り子が揺れるように政権が定期的に入れ替わるのを見れば、この緊張関係が現実のものとしてしっかり生き続けていることがわかるし、一方が決定的な勝利を収める見込みが当分なさそうなことも窺《うかが》える。

アメリカ社会に見られるこの二極化状態は理解に難くない。ヨーロッパの状況とたいして違いはないからだ。ただし、大西洋のこちら側では、政治的イデオロギーはすべて右寄りになっているように思える。アメリカの政治で何が不可解かと言えば、それは生物学と宗教への依存の仕方だ。

進化論は保守派に驚くほど人気があるが、それは生物学者の望んでいるかたちでではない。彼らにとって進化論はまるで秘密の愛人のような存在だ。「社会ダーウィン主義」という不可解な概念として熱烈に信奉されているが、正真正銘のダーウィン主義に朝の光が注ぐと、途端に退けられる。二〇〇八年、共和党の大統領選立候補者の討論会では、「進化論を信じない人は？」という問いかけに対して、立候補者の三人までもが手を上げたほどだ。[2] 学校が進化論を教えるのをためらい、動物園や自然史博物館が進化論という言葉を避けるのも無理はない。生物学とのこの愛憎関係こそが、アメリカの政治風土における最初の大きなパラドックスだ。

社会ダーウィン主義は、ゴードン・ゲッコーが「進化の精神」と呼ぶもの以外の何物でもない。人生は闘争であり、そこでは成功する者が敗れ去る者によって足を引っ張られるようなことがあってはならないというわけだ。このイデオロギーはイギリスの政治哲学者ハーバート・スペンサーが世に送り出したもので、スペンサーは一九世紀に自然の法則をビジネスの言語に書き換え、「適者生存」という言葉を作った（誤ってダーウィンの造語とされることが多いが）。スペンサーは社会の競争の場を平等化する試みを非難した。「適者」に「不適者」への義務感を少しでも負わせるのは非生産的だと感じたからだ。何十万部も売れた難解な大著の中で、彼は貧しい人についてこう述べた。「自然の尽力はもっぱら、そのような人をつまみ出し、世の中から一掃し、もっと優れた者たちのための余地を作ることに向けられている[3]」

アメリカはスペンサーの言葉に熱心に耳を傾け、ビジネス界はそれに飛びついた。アンドルー・カーネギーは競争を生物学の法則と呼び、それが人類を進歩させると思っていた。(4) ジョン・D・ロックフェラーは、それを宗教とまで結び付け、大企業の成長は「自然の法則と神の法則がうまく働いた結果にほかならない」と結論した。(5) いわゆるキリスト教右派で今なお見られる、宗教とのこの組み合わせが、第二の大きなパラドックスを形作る。たいていのアメリカの家庭と、どのホテルの部屋にもある本（訳注 聖書）は、ほとんどどのページでも私たちに思いやりを示すようにとしきりに促すのに、社会ダーウィン主義者は、そのような気持ちを嘲る。自然がしかるべき過程をたどるのを妨げるだけだというのだ。彼らは、貧しさは怠惰の証、社会的公正は弱点として切り捨てる。貧しいものはただ滅ぶにまかせればよいではないか、と。なぜキリスト教徒がはなはだしい矛盾に苛《さいな》まれることなく、そのように無慈悲なイデオロギーを信奉できるのか、私には理解できないが、現に多くの人がそれを受け入れているようだ。(6)

三番目にして最後のパラドックスは、経済的自由を強調すると、人間の最善の面と最悪の面が現れることだ。最悪の面は、すでに述べた思いやりの不足で、これは少なくとも政府のレベルで見られるが、他方アメリカには良い面もある。いや、卓越した面があるとさえ言ってもいいだろう（そうでなければ私はとうの昔にこの国を去っていたかもしれない）。それは能力主義の社会だ。財産や華麗な肩書きや血筋はどれも知られていて尊重されるものの、個人の進取の精神や創造力、徹底した努力には及びもつかない。アメリカ人はサクセスストーリーを賛美し、誠実に取り組んで成功した人にはけっして悪意を抱いたりしない。物事に意欲的に挑戦する人にとって、これはほんとうに気が楽だ。

それに比べると、ヨーロッパ人は地位や階級によってはるかに厳密に区分され、新たな機会よりも身分の安定を好む傾向がある。成功は胡散臭い目で見られる。フランス語では、自力で出世した人に貼るレッテルには「ヌーボー・リッシュ（成金）」とか「パーヴェニュー（成り上がり）」といったネガティブなものしかないのも偶然ではない。そういう事情から、ヨーロッパの一部の国では経済が行き詰まってしまっている。二〇歳の若者たちが職の保証を求めてパリの街を行進するところや、働き盛りの人が五五歳での引退を確保しようとするところを目にすると、私は急にアメリカの保守派の肩を持ちたくなる。彼らはその種の社会保障を忌み嫌うからだ。国家はいつでも好きなときに乳を絞り出せる牛ではないのに、多くのヨーロッパ人はそんなふうに思っているようだ。

というわけで、私の政治哲学は大西洋の真ん中に位置するようなのだが、これはあまり快適な場所ではない。私は海のこちら側の経済的・創造的活力はおおいに買うものの、税と政府に対する憎しみがこれほど広く浸透しているのには、今でも戸惑っている。生物学はこの取り合わせに深いかかわりがある。生物学への依存は、自らを正当化しようとするイデオロギーには必ず見られるものだ。社会ダーウィン主義は、強烈な自立心と個人主義の感覚をごく自然に育んできた移民の国家が渇望する「科学的」裏付けを提供する試みだったのだ。

自然主義的誤謬

問題は、社会の目標を自然のありようから引き出すことができない点にある。それをやろうとすることを、「自然主義的誤謬《ごびゅう》」と言う。つまり、物事がある状態にあるからといって、そうあるべきだとは言えないのだ。たとえば、仮に動物が大規模な殺し合いをするとしても、私たちまでそうしなければならないことにはならないし、動物が完璧な調和のもとに生きていたとしても、私たちまでそうする義務はない。自然が提供できるのはあくまで情報とインスピレーションだけであり、処方箋まで期待してはいけない。

もっとも、情報は不可欠だ。もし動物園で新しい檻を設置するとなれば、そこで飼う動物が本来、群居性か単独性か、木に登るか地面に穴を掘るか、夜行性か昼行性か、などを考慮に入れる。それなのに、なぜ私たちは人間社会をデザインするとき、自分の種の特徴など眼中にないかのように振る舞ったりするのか？「歯と鉤爪《かぎづめ》が朱《あけ》に染まった」ものという目で人間の本性を見れば、協力と連帯意識を私たちの背景に含める見方をするときとは社会の輪郭が明らかに違ってくる。ダーウィン自身は、自分の理論からスペンサーのような人々が引き出そうとしていた、「弱肉強食」という教訓については苦々しく思っていた。進化論自体とそれが提供するもののいっさいにはろくに関心を持たない輩《やから》が、社会のための処方箋としてこの理論をこれ見よがしに担ぎ出すのを目にするのに、私が生物学者としてうんざりしている理由も、まさにそこにある。(7)

同一の資源を巡る、同一の種の間での競争という考え方はダーウィンの興味を惹き、彼が自然淘汰の概念を案出するのに役立った。彼は、一七九八年にトマス・マルサスが人口増加に関して発表して大きな反響を呼んだ論文を読んでいた。それによれば、食糧供給が追いつかないほど人口が増えると、飢えや病気などによって人口は自動的に削減されるという。あいにく、スペンサーは同じ論文を読んで別の結論を導き出した。強い生き物が劣った生き物を犠牲にして発展するのだとすれば、それはたんにそうであるだけではなく、そうあるべきでもあるのだとスペンサーは考えた。競争は善であり、自然であり、社会全体がその恩恵を被るというわけだ。彼は自然主義的誤謬を完璧なまでに犯したのだった。

スペンサーの考えは、なぜあれほどやすやすと受け入れられたのだろう？　私が思うに、彼は人々が直面し始めたばかりの道徳的ジレンマから逃れる道を示していたからではないか。以前なら、豊かな人が貧しい人を無視するのに、いちいち自分を正当化する必要はなかった。名門の血が流れているというだけで、高貴な人たちは自らが異なる人種であると考えていた。名門の女性は、西洋ではコルセットで胴を引き締めてくびれた腰の線を出し、東洋では爪を長く伸ばすことで、肉体労働への軽蔑を表した。もっとも、自分より下にいる人たちに対する義務をいっさい感じなかったわけではない。高い身分に伴う義務《ノーブレス・オブリージュ》という言葉があるぐらいだ。だが、彼らは贅沢に暮らすことには、まったく気が咎めなかった。大衆が飢え死にしかかっていても、平気で肉を食べ、高級なワインを飲み、金箔を張った馬車を乗り回した。

それが、産業革命とともに一変した。新しい上層階級が生まれたが、彼らは他者の苦境をそう簡単に見過ごすことはできなかった。その多くが、ほんの数世代前まで下層階級に属していたからで、彼らと同じ血筋であることは明らかだった。当然、自分の富を分け与えるべきではないか？　だが、彼らは気乗りしなかった。だから、自分の下で働く者たちを無視するのは少しも悪いことではなく、後ろを振り返らずに成功への階段を上っていくのは非の打ち所のないことなのだと聞いて大喜びした。自然とはそういうものだとスペンサーは彼らに請け合い、金持ちが感じかねなかった良心の疼きをそっくり取り除いた。

そこにアメリカ社会の特異性が加わる。アメリカは移民に負うところが大きい。地球の彼方の地に移り住むには強い意志と独立心がいる。自分も移民だから、よくわかる。身内や友人、母国語、慣れ親しんだ食べ物、音楽、気候などと訣別するのは途方もない飛躍だ。移民はギャンブルであり、私は衝動的にやった。きっとこれまで多くの人がそうしてきたことだろう。

今では、そうたいしたことではない。ジェット機で行き来できるし、電話や電子メールがあるから連絡を保ちやすい。だが昔は、「棺桶船」と呼ばれる粗末な船で人は故郷を離れた。そして、嵐や病気を生き抜いた人たちがようやくたどり着いたのは、まったく未知の土地だった。祖国も親しい人々も、二度と目にできないことは、まず間違いなかった。死に目に会えないのがわかっている親に別れを告げるところを想像してほしい。訃報を受け取ることさえままならないかもしれないのだ。カナダやオーストラリアやアメリカに渡った人の中には、目新しさを追い求める者や、危険を冒す者がじつに多く、これらの国々の人口の一部は、こうした自主選択による人々が占めた。自主選択は自然淘汰に少しばかり似た働きをする。以後の世代は、この性格型を受け継いだ。遺伝的にも文化的にも。あらゆる移民の目標はより良い生活を築き上げることだから、必然的な結果として、個人の業績を中心とする文化が生まれる。(8)

フランスの政治思想家で政治家のアレクシス・ド・トクヴィルにとって、これはすでに明白だった。

ヨーロッパでは、一つ所に落ち着いていられない性格や、富を得たいという際限のない願望や、独立を極端なまでに愛する気持ちは、きまって社会に対する大きな脅威と見なされるが、まさにこれらがアメリカ諸州では末永い平和な未来を約束する。(9)

成功はそれ自体を正当化するというスペンサーのメッセージが好評を博したのも不思議はない。もっと最近では、ロシアで生まれてアメリカに移り住んだアイン・ランド（訳注　アメリカの小説家、思想家。市場重視型の極端な資本主義論を展開し、一九七〇年代以降の政財界人にも影響を与えた。）が同じメッセージを異なるパッケージに詰めて発表した。ランドは、成功には道徳的義務が伴うという考え方を嘲り、エゴイズムは悪徳ではなく美徳だというメッセージによって、何百万もの熱狂的な読者の心を捉えた。彼女は善悪をそっくりひっくり返し、かりそめにも私たちに義務があるとすれば、それは自分自身に対するものだという概念に一〇〇〇ページ余りもある小説を何作も充てている。連邦準備制度理事会前議長のアラン・グリーンスパンは、自分の人生と仕事にランドが大きな影響を及ぼしたと考えていた。(10)

だが、この手の主張は、これが自然であるという勝手な思い込みに基づいている点で、根本的な欠陥を抱えている。それは、すでにスペンサーの時代に、意外にもロシアの貴族ピョートル・クロポトキンによって暴かれた。クロポトキンは鬚《ひげ》を生やした無政府主義者として有名だが、非凡な博物学者でもあった。一九〇二年の著書『相互扶助論』で彼は、生存のための闘争は、各個体と残り全体とのものではなく、個体の集団と厳しい環境との間のものであると主張した。協力は広く見られる。たとえば、野生の馬やジャコウウシはオオカミに襲われると、幼い者たちの周りをぐるっと囲んで守ってやる。

クロポトキンは、ダーウィンの場合とはまったく対照的な環境に触発された。ダーウィンが野生生物の豊富な熱帯地方を訪れたのに対して、クロポトキンはシベリアを探検した。二人の考え方には、マルサスが思い描いていた類の個体の密度と競争をもたらすような豊かな環境と、一年のおおかたは大地が凍てつき生存には適さない環境との違いを反映している。馬たちが風に吹かれて散り散りになり、牛たちが雪に埋もれて死ぬような、気候のもたらす惨事を目にしたクロポトキンは、相手を倒すか自分が殺されるかという古代ローマの剣闘士による見せ物のように生命の営みを描き出すことに異を唱えた。彼が目にしたのは、動物たちがとことん戦い、勝者が獲物を持ち去る世界ではなく、共同体の原理が働くところだった。氷点下の寒さの中では、身を寄せ合うか死ぬかのどちらかなのだ。

角の生えた壁となってオオカミのような捕食者に向き合うジャコウウシの大人たち。

相互扶助は、クロポトキンが考えたかたちとは若干ずれがあるものの、現代の進化論の標準的な要素となった。彼はダーウィン同様、動物（あるいは人間）の協力的な集団は、そうでない集団を凌ぐと信じていた。つまり、集団の中で機能し、支援のネットワークを築くのは、非常に重要な生存技能であるということだ。そのような技能が霊長類にとって重要なことは、最近ケニアの平地で行なわれたヒヒの研究で確認されている。優れた社会的協力関係を持つメスの生み育てる赤ん坊ほど生存率が高かったのだ。グルーミング仲間は心を落ち着かせるような触れ合いをし、外敵の襲撃から互いを守り合い、捕食者を見つけたときには甲高い警告の声を上げる。そのどれもが、母親が子供を育てる助けになる。

喧嘩を仲裁するチンパンジー

私自身、ロービとビートルという名の、とても仲の良い二匹のメスのマカク（マカク属のサル）を知っていた。二匹はほぼ同じ歳で、最初私は姉妹かと思った。何をするのもいっしょだし、グルーミングをし合い、相手の赤ん坊には親しげにリップスマッキング（唇を動かして音を立てること）をしていた。喧嘩のときにも助け合い、ビートル（ロービよりも序列は下）は他のマカクが脅かそうとでもしようものなら、悲鳴を上げてロービの方を見遣るほどだった。群れのどのマカクも、一方を襲えば二匹を敵に回さなければならないことを承知していた。だが、私たちの記録によれば、二匹の間に血縁はまったくなかった。

この二匹の信頼関係は、優位に立つためにサルが築く同盟関係の一例にすぎない。すべての霊長類は、こうした関係を結ぶ傾向を持ち、なかには共同体全体のために尽力する者さえいる。そういう動物は、自分の地位だけに注意を向ける代わりに、集団志向の行動を見せる。これは、社会的調和に関連して最も顕著に現れる。たとえば、中国の金糸猴《きんしこう》（ゴールデンモンキー）だ。ゴールデンモンキーは一匹のオスと数匹のメスがハーレムを作って暮らす。オスはメスよりずっと大きく、オレンジ色のふさふさした毛が生えている。メスが喧嘩を始めると、オスは割って入り、争いが収まるまで間に身を置き、親しげな表情を浮かべながら交互にメスの方を向いたり、指でメスの背中の毛を梳《す》いたりしてなだめる。

チンパンジーの場合は、オスもメスも積極的に共同体の中の関係を取り持つ。私が研究した動物園の大きなコロニーでは、ディスプレイを始めたオスの武器をメスが取り上げることがあった。オスのチンパンジーは攻撃を開始する前に最長で一〇分ほど、毛を逆立てて座り、フーティング（訳注　フーフーと威嚇の声を上げること）をしながら体を左右に揺する。その間に、メスが腹を立てたオスに近づいて手を開かせ、武器の大きな枝や石を取り去る。意外にも、オスはメスにされるがままだ。

スイカを巡って争うメスたちの仲裁をするオスのチンパンジー。両腕を広げて間に立ち、メスたちが叫ぶのをやめるのを待つ。

　喧嘩をしたオスが仲直りできないでいるようだと、メスはその二頭を取りなす。オスは向かい合って座り、盗み見るようにしか視線を交わさない。メスは一方のオスに近づき、次にもう一方のオスに近づき、二頭を接近させる。すると二頭は互いにグルーミングを始める。調停役のメスが文字どおりオスの腕をつかんでライバルの方へ引っ張っていくのを、私たちは何度も目撃している。

　オスたち自身も、よく争いを解決する。これは上位のオスの任務で、喧嘩が激しくなると、彼らが介入する。たいていは、威圧的な姿勢で近づくだけで事が収まるが、必要とあれば、オスは喧嘩しているチンパンジーたちを殴り飛ばして隔てる。

仲裁役のオスは普通、どちらの側にもつかず、驚くほど上手に平和を維持する。こういう場合にはいつも、霊長類は「共同体への気遣い」を見せる。彼らは群れ全体の状態を改善しようとする。

私の教え子のジェシカ・フラックは、ブタオザルという別の霊長類でこうした行動の影響を調べた。くるんと丸まった短い尾を持つ容姿端麗なブタオザルは、非常に知能が高いことで定評がある。東南アジアでは、筋骨たくましいオスは「農場労働者」としてごく普通に「雇われて」いる。だから、街の往来でぎょっとするような光景に出くわすことがある。通り過ぎるオートバイの後部座席にまるで人間のように背筋を伸ばし、両側に脚を垂らして人間ならざる者が座っていたりする。プランテーションに「出勤する」ところだ。ブタオザルはよく仕込まれていて、ヤシの木の上の方に登り、下の地面から飛んでくる指示に従って熟れたココナツをもぎ取る。それを飼い主が下で拾い集め、市場で売る。

ブタオザルはたいてい群れを作って暮らし、チンパンジーと同じで、地位の高いオスが警官役を務める。喧嘩に割って入ってやめさせ、秩序を保つ。私たちは広い野外の囲いの中で八〇匹ほどのブタオザルを飼って研究した。ジョージア州の暑い夏のさなかに、ジェシカは片手に水、片手にマイクを持って、観察用のタワーに連日座り、ブタオザルの間で起きる無数の社会的出来事を言葉で説明し続けた。特定の遺伝子を無力化した、いわゆる「ノックアウトマウス」を使って遺伝子の機能を調べる研究と同じように、私たちの研究も「ノックアウト」を利用した。警官役を一時的にお役御免にし、群れがどうなるか試してみたのだ。

二週間に一度、日を決めて上位のオス三匹を朝に囲いから連れ出し、夕方に戻した。三匹は囲いの隣の建物に入れておいた。群れの中で小競り合いが起きると、サルたちは三匹が座っている場所に通じるドアの所に駆け寄り、隙間から叫ぶこともあったが、どう見てもその日は自力で問題を解決するしかなかった。ノックアウトの効果は完全にマイナスだった。喧嘩が増え、攻撃が激しくなり、喧嘩のあとの仲直りが減り、グルーミングや遊びも少なくなった。ブタオザルの社会は、あらゆる面で崩壊しかけていた[11]。

ほんの数匹がいるかいないかで大きな違いが出る。社会的生活は警官役のオスからおおいに恩恵を受けているのだ。注意してもらいたいが、ここでは、その数匹が群れのために自分を犠牲にすると言っているわけではない。仲裁したり、敵意を取り除いたり、警官役を果たしたりといった、集団志向の行動はすべて、それを行なう個体の利益になる。メスはオスの間の緊張を和らげると自分のためになる。なぜなら、オスはメスや子供に八つ当たりすることも珍しくないからだ。また、平和を維持するのが得意なオスは、群れの中でとても人気が出て敬われることが多い。とはいえ、集団志向の行動は、それを見せる個体だけでなく他のすべての個体にとっても、社会的環境の質を高める。

集団性はあまりに当然に思えて顧みられないことも多いが、集団生活をする生物はみな、集団性に敏感だ。それは、運命を共有しているからだ。もしこれが他の霊長類に当てはまるのなら、もっと複雑な社会を持っている私たち人間には、はるかによく当てはまるのではないか？　ほとんどの人は、特定の公益事業や制度を維持する必要性を認め、この目標に向けて努力する用意がある。社会ダーウィン主義者の見方は違うかもしれないが、真にダーウィン主義的な視点に立つと、集団生活をする動物には「社会的動機」があって、全体の円滑な機能に貢献するように動物を駆り立てると見るのは、完全に筋の通ったことだ。

ただし、この動機だけでは十分ではない。共同体で暮らすミツバチやアリは、緊密な血縁関係にあって同じ女王に仕え、公共の利益のために喜んで働きまくるが、人間は違う。どれだけ洗脳され、愛国的な歌を歌おうと、私たちはいつも社会のことを考える前に自分のことを考える。もし共産主義者の「実験」から得るものがあったとしたら、それは連帯意識の限界が明らかになったことだ。

その一方で、純粋に利己的な動機だけでも事足りない。だが「啓発された」利己主義というものがあって、それは自分の最善の利益にかなうような種類の社会を作り上げるために私たちを働かせる。富める者も貧しい者も、同じ下水設備や道路、警察に頼っている。誰もが国防や教育、医療を必要としている。社会は契約のような働きを持つ。社会の恩恵に与《あずか》る者は社会に貢献することを求められ、逆に、社会に貢献する者は、社会から何かを得る資格があるように感じる。私たちは社会の中で育つうちに、自動的にこの契約に加わり、それがないがしろにされると憤慨して反発する。

二〇〇七年に開かれたある政治集会で、インディアナ州の鉄鋼労働者スティーヴ・スクヴァラは、今にも泣きだしそうな様子で自らの苦境を語った。

私はLTV製鋼で三四年働いたあと、障害を負って退職に追い込まれ、二年後、LTVは倒産しました。私は年金の三分の一を失い、家族は医療保険を失いました。私は毎日、キッチンのテーブルに妻と差し向かいで座ります。彼女は三六年間、私の家族のために尽くしてくれたというのに、私は彼女の医療保険料を払ってやれないのです。

スクヴァラが妻に対する義務を感じたのと同じように、社会は長年一生懸命働いてきた彼に義務を感じてしかるべきだ。これは道義的な問題であり、だからこそ、スクヴァラが会場にいた大統領選の立候補者たちを、「アメリカはいったいどうなってしまったんです？　アメリカを良くするために、あなた方は何をしてくれるんですか？」と問い詰めたとき、人々は起立して拍手喝采を送ったのだ。[12]

実際、金融システムの崩壊と医療危機の深刻さを考えると、アメリカ社会は軌道修正の時期に差しかかっているようだ。アメリカは利潤原理に頼ったために悲惨な状況に陥り、医療の面では今や先進国中、断然最下位だ。[13]一方、西ヨーロッパは羨ましいほど医療が充実しているが、他の部門では他の理由で逆方向に動きだしている。国民は、国家に甘やかされると、経済発展への関心を失う。与えるより受け取ることばかり考える消極的な人間になってしまう。一部の国は、福祉国家から後戻りを始めているし、それに倣う国もありそうだ。

どの国も、利己主義と社会的動機のバランスをとり、経済が社会の必要を満たすようにし、その逆にならないようにしなければならない。経済学者はお金の観点からばかり物事を考え、頻繁にこのダイナミクスを無視する。著名な経済学者ミルトン・フリードマンは、次のように主張している。「企業重役が株主のためにできるだけ多くのお金を稼ぐ以外の社会的義務を負うことほど、私たちの自由な社会の土台をはなはだしく損なう傾向は、他にほとんどない」。フリードマンはこのように、人々をいちばん後回しにするイデオロギーを私たちに提供した。[14]

お金と自由の結び付きに関して、たとえフリードマンが理論的には正しいとしても、現実にはお金は人を堕落させる。お金は搾取や不正や不正直な行為の横行につながることがあまりに多い。エネルギー会社エンロンによる桁外れのごまかしを前にすると、六四ページから成る同社の「倫理規定」の小冊子はお笑い種で、今やタイタニック号の安全マニュアルほどの真実味しか感じられない。(15) 過去一〇年間に、どの先進国も重大なビジネス・スキャンダルを経験した。いずれの場合にも、経営陣はまさしくフリードマンの助言に従うことで、社会の土台を揺るがしてのけた。

エンロンと「利己的な遺伝子」

洒落たレストランの外で、私はとうとう有名人に会うことができた。ハリウッドのスターが足しげく通う店だと友人たちが請け合ってくれただけあって、ディナーの途中で電気が消えたときに、私たちが通りにぞろぞろ出ていくと、すぐそばで映画スターがタバコを吸っていたので、あれこれおしゃべりをし、料理が冷めてしまうなどと言い合った。この出会いは二〇〇〇年にカリフォルニア州を見舞った輪番停電（訳注 大規模な停電を避けるために、狭い地域ごとに順番に起こす小規模な停電）のおかげだった。一五分後にはみんなテーブルに戻り、日常生活を再開したが、これはもちろん、ありきたりの経験ではなかった。

いや、スターに会ったことではなく、度を過ごした資本主義が引き起こした驚くべき現象を目撃したことだ。すべてはエンロンのせいだ。テキサス州に本拠を置くこのエネルギー企業は、革新的なやり方を編み出して市場を操作し、人為的な電力不足を生み、価格を高騰させたのだった。人工呼吸装置を使っている人やエレベーターに乗っている人にとって、停電が深刻な危険を招くことなど、おかまいなしだ。どう見ても社会的責任はエンロンの考え方には入っていなかったらしい。彼らはフリードマンの原則に従って営業したのだが、それに加えて、生物学の世界に直接由来する、意外な筋からもインスピレーションを得ていた。エンロンのCEO（最高経営責任者）、ジェフ・スキリング（現在服役中）は、リチャード・ドーキンスの『利己的な遺伝子』の大ファンで、自分の企業内で冷酷無情な競争を煽り、意図的に自然を真似ようとした。[16]

スキリングは「ランク&ヤンク（ランクを付けて首にする）」の異名を取る内部評価委員会を設置した。この委員会は、1（最高）から5（最低）までの五段階評価で従業員をランク付けし、5の評価をもらった者は全員首にした。毎年最大で二割の従業員を解雇した。それも、彼らの顔写真を掲載したウェブサイトで辱めた上でのことだった。彼らはまず「シベリア」送りにされる。これは、二週間以内に社内で別の仕事を見つけろということだ。仕事が見つからないと、お払い箱になる。人間には強欲と恐れという二つの基本的な衝動しかないというのが、スキリングの委員会の理屈だ。この理屈はどうやら現実のものとなったようだ。従業員はエンロンの社内環境で生き延びるために、互いにせっせと蹴落とし合い、その結果、内部はぞっとするような不正行為、外部では情け容赦のない搾取を特徴とする社風が生まれた。それがひいては二〇〇一年のエンロンの内部崩壊につながった。

自然という書物は聖書のようなもので、寛容から不寛容まで、そして利他主義から強欲まで、誰もが望みどおりのものを読み取る。だが、もし生物学者が競争について語るのをけっしてやめないとしても、彼らが競争を提唱しているわけではないと気づくのは良いことだ。また、もし彼らが遺伝子を利己的と呼ぶとしても、遺伝子が実際に利己的であるわけではないのに気づくのも良いことだ。遺伝子は「利己的」であるはずがない。川が「怒って」いたり、日差しが「優しし」かったりするはずがないのと同じだ。遺伝子はただのDNAの塊にすぎない。「自己促進的」と呼ぶのがせいぜいだろう。

成功している遺伝子はその持ち主がその遺伝子を広めるのを助けるからだ。[17]

スキリングは彼以前の多くの人と同様、利己的な遺伝子というメタファーにまんまと引っかかり、遺伝子が利己的なら私たちも利己的に違いないと思い込んだ。だが、ドーキンスは必ずしもそう言おうと思っていたわけではない。それは、私のチンパンジーたちを見下ろすタワーで実際に討論したときにも、明らかになった。

背景として知っておいてもらわないといけないが、ドーキンスと私はともに文章で相手を批判してきた。彼は動物の親切心に関して私が自分に都合の良い解釈をしていると言い、私は彼が誤解されやすいメタファーを作り出したことに苦情を述べた。学者の世界ではありがちな言い争いかもしれないが、ヤーキーズ研究センターのフィールド・ステーションでの会見がいくぶん冷ややかなものになるのではないかと心配だった。ドーキンスは、「チャールズ・ダーウィンの天才」というテレビのシリーズ番組制作の関係で私を訪ねてきた。プロデューサーたちがひと足先に着いて、「自然な」出会いの場面の準備にかかった。ドーキンスが玄関前に乗りつけ、バンから降りて私に歩み寄り、握手しながら温かい言葉をかけ、私たちは連れ立ってチンパンジーたちを見にいくという筋書きだ。私たちは、まるで初対面であるかのように、万事をこなした。じつは、前にも会っていたのだが。私は会話のきっかけにと、ジョージア州の大旱魃《だいかんばつ》に触れ、必ず雨が降るように、知事が州議会議事堂前の石段で祈禱《きとう》集会を開いたばかりであることを話した。[18] これで、揺るぎない無神論者のドーキンスは元気づき、この集会が、天気予報で雨が告げられると間髪を入れずに計画されたという、素晴らしい「偶然」を二人して笑った。

タワーでの私たちの討論はたしかに冷ややかなものだったが、それはジョージア州にしては珍しい、肌寒い日だったからにすぎない。ドーキンスは利己主義のかけらも見せず、下のチンパンジーたちに果物を投げ続ける。私たちはたちまち意見の一致を見た。学問分野での経歴の共通点を考えれば、それほど難しいことではない。[19]人間や動物の実際の動機について言及しているわけでは断じてないという了解さえあれば、私は遺伝子を「利己的」と呼ぶことに何の抵抗もないし、ドーキンスも、正真正銘の親切心から来る行為も含めて、ありとあらゆる行動は、持ち主のためになるように選ばれた遺伝子によって生み出されるかもしれないという点で同意した。ようするに、進化を推し進めているものと、個体の実際の行動を推進しているものとを区別することで意見が一致したのだ。この区別は、ジョージア州の外で教会と州との区別が認識されているのとほぼ同じぐらいはっきり、生物学の世界でも認識されている。

私たちは全体として、イギリス人がよく言う、「申し分のない、くつろいだ談話」をし、この重層的アプローチの具体化を試みた。[20]ここでそのアプローチを親切心や利他主義に当てはめる前に、色の視覚のような、もっと単純な例から始めよう。色が見えるようになったのは、私たちの祖先が熟れた果実と未熟な果実とを区別する必要があったからだと考えられている。だが、いったん色が見えるようになると、私たちはその能力を他のありとあらゆる目的に使い始めた。今では地図を読んだり、誰かが顔を赤らめるのに気づいたり、シャツに合った靴を見つけたりするのに使う。これは果実とは少しも関係ない。もっとも、赤や黄色といった、成熟を示す色を目にすると、私たちは相変わらず興奮するし、だからこそ、そうした色は交通信号や広告や芸術作品で使われているのだ。一方、自然の初期設定色（つまり緑）は、人の心を落ち着かせ、安らぎを与えてくれるが、退屈だと考えられている。

動物の世界は、ある理由のために進化したものの、その後他の理由でも使われるようになった特性に満ちあふれている。有蹄《ゆうてい》動物の蹄《ひづめ》は硬い地面の上を走るように適応しているが、それを使って、追いすがる敵に強烈な一撃をお見舞いすることもできる。霊長類の手は枝を握るように進化したが、そのおかげで赤ん坊は母親にしがみつきやすくなった。魚の口は餌を食べるようにできているが、口の中で卵を孵《かえ》すシクリッドの稚魚にとっては飼育場の役割を果たす。行動に関しても、日常生活で特定の行動をなぜ、どのように用いるかは、もともとの機能によって規定されるとはかぎらない。行動は「動機の独立性」を享受している。

ブタの子を育てるベンガルトラ

その好例がセックスだ。生殖器と性衝動は子孫を残すために進化したにもかかわらず、私たちのほとんどは、そんな先々のことを考えずにセックスをする。セックスを促す最大の力は快楽だと私はずっと思ってきたが、アメリカの心理学者シンディ・メストンとデイヴィッド・バスが最近行なった世論調査では、「ボーイフレンドを喜ばせたかった」や「昇給が必要だった」というものから、「二人とも他にすることがなかった」や「彼女がベッドではどんなふうか興味があった」というものまで、人々は呆れるほどさまざまな理由を挙げた。もし人間がたいていは子孫を残すことなど念頭にないままセックスをするのなら（だから事後用経口避妊薬があるわけだ）、それは動物にはなおさら当てはまる。なにしろ動物たちは、セックスと生殖の結び付きを知らないのだから。動物が交尾をするのは、互いに引かれるから、あるいは、快楽が得られるのを学んだからであり、子孫を残したいからではない。知りもしないことなど望みようもない。「動機の独立性」とはこのことだ。性衝動は、交尾がそもそも存在している理由からはかけ離れている。

あるいは、血のつながりのない子供を養子にすることを考えてほしい。霊長類では、幼い子の母親が死ぬと、他のメスがその子の世話をすることが多い。大人のオスでさえ、血縁ではない孤児を抱いて歩き、守り、手から食べ物を取らせてやる。人間も他人の子供を養子にする人がかなりいる。しばしば、面倒な手続きを経て子供を見つけ、世話をする。とはいえ、最も不思議なのは、異種間の養子だ。たとえばアルゼンチンのブエノスアイレスでは、あるメス犬が、捨てられた人間の男の子を自分の子たちといっしょに世話して救って有名になった。オオカミに育てられたという双子、ロムルスとレムスの伝説が思い出される。このような異種間の養子関係は、動物園ではよく知られている。ある動物園のベンガルトラのメスは、ブタの子供たちを引き取って育てたという。母性本能は驚くほど寛大なのだ。

そのような振る舞いは「間違い」であり、行動はもともとの意図された目的以外にとられるべきではないとする生物学者もいる。[21] これは、まるでカトリック教会がセックスは楽しみのためにあるのではないと私たちに言い聞かせているようなものに思えるかもしれないが、彼らの言いたいことは私にもわかる。メスのトラにとって生物学的に最適なのは、ブタの子供を育てるより、タンパク質入りのスナックにすることだ。だが、生物学から心理学へと視点を移した途端、展望が変わる。哺乳類は、無防備な子供の世話をしてやりたいという強力な衝動を与えられているので、メスのトラは自分には当たり前のことをしているにすぎない。心理学的に言えば、彼女は少しも間違ってはいない。

同様に、もし人間のカップルが遠い異国の子供を養子に迎えても、二人の世話や心配は、生みの親のものと比べて、まったく遜色がない。あるいは、もし人が「話題を変えたかった」からセックスをしたとしても（前述の調査で実際に挙げられた理由の一つ）、二人の性的興奮と喜びは、他のどんなカップルのものにも劣らぬほど鮮烈だ。進化によって生まれた傾向は、私たちの心理にとって本質的なものになる。そして、それをどう使おうと自由なのだ。

さてここで、これまでの洞察を親切心に当てはめてみよう。肝心なのは、たとえある特性がXという理由で進化したにせよ、日常生活ではXとYとZという理由で使われることが十分ありうるという点だ。他者に援助を差し伸べる行動は、自分のためになるから進化した。たしかに自分のためになる。近親や群れの仲間のような、近しい相手が行動の対象であれば、たしかに自分のためになる。喜んでお返しをしてくれる行動を、自然淘汰は生み出す。だからといって、人間や動物は利己的な理由からしか助け合わないということにはならない。進化の間に意味のあった理由が、行動の主を束縛するとはかぎらない。個体は何も得るものがないときでさえ、身に付いた傾向に従ってその行動をとることがある。たとえば、人間が、見知らぬ人を救うためにレールの上に身を投げ出したり、犬が子供とガラガラヘビの間に飛び込んで重傷を負ったり、サメが出没する海域で泳ぐ人の周りをイルカが囲んで守ったりする。[22] このような行動をとる者が将来の見返りによって動機付けられているとは思いにくい。セックスをするときに、子孫を残すことを目指す必要がないのと同様、また、子育てするときに、必ずしも自分自身の子供を贔屓《ひいき》するわけではないのと同様、他者に援助を差し伸べるときには、その行動の主は、自分が報われるかどうか、あるいは、いつどのように報われるかを、知っている必要はないのだ。

だから、利己的な遺伝子というメタファーはとても厄介なわけだ。遺伝子の進化の議論に心理学の用語を持ち込むことによって、生物学者が必死に区別しようとしている二つのレベルがいっしょくたにされてしまう。遺伝子と動機の区別があやふやにされたせいで、人間と動物の行動に関する極端にシニカルな見方が出てきた。信じられないかもしれないが、共感は一般に、幻想として提示され、人間でさえじつは持っていないとされる。過去三〇年間の社会生物学の文献でとりわけ頻繁に繰り返されてきた辛辣な言葉は、「『利他主義者』を引っ掻けば、『偽善者』が血を流すのが見られる」というものだ。[23] さまざまな著者が熱を込めて、人間のことを『クリスマスキャロル』の有名な守銭奴、スクルージそのものとして描き、ショックを与える。ロバート・ライトは、『モラル・アニマル』の中で、「無私無欲を装うのも、無私無欲がしばしば欠如しているのと同様、人間の本性のうちだ」と主張する。[24] 人間の親切心の存在を疑問視する強い風潮からは、モンティ・パイソンの寸劇が思い出される。ある銀行家が孤児院のために少額の寄附を求められる。銀行家は寄附という概念にすっかり当惑し、首を傾げる。「だが、私にどんな動機があるというのか？[25]」彼にしてみれば、何の見返りもなしに何かをする人がいるというのが理解できないのだ。

現代の心理学と神経科学では、こうした冷酷な見方は支持できない。私たちは手を差し伸べるように、あらかじめプログラムされている。共感は自動化された反応で、制御しようにも限界がある。共感を抑え込んだり、心の中でブロックしたり、それに基づいて行動しなかったりすることは可能でも、精神病質者と呼ばれるごく一部の人を除いては、私たちはみな、他者の境遇に感情的な影響を受けずにはいられない。根本的であるにもかかわらず、めったに投げかけられることのない疑問がある。それは、自然淘汰はなぜ、私たちが仲間たちと調和し、仲間が苦しみや悲しみを感じれば自分も苦しみや悲しみを感じ、彼らが喜びを感じれば自分も喜びを感じるように人間の脳をデザインしたのかという疑問だ。他者を利用できさえすればいいのなら、進化は共感などというものには、ぜったい手を染めなかっただろう。

ただし同時に、人間という種の、いや、人間に限らず他のあらゆる霊長類の、忌まわしい側面について、私が断じて幻想を抱いていないことも付け加えておく必要がある。私は人並み以上にサルや類人猿の間の流血や殺戮《さつりく》を目にしてきた。凶暴な喧嘩や、オスが赤ん坊を殺すところを何度目撃しただろう。また、死んだサルの傷を調べ、オスの鋭い犬歯によるもの（深い切り傷や刺し傷）か、もっと小さいメスの歯によるもの（痣や皮膚の裂傷）かを判断する羽目になったことがどれだけあっただろうか？　私の最初の研究テーマは攻撃性だった。だから、霊長類が攻撃性に事欠かないことは十分承知している。

争いの解決と協力に興味を持ったのは、のちになってからだ。この方向への最後のひと押しとなったのが、無節操な権力闘争の間に起きた、ラウトという私のお気に入りのチンパンジーの死で、これについては『チンパンジーの政治学』の中で説明してある。一九八〇年にアメリカに移住する直前、私が勤務していたオランダの動物園で、二頭のオスがラウトを襲い、去勢した。ラウトはその後、傷がもとで死んだ。[26] 同じような事件はフィールド・スタディの現場でも知られている。ここで私が述べているのは、文書による記録が豊富な、縄張りを巡る争いではなく（そういう争いは、群れの外の個体との間で起きる）、野生のチンパンジーもときには自分の共同体の中で殺し合いをするということだ。

この惨事を目にするまで、私は争いの解決を多少面白い現象程度の思いで眺めていた。チンパンジーが喧嘩のあと、相手とキスして抱き合うことは知っていたが、私は血だらけの手術室で獣医が何百針も縫う間、隣に立って器具を手渡すというショッキングな体験のおかげで、キスと抱擁がどれほど重要か思い知らされた。この行動は、チンパンジーがときおり喧嘩はしても良好な関係を保つ上で役立つ。このメカニズムがなければ、悲惨なことになる。ラウトの悲劇的な最期によって私は目を開かれ、調停の価値を認識し、これを大きなきっかけとして、私は何が社会を束ねているかに焦点を合わせる決心をした。

チンパンジーの凶暴な本性は、彼らには共感など皆無であるという主張に利用されることがある。私たちは共感を親切心と結び付けて考えるので、よくこう問いかける。「もしチンパンジーがサルを捕まえて食べ、ときどき仲間を殺すのなら、共感を持っているなどということが、どうしてありえるだろう？」この質問に関して何がいちばん驚くべきかと言えば、それは私たち自身の種についてそう問いかけることがめったにない点だ。もしそう問えば、もちろん私たち人間は、共感を持つ種のリストから真っ先に脱落する。じつは、共感と親切心との間には、必然的な関係などありはしないし、年がら年中、あらゆる相手を丁重に扱っていられる動物などいない。どの動物も、食べ物や生殖の相手や縄張りを巡って、同じ種の仲間と衝突する。共感に基づいた社会も、愛に基づいた結婚と同じで、争いと無縁ではない。

人間は他の霊長類と同様、非常に協力的ではあるが、利己的な衝動や攻撃的な衝動を懸命に抑える必要のある動物と言うこともできれば、非常に競争的でありながら、相手と協調し、公平なやりとりをする能力を持った動物と言うこともできる。だからこそ、社会的にポジティブな傾向がこれほど興味深いのだ。この傾向は、競争を背景に発揮される。[27] 私は霊長類の中で人間がいちばん攻撃的だと思うが、人間はつながりを持つことに熟達しており、社会的結び付きは自由競争を制限するとも思っている。言い換えれば、私たちは攻撃的であらざるをえないことはまったくない。すべてはバランスの問題だ。無条件でひたすら相手を信頼し、協力すると、騙されやすく有害だ。一方、無制限の強欲は、エンロンが自らの不寛容に耐え切れなくなって潰れるまでスキリングが提唱し続けた類の熾烈な競争社会につながるだけだ。

もし生物学的特質が政府や社会を特徴づけているのなら、私たちはせめて全体像をつかみ、社会ダーウィン主義という薄っぺらな虚像を捨て、進化が実際にもたらしたものを見てみる必要がある。私たちはどんな動物なのだろう？　自然淘汰が生み出した特性は、豊かで多様で、一般に思われているよりはるかに楽観を促しやすい社会的傾向を含んでいる。それどころか、私は生物学的特質が人間にとって最大の希望とまで言って憚らない。私たちの社会の思いやりの深さが政治や文化、あるいは宗教の気まぐれ次第という考え方には、ぞっとするばかりだ。

イデオロギーは生まれてはまた消えていくが、人間の本性は不変なのだ。

第三章
Bodies Talking to Bodies

体に語る体

宙に渡されたワイヤーの上の曲芸師を眺めていると、自分もその曲芸師になったような気がする。

——テオドール・リップス(一九〇三年)

ある日の朝、校長先生の声が私の高校のスピーカーから流れてきて、みんなに人気のあったフランス語の先生がたった今、自分のクラスの生徒の前で亡くなったというショッキングなニュースを伝えた。誰もが黙り込んだ。その先生は心臓発作を起こしたと校長先生が説明を続けている間、私はどうしても笑いの発作を抑えられなかった。今でも思い出すと恥ずかしくなる。

不適切な状況によって引き起こされた笑いでさえ、止まらなくなるのはなぜなのか？ 極端な笑いの発作は気懸かりだ。抑えが利かず、涙が流れ、息が苦しくなって喘ぎ、立っていられずに誰かに寄りかかったり、床を転げ回って失禁したりすることさえある。私たちのように言語に長けた種が、愚かしい「アハハハ……」という発声でしか思いを表現できなくなるとは、なんと奇妙な現象だろう。冷めた調子でひと言「ああ、面白かった」と言って片づけられないのか？

これは大昔からの謎だ。哲学者たちは、人類が獲得した輝かしい才能の一つ、すなわちユーモアのセンスが、自己制御の放棄によって表現されるのはなぜかという問題に、いらだちを覚えてきた。それも、動物に結び付けられている類の、粗野なかたちの自己制御の放棄によって表現されるとは。笑いが生まれつきのものであることには疑いの余地がない。笑いは全人類に共通するもので、私たちに最も近い動物である類人猿にも見られる。オランダの霊長類学者ヤン・ファン・ホーフは、どういう状況で類人猿がかすれた、喘ぐような笑いを発するのかを研究し、それがおどけた態度と関係すると結論した。笑いは意外な出来事や不釣合いな出来事に対する反応であることが多い。たとえば、小さな類人猿の赤ん坊が群れの最上位のオスを追い回し、オスが終始笑いながら、「怖がって」逃げ去るときなどがそうだ。笑いと意外な出来事の間のこのつながりは、今なお子供の遊びに見ることができる。「いないいないばあ」がそうだし、どんでん返しがあるジョークもそうだ。最後の落ちのことを「パンチ・ライン」と言うが、パンチを一発お見舞いして、あっと言わせるようなものだから、じつにふさわしい命名だ。

人間の笑いは、たっぷり歯を見せ、たっぷり息を吐き出す（だから、息が苦しくて喘いでしまう）やかましいディスプレイで、相互のつながりと幸福の合図であることが多い。何人かが一斉に笑いだすときには、連帯意識や一体感を示しているのだ。だが、そのような絆は、仲間以外と一線を画すかたちで表れることがあるので、人種をだしにしたジョークと同じように、笑いには敵対的な一面もあり、そこから、笑いは軽蔑や嘲りに由来するという説も生まれた。[1] だが、私には信じ難い。最初のくすす笑いは母親と子供の間で起きるからだ。母子の間には軽蔑や嘲りなど微塵もないだろう。これは類人猿にも同じように当てはまる。彼らの場合、最初の「プレイ・フェイス」（彼らの笑いの表情はそう呼ばれている）は、母親が大きな指で自分の小さな赤ん坊の腹を突《つつ》いたり撫でたりしたときに見られる。

あくびの伝染

笑いに関して私がいちばん興味を引かれるのは、それが伝染する点だ。みんなが笑っているときに自分だけ笑わないのは、まず無理だろう。笑いを伴う伝染病もあり、誰もそれを止めることができず、発作が長引く中で死ぬ者まで出ている。(2) 笑いの持つ癒しの力に基づいた「笑う教会」や「笑い療法」もある。一九九六年に大流行した「くすぐりエルモ」というおもちゃは、三度続けて押すと、ヒステリカルに笑う。どれもこれも、私たちは笑うのが大好きで、周りの笑いに加わらずにはいられないからだ。だから、テレビのコメディ番組には笑い声が挿入されたり、劇場ではときどき、どんなジョークにも大声で笑うように雇われたさくらが観客に交じっていたりする。

笑いは種の壁さえ越えて伝染する。ヤーキーズ国立霊長類研究センターにある私のオフィスの窓からは、下でチンパンジーたちが入り乱れて遊んでいるときに上げる笑い声がよく聞こえてくる。すると、私も思わず笑ってしまう。なんとも楽しそうな声なのだ。類人猿の笑いを引き起こす典型的な動作はくすぐることと取っ組み合うことで、これはおそらく私たち人間でも本来同じだろう。周知のとおり、自分で自分をくすぐってもまったく効果がないから、笑いは社会的な意味合いを持っていることが窺える。類人猿の子供が「プレイ・フェイス」を浮かべると、人間が笑うときと同じように、仲間たちもたちまち、いとも簡単に同じ表情をしてそれに加わる。(3)

笑いの共有は、私たち霊長類が他者に対して持つ感受性の表れの一例にすぎない。私たちは、ロビンソン・クルーソーよろしくそれぞれ孤島に暮らす代わりに、身体的にも感情的にも、みなつながっている。個人の自由という伝統を持つ欧米ではこう言うと変に聞こえるかもしれないが、ホモ・サピエンスは仲間によって感情が驚くほど簡単に左右される。

共感や思いやりの起源はまさにここにあり、それはより高度な想像力の領域でもなければ、もし自分が相手の立場だったらどのように感じるかを意識的に思い起こす能力でもない。共感や思いやりは、他者が走れば自分も走り、他者が笑えば自分も笑い、他者が泣き叫べば自分も泣き叫び、他者があくびをすれば自分もあくびをするといった、身体的同調とともに、じつに単純なかたちで始まった。私たちのほとんどは信じられないほど高い段階に到達し、あくびと言われただけであくびをするほどだ（ほら、みなさんも今、あくびをしているかもしれない！）が、これは、他者と差し向かいの経験をたっぷり重ねてようやく可能になったのだ。

あくびも種の壁を越えて伝染する。事実上すべての動物が、独特の「五〜一〇秒に及ぶ一連の標準的動きを特徴とする発作性呼吸周期」、すなわちあくびを見せる。[4] 私はかつて、馬やライオンやサルのスライドを使った、不随意の伸びとあくびについての講演に出席したことがある。いくらもしないうちに、聴衆が全員、伸びとあくびをしていた。あくびという反射行動はじつに簡単に連鎖反応を引き起こすので、共感の本質的な要素である気分の伝播を解明する手掛かりを与えてくれる。だから、チンパンジーも他者があくびをするのを見てあくびするという事実には、なおさら好奇心をそそられる。

チンパンジーの間でのあくびの伝染は、京都大学で最初に実証された。同大学の研究者は、実験室のチンパンジーたちに、野生のチンパンジーがあくびするのが映ったビデオを見せた。するとたちまち、実験室のチンパンジーもやたらにあくびを始めた。私たちは、研究所のチンパンジーを使って、これを一歩進めた。本物のチンパンジーの代わりに、チンパンジーに似た頭部があくびに似た仕草をするアニメーションを見せた。このアニメーションを制作した技術者のデヴィン・カーターは、この仕事のときほどたくさんあくびをしたことはないと語った。チンパンジーたちは、頭部がたんに口を数回開け閉めするアニメーションも見たが、あくびのアニメーションのときにしかあくびをしなかった。そのあくびは正真正銘のものに見えた。口を思い切り開け、目を閉じ、首を仰向かせた。

このイラストのような、チンパンジーに似た頭部があくびをするアニメーションを見せると、見ているチンパンジーもあくびをする。

あくびの伝染は、無意識の同調の力を反映しており、この力は他の多くの動物に劣らぬほど私たちの中にもしっかり根づいている。同調性は、あくびのような体の小さな動きの模倣として表れることもあるが(5)、移動など、もっと大きな規模でも起きる。その生存上の価値は容易に見て取れる。もしあなたが鳥で、群れの一羽が急に飛び立ったとしよう。何が起きたのか、のんびり考えている暇などない。あなたもいっしょに飛び立つ。そうしなければ、誰かのランチにされてしまう。

あるいは、群れ全体が眠気を催し、どこかに落ち着く。するとあなたも眠たくなる。気分の伝染のおかげで活動を連携させられる。これは移動する種（ほとんどの霊長類がそうだ）にとって、重大な意味を持つ。仲間が餌を食べていたら、私もそうしたほうがいい。いったん彼らが動きだせば、私が食べ物を探し回る機会は失われてしまうから。群れ全体と足並みを合わせない者は損をする。バスが止まったときにトイレに行かない旅行者のようなものだ。

対応問題

集団本能は奇妙な現象を生む。ある動物園で、ヒヒの群れ全員が岩の上に集まり、揃って同じ方向を眺めていた。一週間にわたって、食べることも、交尾することも、グルーミングすることも忘れてひたすら遠方を見遣っているのだが、何を見ているのかは誰にもわからなかった。地元の新聞はその写真を載せ、UFOにでもおびえたのかもしれないなどと臆測した。だが、この説明には霊長類の行動の動機とUFO実在の証明とを組み合わせるというユニークな利点があったとはいえ、誰にも理由はわからなかったというのが真相で、せいぜい、ヒヒはみな明らかに心を一つにしていたと言える程度だった。(6)

同調性の力は良い目的で利用することができる。たとえば、こんなことがあった。オランダの洪水ですっかり水に取り巻かれた牧場に馬が取り残された。すでに二〇頭が溺れ死んでおり、残りの馬たちを救う手立てがあれこれ考えられた。思い切った案のうちには、陸軍に舟橋《しゅうきょう》を造ってもらうというものがあったが、これが実行に移される前に、地元の乗馬クラブが、はるかに単純な解決策を示した。四人の勇敢な女性が馬を走らせ、取り残されていた馬たちに合流し、ハーメルンの笛吹きよろしく群れを引き連れ、水の浅い所を伝って進んでいった。途中、ほとんどは歩けたが、何箇所かは泳がなければならなかった。動物に関する知識の応用に成功した乗り手たちは、約一〇〇頭の馬から成る一列縦隊を従えて、乾いた大地に戻り着いた(7)。

動きの連携は、絆を反映すると同時に強める。たとえば、いっしょに荷車を引く二頭の馬は、とても親密になる。初めのうちは押し合いへし合いし、好き勝手な方向に引っ張り、それぞれが自分のリズムを貫く。だが、何年もいっしょに働いていると、やがて二頭が一頭のように振る舞い、クロスカントリー・マラソンの間には、猛スピードで荷車を引き、恐れることなく水中の障害を突破し、互いに補い合い、すっかり一心同体となったかのように、少しでも引き離されるのを嫌がる。そり犬についても同じことが言える。その最たる例がイゾベルというメスのシベリアン・ハスキーで、彼女は目が見えなくなってからも、嗅覚と聴覚と触覚を頼りに、他の犬たちと完璧に足並みを揃えて走り続け、ときには、別のハスキーと並んで先頭に立つほどだった(8)。

オランダは自転車社会で、後ろに人を乗せて走ることがよくある。後ろの人は、漕ぎ手の動きに合わせるために、漕ぎ手にしっかりつかまっていなくてはならない。だから男の子は女の子を乗せたがる。自転車は、ハンドル操作ばかりでなく体を傾けることによって方向を変えるから、後ろの人は漕ぎ手と同じように体を傾ける必要がある。真っ直ぐ座ったままでは、文字どおりお荷物でしかない。オートバイの場合は、乗り手の姿勢がなおさら重要になる。オートバイはスピードが速いので、曲がるときに自転車より大きく車体を傾けなければならず、乗り手が連携しないと事故につながる。後ろに乗った人は真のパートナーとして、運転者の動きをそっくり真似なくてはいけない。

類人猿の母親は、二本の木の隙間を渡れずに弱々しい声で泣いている子供のために、引き返してくることがある。まず、子供が動けなくなった木に向かって自分の木を揺らし、次に、二本の木の間に、自分の体を橋として渡す。これには、たんなる動きの連携以上のものがある。これは問題解決のカテゴリーに入る行為だ。母親は感情を動かされ（霊長類の母親は、子供が弱々しい声で泣くとすぐに、自分も同じように泣くことが多い）、相手がなぜ困っているのか、知的な評価を下す。移動するオランウータンが自分の体で橋渡しするのは日常茶飯事で、母親はたえず子供の欲求を予測してそうする。

これよりもさらに複雑な例もある。一頭が別の二頭の間の連携を担うケースで、母親のフィフィと、その息子二頭という、三頭のチンパンジーの話をジェーン・グドールが記録している。息子のうちの一頭、フロイドは、足をひどく痛め、ろくに歩けなかった。母親のフィフィはフロイドが遅れるとたいていいていてやったが、彼が足を引きずりながらついてくる前に先に進むこともあった。弟のフロウドのほうが、もっと繊細だった。

それが三度続くと、フロウドは立ち止まり、フロイドと母親を交互に見遣り、弱々しい声で鳴き始めた。彼が泣き続けるので、フィフィがもう一度立ち止まった。するとフロウドは兄のそばに座って、グルーミングをしてやりながら傷ついた足をじっと見つめる。やがてフロイドも歩けるようになった。こうして一家はいっしょに先へ進んでいった。(9)

これは私自身の体験と似ていなくもない。私の母には六人の息子がいて、みな、頭一つ分以上母より背が高い。それでも、誰も母には頭が上がらない。だが、母が歳をとって弱ってくると（といっても、ようやく八〇代後半になってからだが）、私たち兄弟はそれに慣れるのに苦労した。たとえば、自動車から降り、母親が降りるのに少しばかり手を貸すが、それから、レストランだろうとどこだろうと、行き先に向かって、しゃべったり笑ったりしながら、さっさと歩いていく。それを妻たちが呼び止め、姑の方を身振りで指し示す。母はついてこられず、手を差し伸べてあげる必要がある。私たちはこの新しい現実に適応しなければならなかった。

　こうした例のうちのいくつかは、たんなる連携よりもはるかに複雑で、視点取得（他者の視点に立つこと）が必要となる。あるいは、グドールや私の一家の話のように、他者に第三者の状況に目を向けさせる必要がある。だが、こうした例のすべてを貫く唯一の糸は、連携だ。仲間と暮らす動物はすべて、この任務に直面する。そして、そのカギは同調性だ。同調性は、他者との調和の最も古い形だ。その同調性は、自分自身の体を他者の体に重ね合わせ《マップし》、他者の動きを自分自身の動きにする能力に基づいている。だからこそ、誰かが笑ったりあくびをしたりすると、私たちも笑ったりあくびをしたりするのだ。このように、あくびの伝染は、他者との私たちのかかわり方を解明する手掛かりを与えてくれる。これは特筆に値するが、自閉症の子供は他者のあくびに影響を受けない。彼らの特徴である社会的隔絶を際立たせる一面だ。[10]

　体のマッピングは人生のごく初期に始まる。人間の新生児は、大人が舌を突き出すと自分も舌を突き出すし、それはサルや類人猿にしても同じだ。ある研究のビデオには、イタリアの研究者ピエール・フランチェスコ・フェラーリの顔をアカゲザルの赤ん坊がしげしげと眺めている様子が映っている。

フェラーリは口を数回、ゆっくり開け閉めする。赤ん坊がフェラーリを眺めている時間が長くなるほど、赤ん坊の口はフェラーリの口の動きを真似て、アカゲザルという種の典型的なリップスマッキングの仕草に近づいてくる。リップスマッキングは友好的な意図の合図となり、人間にとっての微笑と同じぐらいサルにとっては重要だ。

新生児の模倣は私にとってほんとうに不可解だと言わざるをえない。人間であろうとなかろうと、赤ん坊はどうやって大人を真似るのか？　科学者は神経共振やミラーニューロンを持ち出すかもしれないが、脳（とくに、新生児のもののように素朴な脳）がどのようにして他者の体の部位を正確に自分の体にマップするのかという謎は、ほとんど解決しない。[11] これは「対応問題」と呼ばれている。赤ん坊は自分では見ることもできないのに、どうやって自分の舌が、大人の唇の間からするっと出てくるピンク色のふっくらした筋肉質の器官と同一だとわかるのだろうか？　じつは、「わかる」という言葉は不適切だ。なぜなら、明らかに、これはすべて無意識に起きているのだから。

実験者を眺め、繰り返し口を開閉するのを真似るアカゲザルの赤ん坊。

異なる種の間での体のマッピングは、これに輪をかけて謎めいている。ある研究によると、イルカが特定の行動に関するトレーニングをまったく受けずに、自分たちのプールの隣にいる人々の真似をしたという。人間が腕を振ると、イルカたちは自発的に胸びれを振った。また、人間が片足を上げると、イルカたちは尾を水の上に突き出した。[12] この事例の身体的な対応を考えてほしい。あるいは、私の親友の事例でもいい。彼が脚の骨を折って数日のうちに、彼の飼い犬も脚を一本引きずって歩くようになった。しかも、同じ右脚を。その仕草は何週間も続いたが、友人のギプスがとれると、奇跡的にも消えてしまった。

プルタルコスが言ったように、「脚の不自由な人と暮らしていると、脚を引きずるようになる」。

サル真似の技術

イギリスのトニー・ブレア首相（当時）は、自国では普通に歩くのに、仲良しで、アメリカの大統領だったジョージ・W・ブッシュと並んでカメラの前に立つと、どう見てもイギリス人らしくないカウボーイに突如変身するのだった。腕をだらりと垂らし、胸を得意げにふくらませ、ふんぞり返って歩く。もちろん、ブッシュはいつもそんなふうに気取って歩いていた。そして、あるとき、地元テキサス州ではこれが普通の歩き方だと説明した。[13]

私たちを引き込んで、近しい人の状況や感情や行動を取り込ませるのは、同一化だ。私たちは彼らを手本とする。彼らと共感し、彼らのすることを見習う。たとえば、子供はよく同性の親と似た歩き方をするし、電話に出るときにはその声の調子を真似る。アメリカの劇作家アーサー・ミラーは、それをこう説明している。

真似ほど楽しいことはなかった。父のズボンの後ろポケットぐらいの背しかなかった頃、そのポケットからいつもハンカチの先が垂れ下がっているのを見て、その後何年も、それとぴったり同じだけ、自分のハンカチの角を出していた。(14)

「サル真似」という言葉を見ればわかるように、模倣は類人猿の得意技だ。動物園の類人猿に箒を与えれば、飼育係が毎日やっているように床の上で動かす。雑巾を与えれば、水で濡らして絞り、窓をこする。カギを渡せば、とんでもないことになる！(15) だが、これはみな常識だとはいえ、類人猿による模倣に疑問を投げかけ続ける科学者もいる。そんなものはありはしない、と彼らは言う。彼らの主張にも一理あるのだろうか？ それとも、彼らは類人猿の調べ方が間違っているのだろうか？

典型的な実験では、見慣れない実験者が白衣を着て檻の外に腰を下ろし、中にいる類人猿の生活環境では意味のない目新しい道具の使い方を示す。たとえば五回、同じ手順で使い方を実演したあと、その道具を類人猿に渡し、それをどのように使うかを調べる。類人猿が見知らぬ人間を好まないことや、異なる種の生き物には、自分と同じ種の生き物よりも適応しづらいことなど、おかまいなしだ。類人猿は、こういうテストでは人間の子供より成績が悪い。とはいえ、子供たちは檻の中になど入れられていないし、母親の膝に抱かれ、声をかけてもらいながら、(これがいちばん肝心だが)同じ種の相手と接している。子供たちは明らかに安心し切っていて、苦もなく環境に適応できる。こうした実験は、無理な比較をしているように思えるが、類人猿と人間の子供との間には認知的なギャップがあるという主張をこれまで煽ってきた。(16)

ほどなくして、避けようのないことが起きた。模倣は人間ならではの技能に祭り上げられたのだ。

そのような扱いをするには、いつも慎重を期さなければいけないし、だから、毎年のように扱いが改められているわけなのだが、そんなことは少しも顧みられなかった。だが、じつは動物は、仲間から驚くほど簡単にものを学ぶ。鳥やクジラはお互いの鳴き声を身に付けるし、アメリカの未開地でピクニックをする人間はクマの害に遭う羽目になる。クマは年がら年中、新しい技を発明し（たとえば、特定のブランドの自動車の上で飛び跳ねると、ドアが全部開くことを学習した）、それが野火のように個体群全体にたちまち広まる（というわけで、自然公園の入口に、その手の自動車の所有者に対する警告の看板が設置されることになる）。明らかに、クマは仲間の成功を見逃さないようだ。人間ならではという主張は、せめてもう少し穏当なもの、たとえば、人間の模倣能力は他の動物よりも発達しているという程度に限定すべきだ。だが、たとえそうしたとしても、私ならなお慎重な態度を崩さないだろう。自分たちの研究で、類人猿に「サル真似」の能力があるという信念が完全に回復しているからだ。私たちは人間の実験者を使わないことによって、前述のものとはまったく異なる反応を引き出すことができた。類人猿は、仲間を観察する機会を与えられれ

子供はしばしば同性の親の真似をする。

ば、目にした行動を細部に至るまで模倣できるのだ。

では、自発的な模倣から話を始めよう。私たちのチンパンジー・コロニーの赤ん坊たちは、ときどきワイヤー製のフェンスに指が引っかかってしまう。隙間に突っ込んだ指の曲げ方を間違えると、引っ張っても抜けない。大人たちはそんなとき、赤ん坊を無理に引っ張らないようになった。赤ん坊はいつも、最後にはうまく指を抜くことができる。だが、それまでは赤ん坊の悲鳴でコロニー全体がやきもきする。野生のチンパンジーが密猟者の罠にはまるのに相当する、珍しいけれど劇的な出来事だ。

そんな折、私たちは何度か、他のチンパンジーが指の引っかかった赤ん坊の真似をするところを目にした。たとえば、先日は、助けようと私が近づくと、母親とアルファオスの両方が威嚇の吠え声を発するので、私は引き下がっていた。そこへ、年上の子供が一頭やってきて、私のために、指が引っかかった様子を再現してくれた。彼女は私の目を覗き込み、指を隙間に差し込み、ゆっくり慎重にワイヤーに絡め、まるで自分の指も引っかかってしまったかのように、引っ張って見せた。すると、さらに二頭の子供が別の場所で同じことを始めた。この遊びに打ってつけの狭い隙間を見つけて、自分の指を差し込もうとし、押し合っている。この子供たちも、ずっと以前、遊びではなくほんとうに同じ目に遭ったのかもしれないが、このときの動作は、赤ん坊の身に降りかかった出来事によって触発されたのだった。

当然ながら、このチンパンジーたちは、模倣は目標に達したり報酬を獲得したりする手段であると書かれている科学文献を読んだことなどあるはずもない。(17) 彼らは自発的に模倣するのであり、何の利益も頭にないことが多い。こうした模倣はもうすっかり彼らの日常生活の一部になっているので、私はイギリス人の研究仲間、アンドルー・ホワイトゥンと共同で、野心的な研究プロジェクトを企画した。彼も同じようなことを考えていたのだ(18)。これまでの研究とは対照的に、私たちは類人猿がお互いからどれだけ学べるかを知りたかった。進化の視点からは、類人猿が私たちから何を学ぶかは、あまり関係ない。大事なのは、彼らが自分の仲間とどうかかわるかだ。

もっとも、類人猿の一頭に別の一頭のお手本をさせるのは、口で言うほど楽ではない。同僚になら、ある動作を実演してそれを一〇回繰り返すように頼めるが、相手が類人猿ではそうもいかない。これには苦労したが、スコットランド出身の「チンピー」な若い女性ヴィッキー・ホーナーの大活躍でとうとううまくいった。断っておくが、「チンピー」というのは、チンパンジー好きな人を馬鹿にする言葉ではない。ヴィッキーは、チンパンジーにおあつらえ向きのボディランゲージが使えて（つまり、しゃがんで、そわそわしたりせず、親しげに接することができ）、どのチンパンジーがプリマドンナのように振る舞うか、敬意を求めるか、ただたんに遊んで楽しみたいか、食べ物がそばにあるとそれしか頭になくなるか、正確に把握していた。そして、それぞれの癖や特徴に合わせて対応するので、どのチンパンジーも安心だった。ヴィッキーの相性の良さに加えて、チンパンジーどうしの相性の良さも強みだった。研究所のチンパンジーのほとんどが血縁関係にあるか、あるいは、いっしょに育ってきていたので、喜んでお互いに注意を払う。彼らは、緊密な人間の家族のように、喧嘩もすれば、慈しみ合いもする集団で、私たちよりもお互いのほうに、よほど関心があった。チンパンジーなのだから、当然そうあるべきだ。

ヴィッキーはいわゆる「二動作」パラダイムを使った。チンパンジーたちは、二つのやり方が使える問題箱《パズルボックス》を与えられる。たとえば、棒を差し込むと食べ物が転がり出てくるし、その棒でレバーを押し上げても、やはり食べ物が転がり出てくる。どちらのやり方も、同じ効果がある。最初、棒を差し込む方法を、群れの一頭（普通は上位のメス）に教え、やらせてみる。群れ全体が周りに集まり、彼女が食べ物を手に入れるところを目にする。それから、パズルボックスを彼らに与える。すると、もし類人猿は模倣が得意だというのがほんとうなら、彼らも棒を差し込む方法を好んで使うはずだ。やってみると、実際そうなる。次に、同じフィールド・ステーションで別の群れを使って実験を繰り返す。この群れは、最初の群れが見えない所で暮らしている。今度は、この群れのメスに、レバーを押し上げる方法を教える。すると、どうだろう。彼女の群れの全員が、押し上げる方法を好んで使うようになる。こうして私たちは、「差し込み型」と「押し上げ型」という、二つの別個の文化を人為的に生み出したのだ。

これは素晴らしい。もしチンパンジーが独自に何かを学習するのであれば、どちらの群れも、一方またはもう一方の手法に対する偏りは見せず、二つの手法が混在するはずだ。ところが、群れの仲間の一頭がお手本を示すと、大きな影響が出るのは明らかだった。じつは、何も知らないチンパンジーたちに同じパズルボックスを与えても、お手本を見せないと、まったく食べ物を取り出せなかった！

続いて私たちは、「伝言」ゲームの一種を試し、情報が複数の個体の間でどう伝わるかを調べることにした。まず、新しい「二動作」ボックスを用意する。これは、扉を横にスライドさせるか、上に跳ね上げるかすれば開く。一頭にスライドさせる方法を教えてから、別の個体に最初の個体が開けているところを見せ、次に、第三の個体に二番目の個体が開けているところを見せ……という具合に続けていく。これを六回繰り返しても、最後のチンパンジーは、やはりスライドさせる方法を選んだ。もう一つの群れで、跳ね上げる方法を教えると、やはり同じぐらいよく伝わった。

アンドルー・ホワイトゥンはスコットランドで人間の子供を使って同じ手順を繰り返し、ほぼそっくりの結果を得た。私は、少し羨ましかったことを告白しなくてはならない。子供が相手だと、そういう実験は二日もあれば終わるが、私たちのように チンパンジーを使うとなると、終わるまでに一年ほどかける覚悟がいる。私たちのチンパンジーは野外で暮らしていて、実験に参加するかどうかは、完全に本人次第だからだ。私たちは名前を呼び、彼らがやってきて実験に参加してくれることを祈るしかない（じつは、彼らは自分の名前ばかりでなく、お互いの名前も知っており、一頭のチンパンジーに別のチンパンジーを連れてきてもらうこともできる）。大人のオスは、たいてい忙しすぎて実験に参加する暇はない。権力闘争をし、お互いの「アバンチュール」を監視するのが最優先だからだ。一方、メスには生殖周期と子供の世話がある。一頭だけでやってくると、子供と離れているせいでひどく動揺することもあり、実験には不向きだが、いちばん年下の子供を連れてくると、パズルボックスを与えたときに、誰がそれで遊び始めるかは想像がつくだろう。これまた、実験には芳しくない。メスが性的に魅力的だと（つまり、風船のように膨らんだ性皮を見せびらかしていると）、喜んで実験に参加してくれたところで、オスたちが何頭もいっしょに中に入りたくて、ドアをひっきりなしにバンバン叩くので、メスは実験どころではなくなる。あるいは、二頭がペアになる実験では、私たちの知らない所でその二頭が朝のうちに喧嘩をしていて、目を合わせるのさえ拒むこともある。いつも何かしら問題が持ち上がるもので、だからこそ、これまで科学者は類人猿と人間の実験者の間で行なう実験を好んできたのだ。そういう実験では、少なくとも当事者の一方は制御できる。

類人猿どうしの設定ははるかに難しいが、見返りも大きい。お互いを自由に模倣させると、彼らは看板どおりの活躍を見せる。互いに身を乗り出し、顔と顔をくっつけるようにして、ときには一方がお手本を見せている間、もう一方がその手を握ったり、手に入れたご馳走を噛んでいる間、その口の匂いを嗅いだりする。こういうことは、人間の実験者が相手ではいっさいできない。たいてい、安全な距離を保っているからだ。類人猿の大人は、人間にとって潜在的に大きな危険を持っているので、人間との密接な接触は禁じられている。[19] だが、他者から物を学ぶには、接触がおおいに重要だ。私たちのチンパンジーは、お手本役の動きを一つ残さず見つめ、報酬を得る前から、観察した動作を再現することも多い。これはつまり、彼らが純粋に観察から学んだということだ。ここで、話は体の役割に戻ってくる。

チンパンジーはどうやって仲間の模倣をするのだろう? 相手と同一化し、体の動きを吸収するのだろうか? それとも、相手は不要で、その代わり、パズルボックスに集中しているのだろうか? ボックスがどういう仕掛けになっているかさえわかれば事足りるのだろうか? チンパンジーは、扉が横にスライドすること、あるいは、何かを跳ね上げる必要があることに気づくのかもしれない。最初の類の模倣は、観察した操作の再現を必要とするが、後者は技術的なノウハウだけを必要とする。チンパンジーに、いわゆる「ゴーストボックス」を与えるという独創的な研究によって、この二つの解釈のうち、どちらが正しいかわかっている。「ゴーストボックス」という名前は、誰も何もしなくても、魔法のように開いたり閉じたりするところからきている。もし技術的なノウハウだけが重要なら、「ゴーストボックス」で十分なはずだ。だが実際には、「ゴーストボックス」のさまざまなパーツが動いて報酬が出てくるところをチンパンジーに嫌と言うほど見せても、何一つ覚えない[20]。

他者から学ぶには、チンパンジーは別の本物のチンパンジーを目にしなければならない。模倣は生身の体と同一化することが必要なのだ。現在、人間と動物の認知がどれほど体を通してなされるかが、少しずつわかってきている。小型コンピューターのような脳の命令で体が動いているのではなく、体と脳の関係は双方向なのだ。体は内部感覚を生み出したり、他の体と連絡したりし、それをもとに、私たちは社会的つながりを築き、周囲の現実を認識する。体は私たちが知覚したり考えたりすることのいっさいに入り込んでくる。たとえば、身体的な状態が知覚に影響を与えることを、ご存知だっただろうか？　同じ坂道も、疲れた人のほうが、休養たっぷりの人よりも急に見える。野外の目標は、重いバックパックを背負っている人のほうが、手ぶらの人よりも遠くに見える。

あるいは、ピアニストにいくつも違った演奏を聴かせ、自分の演奏を選ばせるといい。今まで弾いたことのない曲を、音無しで（ヘッドホンを付けずに電子ピアノで）一度だけ演奏してもらったときでさえ、どれが自分の演奏かわかる。聴いている間、頭の中で実際の演奏に伴う類の身体的感覚を再現するからだろう。自分の演奏を聴いていると、いちばんしっくりくるので、耳ばかりでなく体を通しても、自分の演奏がわかるのだ[21]。

身体化した認知

「身体化」した認知という研究領域は、まだその揺籃期にあるが、私たちが人間の関係を眺める上で、じつに重大な意味合いを持つ。私たちは周りの人の体に自動的に入り込むので、彼らの動きや感情が、まるで自分のもののように私たちの中でこだまする。そのおかげで私たちや他の霊長類は、他者がするところを見たものを再現できる。体のマッピングはほとんど目立たず、無意識だが、たまにあらわになることがある。たとえば、親が赤ん坊にスプーンで食べ物を与えていて、噛むような口の動きを見せるときがそうだ。赤ん坊がこうすべきだと感じているとおりに、思わず自分の口を動かしてしまうのだ。同様に、わが子が発表会で歌を歌うところを見ている親は、すっかり夢中になって、歌詞を一語一語、口に出すことがよくある。私も子供の頃、サイドラインに立ってサッカーを見ていて、応援している人にボールが回るたびに、思わず蹴ったりジャンプしたりした覚えがある。

同じことが動物にも見られる。チンパンジーの道具使用に関するヴォルフガング・ケーラーによる古典的研究の模様を写した古い白黒写真を見ると、それがよくわかる。グランドという名のチンパンジーが、自分の積み上げた木箱の上に立って、天上から吊り下げられたバナナに手を伸ばしており、それをスルタンという別のチンパンジーが食い入るように見ている。スルタンは離れた所に座っているのにもかかわらず、バナナをつかもうとするグランドの動きに完璧に同調して腕を伸ばしている。チンパンジーが大きな石をハンマー代わりにして木の実を割っている様子を映したビデオもある。割るところを見ていた年下のチンパンジーは、年上のチンパンジーが石を木の実に打ちつけるたびに、それにぴったり合わせて自分も（空の）手を振り下ろすのだった。(22)

感情が高まっていると、同一化はいっそう際立つ。私はあるとき、白昼にチンパンジーのお産に出くわした。これは珍しいことだ。私たちのチンパンジーは夜に子供を産むことが多く、日中でも、昼休みのように人間があたりにいないときを選ぶ。私が観察用の窓から眺めていると、マイという名のチンパンジーの周りに、他のチンパンジーがまるで秘密の合図に引き寄せられるかのように、素早く静かに集まってきた。マイは少し脚を開いて中腰になり、赤ん坊が飛び出してきたら受け止められるように、片手を杯状にして股に差し入れた。年上のアトランタというメスが、同じような姿勢で隣に立ち、そっくりな仕草で手を自分の脚の間に差し入れた。それでは何の役にも立たないというのに。一〇分ほどして赤ん坊（健康な男の子）が出てくると、集まっていたチンパンジーたちが騒ぎだした。一頭が金切り声を上げ、抱き合う者もおり、この一件にどれだけ心を奪われていたかが窺われた。アトランタは何頭も子供を産んでいたので、マイと同一化したのだろう。彼女はマイと親しかったから、その後何週間もほとんどひっきりなしにマイにグルーミングをしてやっていた。

スルタン（右）はグランドがバナナに手を伸ばすのを眺めながら、自分もはっきりと物をつかむ動きを見せる。

　アメリカの動物学者ケイティ・ペインが、ゾウの行動を観察しているとき、同じような共感の光景を目撃している。

　あるとき私は、逃げるヌーを息子が追いかけるのを見ていた母親ゾウが、一歩も前に進むことなく、わずかに胴を動かしながらステップを踏むのを目にした。私自身、子供たちの演技を眺めていてそんなふうにステップを踏んだことがある。ちなみに、私の子供の一人は、サーカスの曲芸師だ。(23)

私たちは自分が同一化する相手を真似るばかりではない。その真似が絆を強めてくれる。人間の母親と子供は、同じリズムに合わせて、それぞれ、あるいは相手と手を打ち合わせる遊びをする。これは同調のゲームだ。そして、恋人たちは、初めて会ったとき、何をするだろうか？　並んで長い距離を散歩し、いっしょに食べ、いっしょに笑い、いっしょに踊る。同調すると絆を結ぶ効果がある。ダンスについて考えてほしい。踊り手は相手の動きを補完したり、予測したり、独自の動きに沿って互いに導き合ったりする。踊るというのは、「私たちは同調している！」と大声で叫ぶようなもので、動物たちは何百万年にもわたって、同調することで絆を結んできた。

人間の実験者が幼い子供の動きを模倣する（たとえば、子供のするのとそっくり同じように、おもちゃをテーブルに打ちつけたり、飛んだり跳ねたりする）と、子供とは無関係に同じ子供のような行動を見せるときよりも多くの微笑みと注意を引き出す。(24)人間はロマンティックな状況では、自分が身をそらしたときにやはり身をそらし、自分が脚を組んだときやはり脚を組み、自分がグラスを手に取ったときにやはりグラスを手に取る相手に好印象を受ける。模倣に引かれる傾向は、金銭にも反映される。オランダ人はけちで有名かもしれないが、レストランでたんに「かしこまりました」あるいは「すぐお持ちします」と言うだけのウェイトレスよりも、「オニオン抜きのサラダですね」というように客の注文を復唱するウェイトレスに倍もチップを渡す。人間は自分の模倣者が大好きなのだ(25)。

あくびだろうと、笑いだろうと、ダンスだろうと、サル真似だろうと、同調や模倣を目にすると、私には社会的なつながりと絆が見て取れる。一段上に引き上げられた古い集団本能が見える。それは、同じ方向に多数の個体が疾走し、同時に川を渡る傾向を凌ぐものだ。この新しい次元は、他者がしていることに注意を向けて、そのやり方を吸収することを個体に求める。こんな例がある。私は変わった水の飲み方をする長老格のメスザルを知っていた。誰もがするように、水面に口を付け、音を立てて飲む代わりに、腕の下側をそっくり水に浸け、それから毛を舐めるのだ。彼女の子供たちは同じことを始めた。やがて、孫たちもそれに倣った。だから、彼女の子孫は簡単に見分けられた。

あるいは、オスのチンパンジーの例もある。彼は喧嘩で指を痛め、拳を突く代わりに手首を曲げて突いて、ぎこちなく歩き回った。まもなく、コロニーの若いチンパンジーはみな、けがをしたチンパンジーのあとに一列に並んで同じように歩きだした。カメレオンが周りに合わせて体の色を変えるように、霊長類は自動的に周囲の仲間の真似をする(26)。

南オランダで過ごした子供時代、私は北オランダでのバカンスから戻るたびに友達に馬鹿にされた。話し方が変だというのだ。北に行っている間、私はアムステルダム出身の男の子たちと遊んだので、戻ってくると、発音がきつい北方訛《なま》りの下手な真似になっているのだった。声や雰囲気や姿勢なども含め、体のあり方が周りの体にどう影響されるのかは、人間にまつわる謎の一つだが、それがあるから社会全体がまとまっていられる。それはまた、はなはだしく過小評価されている現象でもある。人間を合理的な意思決定者と見なす学問領域では、とりわけそうだ。だが、私たちは、めいめいが独自に自分の行動の良し悪しを天秤にかけたりはしない。全員を心身両面で結び付ける緊密なネットワークにしっかりと組み込まれているのだ。

この結び付きはけっして秘密めいたものではない。音楽という普遍的な芸術の形式の中でそれははっきりする。言語を持たない文化がないのと同様、音楽がない文化もない。音楽は私たちを夢中にさせ、気分に影響を与えるので、多くの人が同時に聴くと、必然的にみんなの気分が一つになる。全聴衆が、気分が高揚したり、憂鬱になったり、物思いに耽ったりする。音楽はこの目的のためにできているように思える。ここで私の頭にあるのは、正装した堅苦しい聴衆が、はしたないと思われるのを恐れて足でリズムをとることさえ控える、欧米のコンサートホールで聴くような音楽では必ずしもない。もっとも、そうした聴衆でさえ、気分が一つになる経験をする。モーツァルトの「レクイエム」はシュトラウスのワルツとは明らかに異なる影響を聴衆に与える。私がおもに考えているのは、何千もの人がキャンドルや携帯電話を宙で振りながらアイドルとともに歌うポップスのコンサート、あるいは、ブルース・フェスティヴァルやマーチングバンド、ゴスペル合唱隊、ジャズ葬、さらには家庭での「ハッピー・バースデー」の歌といった、すべて、音楽に対して腹の底から体全体で反応できるものだ。たとえば、アトランタでのクリスマス・ディナーの最後に、私たちは全員で「エルヴィスのクリスマス・アルバム」に合わせて、感傷的に大げさに歌った。素晴らしい料理とワインと友情と歌には、身も心も酔わせるものがあった。私たちはともに歌い、ともに笑い、心を通わせ合った。

私はかつて、バンドでピアノを弾いていたことがある。うまくいったとはとても言えないが、それでも、いっしょに演奏するには役割を分担し、寛容であり、他の企てではめったに要求されないほど、文字どおり調子を合わせることが必要なのを学んだ。私のお気に入りの歌は、アニマルズの「朝日のあたる家」で、私たちはできるかぎりドラマティックに演奏しようとした。すると、自分たちが歌っている家がどんな家なのかよくわからなかったにもかかわらず、この歌の陰鬱さを感じた。その家について知ったのは、ずっと後年になってからだった。それはともかく、いっしょに演奏することで人がまとまる効果に私は強い感銘を受けた。

動物の場合も、同じような例は簡単に見つかる。そして、それはなにも、声を揃えて吠えるオオカミの群れや、隣人たちを感心させるためにいっしょにフーティングするオスのチンパンジーや、明け方に一斉に声を出すので有名なホエザル（地上でいちばん声の大きい哺乳類と言われている）に限ったことではない。私が挙げたいのはフクロテナガザルで、その鳴き声を初めて耳にしたのはスマトラ島のジャングルの中だった。フクロテナガザルは色の黒い大型のテナガザルで、ジャングルの気温が上がり始めると、木のずっと上の方で鳴く。幸せそうで美しい旋律の声で、鳥の鳴き声よりもずっと深いレベルで私の心を動かした。哺乳動物によるものだったからかもしれない。フクロテナガザルの鳴き声は、どんな鳥の声よりも力強い。

その鳴き声はたいてい、数回の大きな叫びで始まり、それが、ヒヒに似た喉袋で増幅した、ますます大きな、より手の込んだ反復的旋律になる。声は何キロメートルも先まで届く。聴いている人間は、そのうち、一匹だけで出しているはずがないことに気づく。多くの動物にとって、侵入者を寄せつけないのはオスの仕事だが、小さな家族単位で暮らすフクロテナガザルの場合は、オスもメスもこの仕事にあたる。メスは高音の叫びを上げ、オスはしばしば、そばで耳にすると総毛立つような鋭い声を出す。その激しく耳障りな声は、完璧なまでに音程を一致させながら、「人間以外の陸上脊椎動物によるもののうちで最も複雑な音楽作品[27]」と称されるものを織り成す。このデュエットは、同じ種の他のメンバーに「近寄るな！」というメッセージを伝えると同時に、「私たちは一つ」と高らかに宣言している。

荷車を引く馬たちが、最初は張り合っていて、やがてようやく協力するようになるのと同じで、フクロテナガザルが息を合わせて歌えるようになるまでには時間がかかる。そして、そのハーモニーは、パートナーや縄張りを維持する上で、決定的な要因になりうる。他のテナガザルたちは、そのペアがどれだけ親密か聞き分けられ、もし不協和音を聞きつければ、侵入してくる。だから、ドイツの霊長類学者トーマス・ガイスマンは次のように記したのだ。「パートナーと別れるのは得策とは思えない。なぜなら、できたてのカップルのデュエットはいかにも下手だからだ」。彼の観察によれば、いっしょにたくさん歌うカップルは、ともに過ごす時間も長く、活動もうまく同調させるそうだ。フクロテナガザルがどれだけ幸せな結婚をしているかは、まさにその歌で判断できる[28]。

共感する脳

ケイティ・ペインは人間の母親が自分の曲芸師の子供と同調する様子を示してくれたとき、共感の近代的概念を生み出したドイツの心理学者と同じ例を、図らずも使っていた。私たちは綱渡りを見ているとき、はらはらする、それは、曲芸師の体の中に自分が入り込んだような気分になり、そうすることで、彼の経験しているものを共有するからだ、私たちは彼といっしょにロープの上にいるのだ、とテオドール・リップス（一八五一〜一九一四）は言っている。ドイツ語には、このプロセスを一語で見事に捉える単語がある。それは、「Einfühlung」という名詞で、「感情移入すること」という意味だ。のちにリップスは、ギリシア語でそれに相当する「empatheia」という語を提示した。これは、強い感情あるいは情念を意味する。イギリスとアメリカの心理学者は後者を取り入れ、「empathy（共感、感情移入）」とした。

私は「Einfühlung」のほうが好きで、それは、一人の人間が他者の中に自分を投影する動きが伝わるからだ。私たちが他者との間に持っている特別な伝達経路の存在を初めて認めたのがリップスだった。私たちは、自分の外で起きることは何も感じられないが、無意識のうちに自己と他者を同化させることで、他者の経験が私たちの中でこだまする。私たちは、他者の経験をわが事のように経験する。このような同一化は、学習や連想、推論といった他のどんな能力にも還元できないとリップスは主張した。共感は「他者の自己」に直結する経路を提供してくれる。[29]

共感の特質について学ぶために一世紀もさかのぼり、忘れられて久しい心理学者の記述を読み直さなければならないとは、なんと不思議な話だろう。リップスは、心理学者や哲学者が好むことの多いトップダウンの説明ではなく、

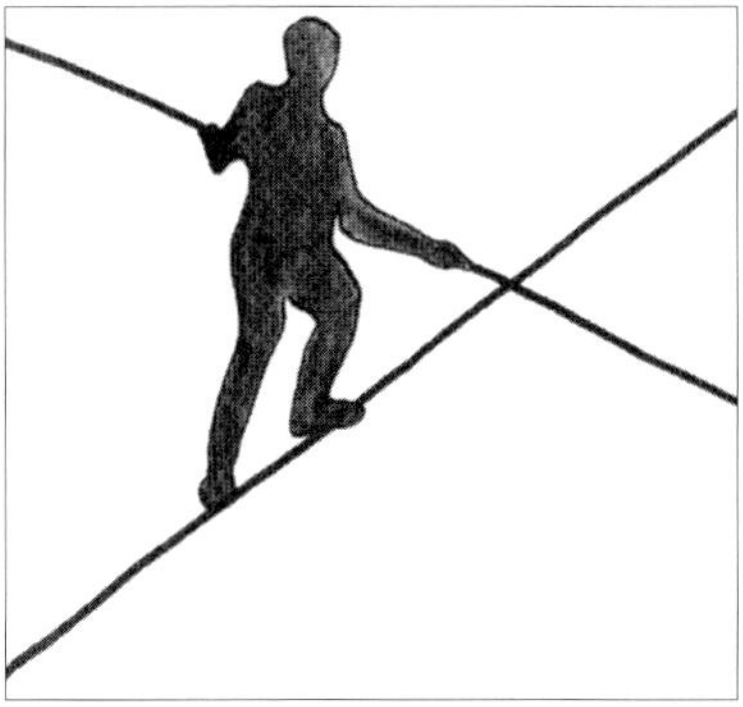

私たちは綱渡りをする曲芸師に自分を重ね合わせ、一歩一歩いっしょに歩いているような経験をする。

基本から始めるボトムアップの説明をしている。トップダウンの説明に従うと、共感は、自分なら同じような状況でどう感じるかに照らして他者の気持ちを判断する認知的プロセスとなる。だがこれで、私たちが即座に反応することの説明がつくだろうか？　想像してほしい。サーカスの曲芸師が墜落するところを目撃し、自分自身の経験の想起に基づいた共感しか抱けなかったとしたら、どうだろう？

私たちは、曲芸師の体が床に叩きつけられて一面血の海になる瞬間まで、反応しないのではないだろうか。だが、もちろんそうはならない。観客の反応は完全に即座のもので、何百という観客が、曲芸師が足を滑らせた途端に、「おぉー」とか「あーっ」とか声を上げる。曲芸師は、もとより落ちるつもりなどなく、わざと足を滑らせることさえある。自分の一挙手一投足に、観客がどれほど心を奪われているかを承知しているからだ。この瞬時のつながりなくして、サーカスが成り立つだろうか？

今や科学界はリップスの立場を受け入れつつあるが、スウェーデンの心理学者オエルフ・ディンベルグが一九九〇年代初期に無意識の共感について論文を発表し始めた頃には、まだそういう状況にはなかった。彼は、もっと認知的な見解の提唱者たちの強硬な抵抗にぶつかった。だが彼は、人間が自らの決断で共感的になるわけではないことを実証した。私たちは、生まれつき共感的なのだ。ディンベルグは被験者の顔に小さな電極を貼り付け、ごくわずかな筋肉の動きも検知できるようにしておいて、怒った顔や嬉しそうな顔の写真をコンピューターの画面に映し出した。人間は、怒った顔を見ると顔をしかめ、嬉しそうな顔を見ると口の両脇を引き上げる。だが、これは彼の最も重要な発見ではなかった。そうした表情は意図的に真似できる。何が画期的だったかと言えば、意識的に知覚できないほど短い間だけ画面に写真を映し出しても、同じ結果が得られたことだ。そのようなサブリミナルな提示のあとで、被験者は何が見えたか訊かれても答えられないのに、怒った顔や嬉しそうな顔を真似していた(30)。

画面上の表情は、私たちの顔の筋肉を動かすだけでなく、情動も引き起こす。画面を見たあとの報告では、嬉しそうな顔を見せられた被験者は、怒った顔を見せられた被験者よりも気分が良かった。どちらのグループも、自分が何を目にしたか、まったく知らなかったにもかかわらず、だ。つまり、「情動伝染」として知られるかなり原始的な種類のものであるにせよ、私たちは真の共感を目の当たりにしているのだ(31)。

リップスは共感のことを「本能」と呼んだ。私たちはそれを持って生まれるということだ。彼は共感の進化について推測することはなかったが、今では、共感は進化の歴史のはるか昔、私たちの種よりもさらに前までさかのぼると考えられている。おそらく子育てが始まったときに生まれたのだろう。二億年に及ぶ哺乳類の進化の過程で、自分の子供に敏感なメスは、冷淡でよそよそしいメスよりも多くの子孫を残した。子供が寒かったり、お腹をすかせていたり、危険にさらされていたりしたときに、母親は即座に反応する必要がある。この感受性には途方もなく大きな淘汰圧がかかったに違いない。それに対応できなかったメスは、遺伝子を広められなかった。

その好例が、ある動物園で私が出会ったクロムという名のメスのチンパンジーだ。クロムは赤ん坊が好きで、赤ん坊が目に入る所にいるかぎり、よく面倒を見た。だが、彼女は耳が聞こえなかったので、赤ん坊が乳首に届かないときや、つかんでいた母親の毛が手から擦り抜けそうになっているときや、押し潰されそうになっているときに上げる小さな悲鳴や弱々しい鳴き声に対応できなかった。あるとき私が見ていると、クロムは自分の赤ん坊の上に座り、赤ん坊が金切り声を出しても立ち上がらなかった。彼女がようやく反応したのは、他のメスたちの心配そうな反応に気づいてからだった。けっきょく私たちは、別のメスにその赤ん坊を引き取って育ててもらうことにした。クロムの事例は、哺乳類のメスにとって、自分の子供のありとあらゆる要求に敏感であることがどれほど重要かを私に教えてくれた。

　子供に授乳し、食べ物を与え、その体をきれいにし、運んだり、なだめたり、守ったりしてやることを何代となく繰り返してきた母親たちの子孫である私たちは、人間の共感に性差があると知っても驚くべきではないだろう。この差は、社会化が始まるよりもずっと前に現れる。情動伝染の最初のしるし（赤ん坊は、他の赤ん坊が泣いていると自分も泣く）は、すでに男の赤ん坊よりも女の赤ん坊のほうによく見られる。[32] その後、性差はさらに広がる。他者が苦しんだり悲しんだりしているのを目撃した二歳の女の子は、同じ年齢の男の子よりも、その人に対して気遣いを見せた。そして、大人の場合、女性は男性よりも強い共感の反応を報告する。女性が「他者の面倒を見る本能」を持つとされる一因もそこにある。

　だからといって、男性に共感する能力がないというわけではない。実際、共感の度合いを調べると、男性も女性と同じベルカーブのパターンを示し、両者はかなり重複している。男性と女性の平均値は違うが、平均的な女性より共感的な男性もかなりたくさんいるし、平均的な男性よりも共感的でない女性もやはりたくさんいる。また、年齢が上がるにつれて、男女の差は小さくなるようだ。大人になると、もうあまり男女差はないのではないかと考える研究者もいる。

そうは言っても、共感の起源を子育てに求めるのは理にかなっているように思える。だから、ポール・マクリーンは、迷子になって母親と再会したがっている幼い哺乳動物が上げる声、いわゆる「セパレーション・コール」への注意を喚起した。一九五〇年代に初めて大脳辺縁系について記述したアメリカの先駆的な神経科学者のマクリーンは、子育ての起源に興味を持った。幼い哺乳動物は、迷子になったりおびえたりすると、声を上げ、母親はそれに応えて子供を抱き上げる。母親は大急ぎで問題に対処するから、もし彼女が大きくて強い動物なら、その邪魔にならないようにしたほうがいい（これまた、人間対クマの話になる）。愛着の進化は、それまでこの地球に存在しなかったもの、すなわち、感じる脳の誕生とともに起きた。大脳辺縁系が脳に加わり、恐れや愛情や喜びといった感情が生まれた。それが、家族生活や友情などの、思いやりのある関係への道をつけた。

社会的絆を結ぶのが非常に重要なことは否定のしようがない。私たちは人間の営みを、自由の探究とか、有徳の人生に向けた奮闘といった高尚な言葉で表現しがちだが、生命科学はもっと平凡な見方をする。人生とは、安全と社会的親交と満腹感に尽きる。この二つの見解の間には、明白な緊張関係があり、あるロシアの文芸評論家と作家のイワン・ツルゲーネフが晩餐の席で交わした有名な会話が思い出される。「我々はまだ神の問題を解決していない」と評論家が大声で言った。「それなのに、君は食事がしたいのか！」(33)

私たちの高貴な努力は、下等な努力が報われてからようやく始まる。愛着や共感が世に言われているほど根元的なものなら、人間の本性を議論するときには必ずそれに細心の注意を払う必要がある。また、こうした能力が人間に限ったものだと考える理由もない。体毛と乳首と汗腺を持つ温血動物（これは哺乳類を規定する条件の一部）のすべてに現れてしかるべきだ。
これには、うるさい小型の齧歯類《げっしるい》も含まれる。

痛みに同情するマウス

この話は、好んでするわけではない。偏見が明らかになるからだが、第二次大戦直後、オランダ人が東の隣国人に心を引かれていたとはおよそ言い難いことは、誰にでもわかってもらえるのではないか。私がナイメーヘン大学で教えを受けた教授のうちには、強烈な訛りのあるオランダ語を話すドイツ人が数人いた。その一人は気難しい高齢の男性で、強制収容所の看守だったと言われていた（明らかに、それが事実のはずはなかった。もし事実なら、監獄に入れられるか、それよりも厳しい目に遭うかしていたはずだが、とにかくそういう噂だった）。

おまけに、この教授ときたら、私たちの解剖実習に必要なマウスを手ずから殺すのだった。エーテルを使うのを良しとせず、生きたマウスの入った箱を持ってきて、私たちに背を向けて立つ。数分後、カウンターの上には首の骨の折れたマウスの死体が山積みになる。

教授のために言っておかなければならないが、「頸椎脱臼」と呼ばれるこのやり方は、他の安楽死のさせ方よりも、おそらく手早く人道的だろう。とは言え、私たちがこの教授を少しばかり恐れたことは想像してもらえると思う。だが、恐れたのは私たちだけか？　マウスたちはこのやり方をどう見ただろうか？　箱から最初につかみ出されたマウスは、自分がどんな運命をたどるのか知らなかったが、最後の一匹はどうだろう？　齧歯類はお互いの痛みを感知できるのだろうか？　互いの痛みを感じるのだろうか？

先に進む前に、ひと言警告しておく必要がある。動物の共感の科学研究について読むのは、動物好きの人にとってはつらい。他者の痛みに動物がどう反応するかを調べるために、しばしば研究者自身が痛みを与えてきたからだ。私はこうした手法を必ずしも是認しないし、自分では採用しないが、そうした研究の成果を無視するのも馬鹿げている。幸い、研究の大半は何十年も前に行なわれたもので、今日繰り返される可能性は低い。

一九五九年、アメリカの心理学者ラッセル・チャーチは、「他者の痛みに対するラットの情動的反応」という好奇心をそそる題の論文を発表した。チャーチはまず、レバーを押して餌を手に入れるようにラットを訓練した。そして、レバーを押すと隣のラットに電気ショックが与えられるのを知ると、ラットが押すのをやめることを発見した。これは驚くべきことだ。なぜラットはたんに餌を手に入れ続け、電気の流れる格子の上で仲間が跳ね回るのを無視しないのだろうか？　ラットが押すのをやめたのは、気が散ったからなのか、仲間が心配だったからなのか、それとも、自分のことが心配になったからなのか？

チャーチが提唱した答えは、あらゆる行動の土台には条件付けがあると考えられていた当時の風潮を典型的に反映するものだった。ラットは、仲間が苦しんでいるのを見ると、自分自身の境遇が心配になるというのだ。だがラットに、他者の悲鳴と自分に加えられる痛みとを結び付ける理由があるだろうか？　そうした訓練は受けていないのだから。実験に使われたラットは、温度と明るさの調整された、捕食者のいない実験室で、たっぷり餌を与えられて育った。実験のときのような場面には、一度も遭遇したことがなかった。痛みを感じた別のラットの姿か声か匂いが、生来の情動反応を引き起こした可能性のほうが高く見える。おそらく、あるラットの苦しみが、別のラットも苦しめるのだろう。[34]

この研究に刺激されて、短期間ながら、動物の共感や思いやりや利他主義の研究が盛んに行なわれた。ただし、共感や思いやりや利他主義という言葉には、いつも「」が付いていた。これは行動主義者の怒りを避けるためだった。なにしろ彼らはそのような概念はいっさい信じていなかったから。これらの研究は、その後、黙殺された。これは一つには、動物の情動というテーマがタブーだったせいだし、また、自然の忌まわしい側面を重視する伝統のせいでもある。その結果、人間の共感について知られていることに比べると、今や動物での研究は大きく後れをとっている。だが、状況は変わりつつあるのかもしれない。それは、「マウスにおける共感の証拠としての、痛みの社会的調節」と題するカナダの科学者たちの新しい研究のおかげだ。今回は、共感という言葉は「」付きではない。これは、個体間の情動的な結び付きには人間でも他の動物でも同じ生物学的基盤があるという合意が広がっていることを反映している。

私が教えを受けた解剖学の老教授に聞かせてあげたかったが、カナダのマギル大学にある痛みの実験室の責任者ジェフリ・モウギルは、自分のマウスたちが自らの痛みについて話し合っているかのように感じるほどだったという。同じケージで飼っているマウスを使った実験をすると、実験する順番によって反応が変わるように見えることが何度もあり、彼は不思議に思っていた。最後のマウスは最初のマウスよりも痛みの徴候を多く見せるのだ。最後のマウスは他のマウスが苦しむところを目にしたために敏感になっていたという可能性がある。歯科の待合室に座って、前の患者たちが明らかに不快な経験をして診察室から出てくるのを目にするようなものだとモウギルは言う。そんな場合、嫌でも痛みに敏感になる。[35]

モウギルはマウスを二匹ずつ痛みの試験にかけた。まず、お互いが見えるように別々の透明なガラス管に入れる。次に、一方あるいは両方に水で薄めた酢酸を注入する。こうすると、研究者の言葉を借りれば、「軽い腹痛」が起きることがわかっている。酢酸を注入されたマウスは、体を伸ばす動きを見せ、不快感を示唆する。基礎実験から、マウスは（もう一匹が酢酸を注入されていないときとは対照的に）、相棒が体を伸ばしていると、余計に体を伸ばす動きを見せることがわかった。また、知らないマウスどうしではなく、同じケージで飼われているマウスどうしでないと、この現象が見られないことも明らかになった。したがって、たんにネガティブな結果とのつながりが原因ということはありえない。もしそれが原因なら、もう一匹のことを知っていようといまいと、同じ反応を見せるはずだからだ。続いて、嗅覚の利かないマウスや耳の聞こえないマウス、お互いの姿が見えないようにしたマウスを比べて、どの感覚が使われているかを調べた。すると、視覚が決定的に重要であることがわかった。体を伸ばす動作が増えるのは、お互いの姿が見えるときだけだった。

このように、マウスは痛みの伝染を示した。つまり、他者が苦しむところを見ると、痛みに対する自分自身の反応も強まるのだ。面白いことに、苦しんでいるのが見知らぬマウスの場合には、感受性が鈍った。見知らぬ他者に対する反応では、マウスは著しく消極的になった。だが、この反共感的な反応は、オスに限られていた。オスは互いに対して潜在的に敵対性が高い。ライバルに対しては、共感の度合いが下がるのだろうか？

マウスの性差からは、他者の苦境に対する人間の共感の仕方が思い出される。私たちは、直前に協力した相手が苦しんでいるのを目にすると、自分自身の脳内の、痛みにかかわる領域が活性化する。これは、男性にも女性にも当てはまる。だが、別の研究もある。被験者とのゲームで不正な行為をするように指示されていた相手に対して痛みを与え、それを被験者に見させ、脳をスキャンする。その場合、私たちは共感とは逆の反応を示す。　相手が苦しんでいるのを見ると、脳の喜びの中枢が活性化する。他者の苦難を面白がっているのだ！ だが、そのように他人の不幸を喜ぶ気持ちは、男性にしか起きず、女性は相変わらず共感を示す。これはいかにも人間らしい反応に見えるが、その根底にあるもの（潜在的なライバルに対する、男性の共感の欠如）は、マウスでの実験結果と共通しており、哺乳類に普遍的な可能性も十分ある。

最後に、モウギルらはマウスのペアを異なる原因の痛みにさらした。一方には、前と同様、酢酸を注入したが、もう一方には、近づきすぎるとやけどするような放射熱源を使った。同じケージで飼われている仲間が酢酸による苦しみを味わっているのを目にしたマウスは、熱源から身を引くのが速くなった。このように、違う反応を示す必要のある、まったく異なる痛みの刺激に対しても、感受性が高まることがわかる。そして、相手の動作を真似しているだけという説明は排除される。マウスはどんな痛みかにかかわらず、とにかく痛み全般に敏感になったようだ。

この研究は、一九六〇年代の暫定的な結論を復活させる上で、おおいに役に立つ。被験者を増やし、より厳密な手法を使ってさえ、他者の反応の知覚に基づいて自分自身の経験が強烈になるという、同じ結果が得られることを示してくれたからだ。

相手が目に見えない場合でもなお、他者がどう感じるかを私たちにほんとうに理解させるのは、想像力頼みの共感でないことは明らかだ。たとえば、『戦争と平和』の登場人物の運命について読んでいるときがそうだ。共感を駆り立てるのは想像力ではないことを念頭に置いておくといい。他者の立場を想像するのは、冷めた行為で、飛行機がどうして飛ぶかを理解するときと似ていなくもない。共感は、何よりもまず、情動的な関与を必要とする。マウスの実験は、どんなふうに共感が生まれたかという可能性を示してくれる。他者の情動を目にすると、自分の情動もかき立てられ、そこから私たちは、他者の境遇について、より高度な理解を構築していく。

身体的なつながりが先にあって、それに理解が続くのだ。

人間を看取る猫のオスカー

猫のオスカーは、権威ある医学専門誌『ニューイングランド・ジャーナル・オヴ・メディシン』の写真の中からこちらをじっと見つめる。隣には、感服しきった同僚の専門医による説明が添えられている。記事の書き手は、オスカーがロードアイランド州プロヴィデンスにある老人用診療所で、毎日、アルツハイマー病やパーキンソン病などの患者のために回診する様子を語る。二歳になるオスカーは、部屋から部屋へと回りながら、患者を一人ひとり注意深く観察し、その匂いを嗅ぐ。誰かがもうすぐ亡くなると判断すると、その傍らで身を丸め、ゴロゴロと喉を鳴らしながら、そっと鼻を押しつける。そして、患者が息を引き取ると、ようやく部屋をあとにする。

オスカーの見立ては正確そのものなので、病院のスタッフにすっかり頼りにされている。オスカーが部屋に入り、そこから出てくれれば、患者にはまだ時間が残されていることがわかる。だが、彼が患者の脇で番を始めると、看護師はすぐに家族に電話をかけ、家族は愛する人の死に目に間に合うように、急いで病院に駆けつける。オスカーはこうして二五人以上の死を予測してきた。その精度はどんな人間の専門家をも凌ぐ。オスカーにはこんな賛辞が捧げられていた。「オスカーが訪ね、しばらくとどまらないかぎり、三階では誰も亡くならない」(36)

オスカーにはどうしてこんなことができるのだろう？　匂いだろうか、肌の色だろうか、死にかけている患者の息遣いだろうか？　患っている病気は人さまざまなので、すべての患者が同じ、すぐそれとわかる徴候を示すというのは、少し考えづらいが、可能性がないとは言えない。それ以上に不思議なのは、何がオスカーを駆り立てているのか、だ。彼だけが患者の最期を看取ることもあるので、スタッフは彼が救いの手を差し伸べているのだと解釈している。だが、ほんとうにこれが、末期患者に対するこの猫の「支援活動」の動機なのだろうか？

私には、オスカーがこのような行動をとる理由の候補が二つ考えられる。もし彼が人間に起きていることを感じ取ってそれに動揺しているのであれば、自分自身を慰めようとしているのだ。あるいは、患者を慰めようとしているのかもしれない。だが、どちらで説明しようと、釈然としないものが残る。最初の説明の場合は、なぜオスカーが身動きもままならなくなった患者に慰めを求めるのかわからない。誰か別の人にかわいがってもらったほうがいいのではないか？　喜んでそうしてくれる人は大勢いるだろうに。二番目の説明は、なおさら信じ難い。単独で獲物を狙う種に属するオスカーが、私がこれまでに出会った猫のうちで飛び抜けて優しいのはどうしてなのか？　これまで猫は何度も飼ったが、たいていの猫は人間に擦り寄ってくるのが好きだとはいえ、彼らの行動には私たちの境遇に対する気遣いはほとんど読み取れない。あくまでシニカルに言えば、寒くなるにつれて猫たちが私たちをいっそう「好きに」なるのはなぜか、疑いたくなることがある。

もちろん、これは誇張だ。猫は愛情を示してくれるし、強い感情的なつながりを示すこともできる。そうでなければ、彼らはなぜいつも私たちと同じ部屋にいたがるのか？　人間が、イグアナやカメ（こちらのほうが飼うのが簡単）ではなく、毛むくじゃらの肉食動物で家を満たすのは、哺乳類は爬虫類にはけっして望めないもの、つまり感情的な反応を提供してくれるからだ。犬や猫は苦もなく私たちの気分を読み取り、私たちも難なく彼らの気分を読み取る。人間は、この能力を持った動物のほうが気安く付き合えるし、ずっと愛着を持ちやすい。仮にオスカーが必ずしも気遣いから行動しているのではない（私はそうだとにらんでいる）としても、彼の行動を、共感の問題とは無縁のものとして切り捨ててしまったら、それは誤りだろう。

進化によって得た能力には必ず利点があるはずだ。もし情動伝染が、本格的な共感へと続く道の第一歩だとすれば、それがどのように生存と生殖を促したかが問題となる。共感は援助行動を生み出すというのが通常の答えだが、これは情動伝染には通用しない。情動伝染だけでは、援助行動につながらないからだ。他の子供が泣いているのを耳にした人間の幼児の典型的な反応を考えるといい。その子は目が涙でいっぱいになり、親のもとに駆け寄って、抱き上げて慰めてもらう。そうすることで、じつはその子は自分の不快さの源に背を向けている。このように、他者志向性が欠けているので、心理学者は「個人的苦痛」ということを言う。この反応は自己中心的なので、利他主義にとって最善の基盤とはならない。

だからといって、情動伝染が無用になるわけでもない。たとえば、野ネズミが、別のネズミが何かを恐れて悲鳴を上げるのを聞き、その結果自分も恐れを抱いたとしよう。そのために、そのネズミが逃げたり隠れたりすれば、仲間の身に降りかかった運命を避けられるかもしれない。あるいは、子ネズミたちが甲高い悲鳴を上げたので、母ネズミが動揺したとしよう。母ネズミも落ち着きを失い、それは、子供たちに授乳したり、子供たちを暖かい場所に移したりして静かにさせるまで続く。このように、他者の健康や安全に強い関心がなくても、たんに情動的に刺激されて、それに即して反応するだけで、動物は危険を避けたり子供の世話をしたりできる。これ以上の適応があるだろうか。

子供たちが直面している問題を処理することで、彼らが嫌悪感を表現する騒音を止める母親は、自己中心的な理由から他者指向の行動を見せている。私はこれを「自己防衛的利他行動」と呼ぶことにする。これは、他者を助けることで自己を嫌な情動から守るという意味だ。そうした行動は他者のためになるが、真の他者志向性は欠いている。他者への気遣いは、そこから進化したのだろうか？　それは、自己防衛的な援助から始まったのだろうか？　これが他者の幸福に向けた援助へと徐々に進化したのだろうか？　無数の書物が、利己主義と利他主義の間に厳然とした線を引こうとするが、私たちが広大なグレーゾーンに直面しているのだとしたら？　共感を完全に「利己的」と呼ぶことはできない。なぜなら、完璧に利己的な態度は他者の情動をあっさり無視するだけだからだ。とはいえ、動作を促すのが自分自身の情動的な状態なら、共感を「非利己的」と呼ぶのも適切とは思えない。利己的と非利己的の区別は、脱線のもとかもしれない。自己と他者の同化が私たちの協力的な特質の裏にある秘密だとすれば、なぜ他者から自己を、あるいは自己から他者を抜き取ろうなどとするのか？

興味をそそる例がある。すでに取り上げたラットの実験と同じ実験をしたときに、サルがどう反応したか、だ。一九六〇年代にアメリカの精神科医たちが行なった実験によると、アカゲザルは仲間に電気ショックが与えられる場合には、鎖を引いて餌を取るのを拒んだという。ただし、ラットはほんの短い間、行動を中断しただけだったのに対して、サルは餌を取ることをずっと長く拒み続けた。自分の行動が仲間にもたらす影響を目撃してから、一匹は五日間、別のサルは一二日間、鎖を引かなかった。彼らは、文字どおり飢え死にしかけてまで、仲間に痛みを与えるのを避けていたのだ。

これも、おそらく自己防衛的な利他主義なのだろう。不快な光景や声を避けたかったのだ。他者が苦しむのを目にするのはじつにつらい。だが、もちろんそれこそが共感の核心ではないか[37]。サルはお互いのボディランゲージに恐ろしく敏感だ。それは別の実験で明らかになっている。サルに別のサルの顔が映ったビデオ画面を見せる。画面のサルには、自分たちがまもなく電気ショックを見舞われることを知らせる音が聞こえる。画面を見ているサルは、画面のサルの反応を読み取り、ショックの発生を防ぐレバーを素早く押すことができる。二匹は別の部屋にいるのにもかかわらず、非常に高い割合で電気ショックを避けることができた。レバーを操作できるサルが、警告が聞こえるサルの表情を、まったく問題なく読み取れたことは明らかだ。同じ画面を見ていた実験者たちより表情を読み取るのが上手だったので、実験者たちはこう結論した。「サルは別のサルの表情を解釈するのが人間よりははるかに得意だった[38]」

仲間に対する動物の感受性を証明するのに、このような実験が不可欠と考えられているとは、恐ろしい話ではないか？　私たち自身の共感をかき立てるようなむごいことはせずに、動物の共感の研究を行なうことはできないのだろうか？　私はこのような実験を擁護するつもりはないが、動物の共感について私たちが極端に無知である事実を心に留めておくのは良いことだ。恐れや攻撃性といったネガティブな情動に科学が払う注意に比べると、ポジティブな情動は深刻なまでに軽視されてきた。だが、人間に対してするような、もっと無害なやり方で共感を研究することは可能だ。たとえば、軽いストレス要因や、日常の自然発生的な反応を使ったりすることができる。なにしろ、霊長類の日々の暮らしは緊張に満ちているのだから。

私は自分の研究では、痛みや欠乏状態を引き起こすことは避けている。ただし、これには、明らかな難点がある。動物の「内側」で何が起きるか、見ることができないのだ。[39]だが、皮膚の内側に埋め込めるほど小さな無線送信機ができたおかげで、一度だけ例外的な機会に恵まれた。この無線送信機を使えば、サルの心拍を測定できる。ペットでは使われていたので、霊長類に使ったところで問題があるだろうか？　昔なら、椅子に拘束したり、重いバックパックを装着したりしなければ、サルの心臓のデータは得られなかったが、私たちは自由に動き回れるアカゲザルからデータを得ることができた。サルを飼っている屋外の囲い地を見下ろすタワーにステファニ・プレストンという若い学生が座り、そのそばに設置したアンテナで生の無線信号を捉える。私たちは、身体的な接触が心臓にどんな影響を与えるか知りたかった。動物の共感という異論の多いトピックを初めて取り上げた拙著『利己的なサル、他人を思いやるサル』を出したばかりの、一九九六年のことだった。私の主張の中で大きな部分を占めたのが、霊長類がストレスを減らす方法だったので、私たちはサルの心臓を覗いてみたかったのだ。

今から振り返れば、恩師の一人で、私に海を渡ることを決意させた科学者ロバート・ゴイの言うとおりだった。彼はずっと以前にこう警告してくれた。「フランス、ハートには手を出さないことだな。混乱の極みだから」。もちろん、恋や愛情にかかわる比喩的な意味でのハートのことではない。彼は、心拍から意味を読み取るのはほぼ不可能だと言いたかったのだ。心臓は何にでも反応する——交尾や攻撃性、恐ればかりか、飛び跳ねたり走ったりといった、情動とは無縁の活動にも。サルが上半身を起こして自分の体を掻いただけで、心拍数が跳ね上がる。何が起きているかなど、突き止めようがないではないか。たとえば、喧嘩のあとで心拍が緩やかになったとしたら、それは気が鎮まったからなのか、たんに走るのをやめて息をついているからなのか？

送信機を埋め込んだメスザルが、少なくとも、他のサルとの関係のネットワークを熟知していることはわかった。彼女が日陰に静かに座っているところへ他のサルが通りかかっても、そのサルが家族の場合、あるいは位が低い場合、心拍に変化はない。だが、相手のほうが位が上だと、鼓動が速くなってくる。彼女の表情や姿勢からはほとんど何も読み取れないが、心臓が不安の高まりを物語る。アカゲザルは、私の知っているかぎりで、最も階層的な社会を作って暮らしている。そこでは、上位のサルが下位のサルを罰するのをためらうことはめったにない。上位のサルは下位の者を完璧に支配しているので、頭を押さえつけ、相手の口に手を突っ込み、中から食べ物を奪うことさえある。送信機を埋め込んだサルの心臓は、アカゲザル社会の暗黙の恐怖を示していたのだ。

だから、ストレスを緩和する必要がある。アカゲザルのストレス対策はグルーミングだ。だが、グルーミングがリラックス効果を持つことを証明するのは簡単ではなかった。送信機を埋め込んだサルがグルーミングをされるたびに、比較対照のため、まったく同じ状況で、彼女がグルーミングされていないときのデータも必要になるからだ。比較して初めて、心拍数の変化はグルーミングが原因だと言うことができる。調べてみると、グルーミングのせいで現に心拍数が減ることがわかった。この現象が、自然を模した状況に置かれた動物で確認されたのは、これが初めてだった。[40] グルーミングは楽しく、気を鎮める活動で、ノミやダニを取り除くばかりでなくストレスをなくし、社会的な結び付きを育む役割を果たすと、それまでも広く思われていたが、これによってそれが裏付けられた。心拍数の減少は、人間に愛撫されている馬や、逆にペットを愛撫している人間でも確認された。実際、愛玩動物はとても効率的にストレスを減らしてくれるので、心臓病を抱える人は、飼うように勧められることがしだいに多くなっている。

わが家の飼い猫のソフィーが今度、夜中に私の顔を叩いて（とても優しくではあるが、ほんとうにしつこく叩き続ける）起こし、ベッドの中に潜り込もうとしたときには、このことを思い出さなくてはいけないだろう。猫の温《ぬく》もりがありがたい冬には、だが。

ミラーニューロンの発見

私たちが心拍を調べている間に、ステファニは「共感菌」に感染したに違いない。勉強を続けるために別の場所に移ってからも、このトピックについて幅広く文献を読むことにした。共感についての文献はすべて人間を対象としたもので、動物に触れているものは一つもなかった。これほど本能的で普遍的で、生まれるとすぐに現れる能力が、断じて生物学的なものではないかのようだった。[41] 共感は今でも、随意のプロセスとして提示されることが多い。相手の立場に立ち、高度な認知能力を働かせ、言語を使うことさえ必要とするというのだ。ステファニと私は、既存のデータを従来とは違う角度から吟味してみたかった。

何年もしてから私がカリフォルニア州バークレーにステファニを訪ねると、彼女は自分のオフィスの隅から大きな段ボール箱を二つ引きずり出してきてテーブルの上に置いた。共感について書かれた記事や論文がこれほどたくさんあるとは夢にも思わなかった。テオドール・リップスのもののような歴史的な論文も含めて、すべてトピックごとにきちんと整理されていた。どうやら、私たちの再検討プロジェクトは規模を増す一方だったようだ。焦点は、共感がどう機能するか、とりわけ、脳が外の世界と内の世界をどうつなげるか、だ。他者の状態を目にすると、自分がかつて経験した同じような状態についての隠された記憶が呼び覚まされる。といっても、意識的な記憶が蘇るということではなく、神経回路が自動的に再活性化するということだ。[42] 誰かが苦しんでいるのを目にすると、痛みの回路が活性化し、私たちは歯を食いしばり、目を閉じるし、子供が膝を擦りむくのを見たら、「痛い!」と叫ぶことさえある。私たちの行動は他者の状況と一致する。その状況が私たち自身の状況になったからだ。

ミラーニューロンの発見は、この主張をそっくり細胞レベルで後押ししてくれる。一九九二年、イタリアのパルマ大学の研究チームが、サルが特殊な脳細胞を持つことを初めて報告した。その細胞は、サル自身が物に手を伸ばしたときばかりでなく、他者がそうするのを目にしたときにも発火するのだった。典型的な例では、コンピューター画面が、サルの脳の中の電極が記録した細胞の発火を映し出している。サルが実験者の手からピーナッツを取ると、ニューロンが短い信号を発し、（増幅器を通して）マシンガンのような音を立てる。しばらくしてから実験者がサルの見守る中でピーナッツをつまみ上げると、まったく同じ細胞が再び発火する。ただし、今回は他者の動作に対応している。こうしたニューロンのどこが特殊かと言えば、それは、目にすることと実際にやることとの区別がない点だ。ミラーニューロンは自他の境界を消し去る。そして、生物が周りの他者の情動や行動を真似るのを脳がどう助けるかについて、最初の手掛かりを与えてくれる。それはずいぶん昔のピンク・フロイドの歌のようなものだ。人と人との視線の交錯に注意を促す曲で、歌詞には「私はあなたで、私の目に映るのは私」とある。[43] ミラーニューロンの発見は、心理学にとって途方もない重要性を持ち、生物学におけるＤＮＡの発見に匹敵するものとして、非常に高く評価されてきた。[44] この重大な発見がサルでなされたという事実が、共感は人間ならではのものであるという主張の助けになっていないことは明らかだろう。

とはいえ、共感が自動的に起きるかどうかは議論の的となっている。無意識に表情の模倣が起きることを示したディンベルグが厄介な思いをしたのと同じ理由で、自動性について語るのを嫌う科学者もいる。自動性は「制御不能」と同じことだと考えているからだ。自動的な反応など示してはいられないと彼らは言う。目に入る人にいちいち共感していたら、四六時中、感情的混乱の中に身を置くことになる。[45] これには私もまったく反対するつもりはないが、はたして「自動性」とはほんとうにこういうことなのだろうか？　自動性はあるプロセスの速度と無意識的な特質を指すのであり、それを解除する能力の欠如を意味するわけではない。たとえば、私は完全に自動的に呼吸しているが、呼吸は私の支配下にある。だから私はたった今、自らの意思で呼吸を止めることができる――卒倒するまでは。

盛んに起きる共感に対抗するにあたっては、応答を制御し、抑制する能力だけが、私たちの武器ではない。選択的に注意を払ったり同一化したりすることによって、共感をまさにその根源で統制することもできる。視覚によって刺激を受けたくなければ、見なければいいだけの話だ。それに、私たちは他者と簡単に同一化してしまうとはいえ、自動的にそうしているわけではない。たとえば、異質に見える人や別の集団に属していると思われる人と同一化するのは難しい。文化的背景や民族的特徴、年齢、性別、職種などが同じ、自分と似た人たちとのほうが同一化しやすいし、配偶者や子供や友人など、近しい間柄の人であればなおさらだ。同一化は共感の基本的前提条件であり、マウスでさえ同じケージで飼われている仲間に対してしか痛みの伝染を見せない[46]。

もし他者との同一化が共感への扉を開くのなら、共感の欠如はその扉を閉じることになる。野生のチンパンジーはときどき殺し合うのだから、彼らはその扉を完全に閉ざすことができるに違いない。それが起きるのは、たいてい群れどうしが競うときで、それはもちろん、人間の共感も最低になる状況だ[47]。アフリカのある保護区では、チンパンジーの共同体が南北二つの派閥に分裂し、ついには二つの別個の共同体になった。このチンパンジーたちは、かつてはいっしょに遊んだりグルーミングをしたりし、喧嘩をしても和解し、肉を分け合い、仲良く暮らしていた。それにもかかわらず、この二つの共同体は縄張りを巡って争うようになった。驚いた研究者たちが見守る中で、かつての仲間どうしが、文字どおり互いの血をすすり合った。共同体の長老たちでさえこの争いに巻き込まれ、見るからに弱々しいあるオスは、二〇分にわたって殴られ、引きずり回され、死んだものとして放置された。こういうことがあるので、チンパンジーの争いの犠牲者は、「非チンパンジー化された」と言われてきた。非人間化のもじりだ。非人間化の場合と同様、同一化の抑制が起きたわけだ。(48)

共感は出端《ではな》を挫くこともできる。たとえば、緊急処置室の医師や看護師は、たえず共感モードでいるわけにはいかない。共感は抑え込んでおかなければならないのだ。こうした抑制には、身の毛もよだつような側面もある。ナチ党員がその好例だ。彼らは自分の家族には情が厚く、ごく普通の父親として妻子の面倒を見る一方で、人間の皮膚でランプシェードを作らせ、罪のない人々を大量殺戮した。あるいは、フランスの革命指導者マクシミリアン・ロベスピエールの例も挙げられる。彼は「共和制の敵」をめったにためらうことなくギロチン送りにした（その中には、かつての友人たちもいた）が、その彼にしても、長い散歩の間の唯一の友、愛犬ブルンと遊ぶのを楽しんだ。ある状況では文句のつけようのない愛着や感受性を示す人が、別の状況では極悪人の顔を見せうるのだ。

だが、共感は不可避にはほど遠いにせよ、馴染み深さや親密さに基づいて「事前承認」された相手には、自動的に呼び起こされる。そんな相手に対しては、共鳴を禁じえない。私たちは顔に注目することが多いが、体全体が感情を表現するのは明らかだ。(49) ベルギーの神経科学者ビアトリス・ドゥ・ゲルダーが示したとおり、私たちは姿勢に対しても、表情に対するのと同じぐらい素早く反応する。怖がっている姿勢（両手で危険をかわそうとしながら、今にも逃げだしそうな姿勢）や、怒りに満ちた姿勢（胸を突き出し、前に一歩踏み出そうとしている姿勢）など、体が表すものを楽々と読み取れる。実験者が手を加えて、恐れおののいている体に腹を立てている顔を貼り付けたり、怒りを表している体に怖がっている顔を貼り付けたりして見せると、被験者はこの矛盾のせいで反応するのが遅くなった。だが、写真に写った人物の感情の状態を判断するように言われると、姿勢のほうを優先した。どうやら私たちは、表情よりも姿勢を信頼するようだ。[50]

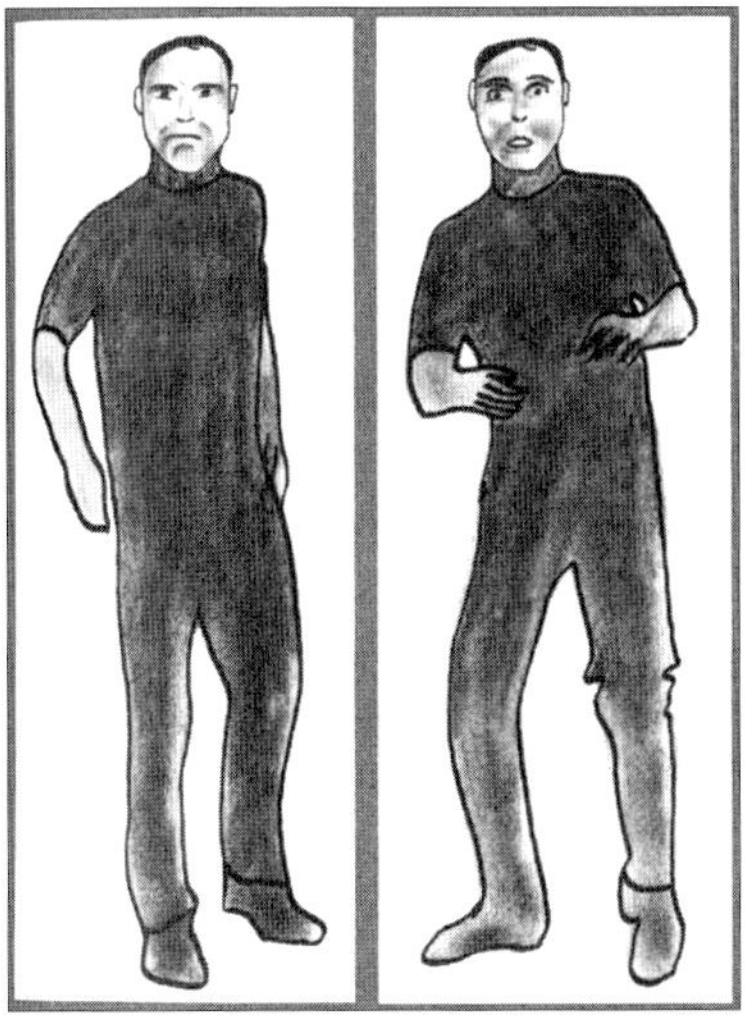
私たちは怒りの姿勢（左）や恐れの姿勢（右）に素早く反応する。このイラストでは、表情も体と同じ感情を伝えているが、顔を空白にしても、私たちはなお、姿勢だけに基づいて感情的な反応を示す。

他者の感情が私たち自身の感情にいったいどのように影響を与えるのかは、完全にはわかっていない。一つの考え方（ここでは「身体先行説」と呼ぶことにする）によると、まず体から始まって感情がそれに続くという。他者のボディランゲージが私たちの体に影響を与え、それが感情のこだまを生み出し、それを私たちが感じるというわけだ。ルイ・アームストロングが歌ったように、「あなたが微笑んでいると、世界中がいっしょに微笑む」。他者の微笑みを真似ると自分も嬉しくなるのなら、微笑む人の感情は、体を通して伝わったことになる。奇妙に聞こえるかもしれないが、この説に従えば、感情は体の産物ということになる。たとえば、私たちは、口の両端を引き上げるだけで、気分を良くすることができる。唇に触れないようにしながら鉛筆の中央をくわえてくださいと指示し（そうすると、口が自然と微笑むような形になる）、風刺漫画を見せると、顔をしかめるように指示して漫画を見せられた場合よりも、被験者は面白いと感じる。体の優位性は、次のような言葉で要約されることがある。「私は恐ろしいに違いない。なぜなら、走って逃げているのだから」

感情が私たちを動かすはずであって、その逆ではないはずだから、これはなんとも不自然に思える。「私は走って逃げている。なぜなら恐ろしいからだ」であるべきではないのか？　そもそも、「感情」とは、私たちを「駆り立てる」もの、「動かす」ものなのだから。じつは、これが二つ目の考え方で、これは「感情先行説」と呼ぶことにしよう。私たちは、他者のボディランゲージを見たり、声の調子を聞いたりすることで、相手の感情の状態を推し量る。そして、それが私たち自身の感情の状態に影響を与える。じつは、私たちは相手の顔を見なくても、相手と同じ表情を浮かべる。これは、顔が塗りつぶされ、恐れおののいている姿勢だけが写っている写真を見せることで、立証されている。表情の模倣という要因は排除されたが、被験者は相変わらず恐れの表情を浮かべたのだ。したがって、感情の伝染は、他者と自分の感情を結ぶ直接の経路に頼っているのかもしれない[51]。

他者の感情を真似るのが望ましくない場合もある。たとえば、かんかんに腹を立てた上司と向かい合っているときに、上司の態度を真似たらとんでもないことになる。そんなときは、素早く上司の感情の状態を把握し、素直に頭を下げたり、なだめたり、反省の意を示したりといった、その場にふさわしい反応を見せる必要がある。これは、上司が正しいときにも間違っているときにも、ほぼ同じように当てはまる。たんなる社会的序列の問題であり、どんな霊長類も直感的に理解できる力関係だ。

このような場面は、「身体先行説」よりも「感情先行説」のほうがはるかによく説明できる。

姿勢や体の動きが重要であるとはいえ、顔が感情のハイウェイであることに変わりはない。顔は他者との最も迅速なつながりを提供してくれる[52]。顔が動かせない人や麻痺している人が強い孤独を感じ、気分が落ち込み気味になり、自殺することさえあるのも、私たちがこのハイウェイにどれだけ依存しているかを考えれば説明がつくだろう。パーキンソン病の患者を診ていた言語療法士は、次のように述べている。たとえば四〇人の患者がいて、そのうち五人が顔面を動かせないとすると、残る三五人は、その五人に近づこうとしない。仮に話しかけることがあったとしても、それは単純な「はい」か「いいえ」という答えを得るためだった。また、五人の具合を知りたいときには、彼らの付き添いの人に尋ねることが多かった。もし共感が、ある人の心が別の人の心を理解しようとする自発的・意識的なプロセスであるならば、こんなことはもちろん起きないはずだ。人は患者の考えや気持ちを聞くのに、もう少しばかり努力すれば済む。患者は思いを表すことが完全に可能なのだから。

だが、感情には顔が必要だ[53]。相手の表情が乏しいと共感的な理解もしづらくなるし、人間がたえず行なっている、体を使った共鳴が失われ、やりとりが味気なくなる。フランスの哲学者モーリス・メルロ＝ポンティが言うように、「私は他者の表情の中に生きているし、他者も私の表情の中に生きているという気がする」[54]。無表情な人と話そうとすると、私たちは感情のブラックホールに陥る。

同じような表現を使ったのが、犬に襲われて顔を失ったフランスの女性だ。彼女は、私の顔はただの「グラン・トルー（大きな穴）」になってしまったと言った。二〇〇七年、医師たちが彼女に新しい顔を与えた。ほっとした彼女の言葉が、すべてを物語っている。「これで人間の住む星に戻ってこられました。コミュニケーションを可能にしてくれる、顔と微笑みと表情を持った人間たちの星に(55)」

第四章
Someone Else's Shoes

他者の身になる

どう考えようと、同情を……利己的な原理と見なすことなど、できるはずがない。
——アダム・スミス（一七五九年）(1)

共感は、利己主義と利他主義の間の溝に橋を架けるのには、比類ないほどふさわしいかもしれない。なぜなら、他人の不幸を自分自身の心痛へと変える特性を持っているからだ。
——マーティン・ホフマン（一九八一年）(2)

モスクワの国立ダーウィン博物館に足を踏み入れると、進化思想の歴史を知る人は誰もが、最初の展示によっていきなり驚かされるだろう。それは、フランスの進化論者ジャン＝バティスト・ラマルクの等身像だ。彼の考えは、しばしばダーウィンの考えと対比される。ラマルクは肘掛け椅子に背をもたれて座り、傍らに立つのは一〇代の娘二人だ。二人はそっくりで、少し先に見える胸像にも似ている。胸像は、ロシアの動物研究の草分け、ナディア・コーツのものだ。私は彼女の背景を調べにきていた。像が似ているのは偶然ではなく、コーツが娘たちの彫刻家のためにポーズをとったのだ。黒い瞳の聡明そうな彼女の顔が写った写真がいたるところに展示され、博物館の目玉となっている。ロシアで彼女は有名だったし、今日でもよく知られている。(3)

霊長類学で実績のある女性は珍しくはないが、とりわけ有名なのは、森の中の危険な動物たちの近くで暮らした女性たちで、そんなことをするほど勇敢なのは男だけという固定観念を打ち破ったために注目を集めた。コーツも勇敢だったが、あの時代、あの国に生きた彼女にとって、危険は森の中に潜む代わりにクレムリンに巣くっていた。スターリンは、自分が目をかけていたアマチュア「遺伝学者」トロフィム・ルイセンコの邪悪な影響のもと、素晴らしい才能を持った多くの生物学者に考えを公式に撤回させたり、彼らを強制労働収容所へ送り込んだり、密かに消し去ったりした。迫害された人々の名前は、口にするのも憚られるようになった。研究機関がいくつも、そっくり閉鎖された。

進化論はその非宗教的な世界観のおかげで、ボリシェヴィキ（ロシア社会民主労働党左派）に認められた。ただし、遺伝子の変化という考え方を除いての話だが。これでは、重力は認めるが、その影響は認めないというようなものだから、共産主義体制による、このようなねじれた進化の捉え方に、科学者たちは苦労した。コーツとその夫で博物館長だったアレクサンドルにとって、体制とのトラブル回避は一大課題となった。とくに危険な内容の文書やデータを、地下の剝製動物たちの間に隠し、ラマルクを博物館の中で目立つ扱いにした。ダーウィンの進化論より前にラマルクが考案した説は、獲得形質（浅瀬を歩いて餌を漁る鳥の脚が長くなること、キリンの首が伸びることなど）が次世代に伝わりうるとした。これなら、遺伝子の突然変異は不要だ。ラマルクをいわば看板にしたので、博物館も権力者に気に入ってもらいやすかった。[4]

とはいえ、モスクワでの孤立は、コーツにとって幸いな面もあった。欧米諸国の学者は、動物の心の研究を打ち切るのに余念がなかったが、彼女はそうした学説上の争いを知らずに済んだのだ。コーツはヨニという幼いチンパンジーの母親代わりを務め、ヨニの示す感受性と知性のあらゆる表現に目を向け、心を開いた。彼女はヨニを思考や感情を持たないロボットと見なしたりせず、自分の幼い息子ルーディとそれほど違わない生き物として見た。自分に託された二つの生き物の成長を愛情込めて事細かに記録した彼女は、動物の感情的生活を十分に認識する近代科学者の先駆けだった。

コーツは、チンパンジーや他の動物の写真、毛皮製品、鏡に映った自分自身の姿に対するヨニの反応を詳しく調べた。ヨニはまだ小さすぎて鏡に映るものが何かわからなかったが、ひとたび鏡に慣れると、舌を突き出したり引っ込めたり、曲げたり回したりしながら、鏡に映るその動きをつぶさに眺めて楽しむ様子をコーツは記している。コーツは、喜びや嫉妬、罪悪感から、同情やお気に入りの人々を守ることに至るまで、ヨニの情動の発達のあらゆる側面を記録している。次の一節は、ヨニがコーツに対して感じていた並々ならぬ心配と思いやりを物語っている。

> 私が泣き真似をして、目を閉じ涙を流すふりをすると、ヨニは自分のしている遊びなどの活動をただちにやめ、興奮して毛を逆立てながら、急いで駆けてくる。家の屋根や檻の天井といった、家の中でもとくに離れていて、しつこく呼んだり頼んだりしても下りてこさせられなかったような場所からやってくるのだ。まるで、悪さをした者を探しているかのように、私の周りをせわしなく走る。私の顔をじっと見て、一方の手のひらで優しく私の顎を包み、指で顔にそっと触れるのは、何が起きているのかを理解しようとしているかのようだ。そして、くるりと背を向けて、足指をぎゅっと握り固める。[5]

類人猿が同情する能力を持っているという、これ以上の証拠があるだろうか。なにしろ、食べ物を振って見せても、家の屋根から下りるのを拒否するチンパンジーが、主人が悲しんでいるのを見るや間髪を入れず下りてくるのだ。コーツは、泣き真似をするとヨニが彼女の目を覗き込むときの様子をこう描写する。「私がいかにも悲しそうに、絶望したように泣くほど、ヨニはますます強く同情を示す」。彼女が両手で目を覆うと、ヨニはその手を取りのけようとし、彼女の顔に向けて唇を突き出して、じっと見入り、かすかに唸り、鼻を鳴らす。彼女は、ルーディも似たような反応を示すところを説明し、ルーディの場合は彼女といっしょに泣くことまですると付け加えている。ルーディは、大好きなおじが眼帯をしているのに気づいたときや、メイドが苦い薬を呑み込んで顔を歪めるのを見たときにさえ、泣きだした。

だが、コーツの研究には深刻な限界がある。調べたチンパンジーが一頭だけで、とても幼かったことだ。彼女は、大人のチンパンジーの心理を調べることはなかったし、野生のチンパンジーがどのように生活しているかについても何も知らなかった。二、三歳の男の子を一人だけ調べた心理学者が、人類全体についての一般論を導き出すのは不可能なのと同じことだろう。とはいえ、彼女は毎日ヨニと接触して、ヨニについて可能なかぎりの情報を集めた。こうして、ほとんど前例のないかたちで、非常に近くからチンパンジーを見ることができた。彼女はヨニの心の中を覗き込み、目にしたものに胸を打たれた。

コーツの比較には、人間の行動についての鋭い観察が含まれている。たとえば、自分の思いどおりにならなかったり、一時的に放っておかれたりするとヨニが起こす癇癪について、比較対象を探したときは、研究室の窓の外にそれを見つけた。窓からは遺体安置所が見下ろせた。家族を亡くした人々が、不慮の死の場合にはことさら、胸の張り裂けるような叫び声を上げ、霊柩車の車輪より低くなりそうなほど体を深く折り曲げて、絶望に打ちひしがれ、発作的に両手をぎゅっと握り締める。彼女は続けて、特定の仕草によって深い悲しみを表現したり和らげたりする人間の習性について触れ、これをヨニの手の仕草と比較し、驚くほどの類似性を見出した。

博物館で、コーツの使った書き物机の脇を通り過ぎ、彼女が夫の隣に座っている写真、それから、類人猿の心理学の専門家でアメリカ人のロバート・ヤーキーズが、通訳を介して彼女と話している写真を過ぎ、ルイセンコとスターリンのもとで処刑された多くの科学者を称える肖像の掛かった陰気な廊下を歩いていくと、まったく思いもよらなかった展示に出くわした。ヨニがくすぐられて笑っている写真や思いどおりにならずに泣いている写真が掲げられ、ヨニの木製の玩具や登って遊ぶロープが並ぶ中に、ヨニ自身が立っていたのだ。典型的なフーティングのポーズで剝製保存されている。食べ物や仲間などに対して興奮しているときにチンパンジーが見せる姿だ。出来栄えは見事のひと言だが、アレクサンドル・コーツが剝製術の達人だったことを考えれば、当然だろう。

ナディア・コーツがたっぷりと愛情を注いだ相手が、まるで今でも生きているかのように立っているのを見て、最初は不気味に思った。だがよく考えると、ヨニを剝製保存しておくのは、自然史博物館の伝統的なやり方に徹していたコーツ夫妻にとっては、筋が通ったことなのだろうことに思い至った。なにしろ、結婚の記念に剝製動物を贈り合った夫婦だ。彼らにとっては、ヨニの栄誉を称え記念する最良の方法は、ヨニを彼らのコレクションに加えることだったに違いない。

抜きん出て偉大でありながら国外ではほとんど知られていない霊長類学の先駆者の一人が、自身の研究動物を生き生きとした姿で私たちに残してくれた。おかげで、感情がはっきりと見て取れるその動物に、私たちは目を奪われることになった。彼女がそうだったように。

同情と共感の違い

サルやネズミは他者が苦しんでいると、その原因となる行動をやめるという反応を示すが、彼らは、不快な信号の「スイッチを切っている」だけなのかもしれない。だが、そうした自己防衛的な利他行動では、ナディア・コーツに対するヨニの反応を説明できない。なぜなら、まず、ヨニは彼女が嘆き悲しんでいる原因ではないからだ。また、ヨニは家の屋根の上から彼女が泣いているのを見たときに、逃げてしまうことも容易にできた。自己防衛がヨニの目的だったなら、目を覆って泣いている彼女の手もそのままにしておいたはずだ。ヨニはたんに自分自身の状態に関心を向けるだけではなく、コーツに何が起きたのかを知りたいという衝動を感じていたのは明らかだ。

ヨニが人間なら、私たちは同情という言葉を使うだろう。同情は行動につながる点で共感とは異なる。共感とは、他者についての情報を集めるプロセスだ。対照的に、同情とは、他者に対する気遣いと、他者の境遇を改善したいという願望を反映している。アメリカの心理学者ローレン・ウィスペは次のような定義を提案している。

同情の定義は、二つの部分から成る。まず、他者の感情に関する認識の高まり、そして次は、何であろうと必要な行動をとり、他者の苦境を緩和したいという衝動である。[6]

同情と共感の区別について、私自身のことを披露して説明してみよう。私は同情するより共感することのほうが多い。これが一般的な性差だと言えるかどうかはわからないが、私の妻はどちらも同じぐらいのように見える。

私の職業は、動物たちと調和することにかかっている。動物たちといっさい同一化せず、起きていることについて何の洞察も得られず、彼らの境遇の変化に伴う気持ちの浮き沈みを経験しないまま、何時間も観察するとしたら、恐ろしく退屈なことだろう。共感は私の生活の糧であり、私は動物の生活をじっくりと見守り、彼らの行動を見てその理由を理解しようとすることで、多くの発見をしてきた。これは、彼らの身にならなければできないことだ。私は、苦もなくそれができるし、動物を愛し、尊敬している。そして、その分だけ、彼らの行動をよく研究できると固く信じている。

だが、これは同情ではない。私には同情心もたっぷりあるが、それはあまり自然発生的なものではなく、もっと打算的で、ときにはかなり利己的だ。ぬかるみからブタを引っ張り出すために旅を中断したらしいエイブラハム・リンカーンとは違う。[7] 私は迷子の犬や猫のために必ずしも立ち止まったりしない。ところが、妻のカトリーヌは、迷子の動物を見つけると、いつも一生懸命に飼い主を探す。私は自分が研究の対象にしている霊長類がひどいけがや重い病気だ（そして、獣医にかかっている）とわかっていても、他に忙しいことがあれば、何時間もそれを忘れていられる。私の心は区分けされているのだ。一方、カトリーヌは、人間であれ動物であれ誰が病気になっても、絶え間なく心配し、できるかぎりの看病をする。私よりもはるかに優しい。ひょっとすると私のほうがカント的かもしれない。事の是非を問い、どうするのが正しいか考える。私の同情は、私の共感から真っ直ぐ流れ出てくるのではなく、迂回して合理性のフィルターを通ってくる。

ある有名な意地の悪い実験が、神学校の学生（男子）を対象に行なわれた。私は被験者の立場に自分を重ねることができる。学生たちは別の建物へ行って「善きサマリア人」をテーマに講話をするように指示された。宗教的異端者として避けられていたサマリア人が、死んだものとして道端に捨て置かれていた男を助けるという聖書の寓話だ。実験では、学生が講堂へ向かう途中、建物の間の狭い通路で男がくずおれている脇を通るように仕組んであった。「災難に遭った人」がうめき声を漏らしながら、両目を閉じ、頭を垂れて座り込んでいる。神学者の卵のうち、どうしたのかと問いかけ、手を貸そうとした者は、四〇パーセントにすぎなかった。あらかじめ急ぐように言われていた学生は、時間に余裕があった学生よりも、手助けする率が低かった。私たちの文明における人助けの真髄を示す物語を説明しにいく学生の中には、助けを必要としている人を、急ぐあまりまたぎ越える者さえいた。(8)

このように、共感は容易に呼び起こされるが、同情は別個のプロセスで、まったく違う仕方で制御され、けっして自動的に起きるものではない。とはいえ、人間にも動物にも広く見られる。一九七〇年代に初めて私は、チンパンジーたちがヨニと同じように相手を案じる行動をとるのを目にした。ただし、相手は人間ではなく仲間どうしだったが。私はその行動を「慰め」と名づけた。このとき私が共感に興味を持つようになったとみなさんは思われるだろうが、じつは慰めについて詳しく研究せずに、別のテーマに移った。チンパンジーが争ったあとにキスと抱擁で仲直りする様子に、非常に好奇心をそそられたので、こうした他の友好的な接触に注意が向かなかったのだ。私が「慰め」に戻ってきたのは、それから二〇年後、心理学者たちが「同情的関心」と呼ぶものの定義が、「慰め」にぴったり当てはまると気づいたときだった。

私は何千もの「慰め」を見てきた。「慰め」はそれほどありふれた行動なのだ。私たちは長年にわたってコンピューターにデータを入力してきたので、膨大なデータベースがあって、チンパンジーの間で自然に発生した喧嘩が終わったあと、何が起きたかがわかるようになっている。最も典型的な成り行きが慰めだ。たとえば、攻撃を受け、つい先ほどまでは命がけで逃げ回ったり、助けを求めて叫んだりしていたメスが、今はぽつんと座って、不機嫌そうに口を尖らせ、傷を舐めたり、気落ちした様子を見せたりしているとする。そこへ、傍観していた一頭がやってきて、抱擁《ハグ》したり、グルーミングしたり、傷をじっくり調べたりしてくれると、元気を取り戻す。慰めはとても感情的なものになりうる。二頭のチンパンジーが抱き合って叫び声を上げることすらあるのだ。データを丹念に調べ、どのチンパンジーがどのチンパンジーを慰めるかを突き止めると、被害者の慰め手は、おもに近親や友達であることがわかった。ヨニのように、私たちのチンパンジーは仲間の苦境に敏感で、わざわざ骨を折ってまで彼らの苦痛を和らげようとする。[9]

皮肉な話だが、これはずっと以前から明らかだったにもかかわらず、さまざまな事情が重なって広く知られずにきてしまった。そもそも、最近になるまで、共感は科学で真剣に取り上げられなかった。私たち自身の種に関してでさえも、共感は占星術やテレパシーのような超常現象と同類の不合理で馬鹿げた話題だと考えられていた。子供の共感を研究してきたある先駆者は、三〇年前には自分の考えを伝えるのがどれほど大変だったかを語ってくれた。共感にまつわることは、何から何まで曖昧でやたらに感傷的で、冷徹な科学よりも女性誌に似合うと思われていた。

動物に関しては、今でもそれと同じ抵抗が残っている。ヤーキーズがコーツと話している写真を見ながら、私はこのことを考えざるをえなかった。この二人は動物の情動のこととなると盟友だったからだ。ヤーキーズは、類人猿が同情心を持っていると確信しているのにもかかわらず、このテーマについてだけはどうしても語ることを許されないと著書の一冊で不満を漏らしている。類人猿が、ごく幼い者でさえ仲間を慰めるのを、彼はしばしば目撃していた。「ふだんは気ままで無責任なチンパンジーの子供たちが、病気の仲間やけがをした仲間に対して示す思いやりは、見上げたものだ」。だがヤーキーズは、こうした話、とくに彼のお気に入りのボノボ、プリンス・チムの話を語りすぎると、動物を理想化していると非難されるかもしれないと恐れていた。[10] 無理もないことだ。あらゆる大型類人猿のうち、ボノボは共感のレベルが最も高いようだ。ちなみに、一九二〇年代には、ボノボとチンパンジーはまだ別の種とは思われていなかったので、ヤーキーズはプリンス・チムはたんに特別なチンパンジーだと考えていた。

ボノボが同情心を示す例は私も多く知っているが、なかでもとりわけ素晴らしいのは、鳥に対する反応行動の事例だ。この出来事については以前にも書いたことがあるので、普通なら繰り返さないだろうが、その後じつに興味深い続篇があったのでご紹介しよう。クニというメスのボノボの話だ。あるときクニは、動物園にある彼女の囲いのガラス壁にぶつかって気絶した鳥を見つけた。クニは、鳥を拾い上げて木のてっぺんに登り、そこから放してやった。クニは小さな飛行機のように鳥の翼を広げ、空中へ送り出したのだった。鳥に必要な動きに合わせた援助を見せたわけだ。他のボノボにそんなことをしても何の役にも立たなかったのは明らかだが、鳥にとっては打ってつけに見えた。クニの反応はおそらく、鳥たちが近くを飛ぶのを毎日見ていて知ったことに基づいていたのだろう。

最近、やはり鳥が出てくる似たような話を聞いた。私の古巣、アーネムの動物園で起きた話だ。そこのチンパンジーは、堀に囲まれた島に住んでいる。堀は魚やカエル、カメ、カモなどの生き物でいっぱいだ。ある日、二頭のチンパンジーの子供が、小さな子ガモを拾い上げて、どちらがそれで遊ぶかを巡って競い合い、カモをずいぶんと乱暴に振り回していた。別の一羽を二頭がつかもうとすると、子ガモたちは賢くも急いで水に戻ろうとする。そこへ大人のオスのチンパンジーが一頭、脅かすようなそぶりで駆けつけて、二頭の子供を追い払った。そして、その場から離れる前に、まだ陸地にいた最後の一羽に歩み寄り、子供がビー玉遊びをするときのような素早い手つきで、その子ガモを堀の中へと弾き飛ばした(11)。

この場合も、このチンパンジーは、自分と違う生き物にとって何が最善かを想像したかのようで、明らかに彼はカモを水と結び付けるようになっていたのだ。このように別の種の状況や必要に応じた援助のことを、私は「対象に合わせた援助」と呼ぶ。類人猿はこうした洞察力ある援助の名人だと私は確信している。コーツに対するヨニの行動は、断じて例外的ではない。それは、猿人類の強い同情的傾向の一端であり、この傾向は類人猿を研究対象とする人がみな認めている。私たちは、ヨニやクニのようなエピソードに頼る必要もない。慰めや援助はあまりに一般的なので、類人猿は苦しんだり悲しんだりしている仲間の周りでどう行動するかを現に評価し、通常の行動とまったく違うことを立証できる。慰めは今ではもうよく研究された現象で、攻撃や遊びと同様にそれが現実のものであることがしっかりと証明されている。

この現象が、他のどんな動物にまで見られるのかははっきりしないが、人間の最良の友である犬は、そこに含める必要があるかもしれない。何と言っても苦しいとき悲しいときに飼い犬に慰められたというエピソードには事欠かない。たとえば、ラブラドール・レトリーバーのマーリーだ。ジョン・グローガンの『マーリー――世界一おバカな犬が教えてくれたこと』(早川書房)に出てくる、暴れん坊でお騒がせの札付き犬だが、グローガンの妻ジェニーが、流産したのがわかって泣いていたときは、頭を彼女のお腹にぴったりと押しつけて微動もせずに立っていた。チャールズ・ダーウィンは、ある犬が、猫の友達が病気で寝ているバスケットのそばを通りかかるときには、必ず何回か舐めてやっていたと述べている。ダーウィンはこれを犬が優しい気持ちを持っている確かな証拠と考えた。

イヌ類の場合も、本格的な研究がなされているので、必ずしもエピソードに頼る必要はない。最初の研究は、意図的なものではなかった。アメリカの心理学者キャロリン・ツァーン＝ワクスラーは、すすり泣きしたり「痛い」と叫び声を上げたりするように指示された家族を子供が慰めるようになるのは何歳かを突き止めようとした。すると、子供たちは、言語が反応行動の中で多くの役割を担う時期よりはるかに早い、一歳のときにはすでに、慰めるという行動をとることがわかった。この実験の最中に、ツァーン＝ワクスラーらは、家族で飼っているペットも同じような反応を見せることを偶然発見した。苦しんだり悲しんだりするふりをしている家族に、ペットは子供たちと同様にうろたえた様子を見せ、飼い主の周りをうろうろして、見るからに気遣わしそうに頭を飼い主の膝の上に載せた。

だが、ことによるとペットは、人間が餌をくれたり指示を出したりするから、人間の周りでだけそんなふうに振る舞うのであって、動物どうしでは違うのではないだろうか？　この疑問に対しては、霊長類の研究を手本にした、喧嘩直後の犬の様子を調べる研究によって答えが出た。ベルギーの生物学者たちが、ペットフード会社所有の草地に毎日放される犬たちの間で自然に起きた、二〇〇〇件近くの喧嘩を観察した。[12] 激しい喧嘩のあとには、近くにいた犬たちが喧嘩した犬の一方（たいていは、負けたほうの犬）に近づいて舐めたり、鼻をすり寄せたり、脇に座ったり、いっしょに遊んだりした。そうすることで群れの動揺が収まるらしく、すぐにいつもどおりの活動が再開される。

犬の祖先であるオオカミは、おそらく同じように行動するのだろう。したがって、トマス・ホッブズが好んで言ったように「人間は人間にとってオオカミである」ならば、私たちは、喧嘩に負けて打ちのめされている仲間を慰める行動をも含めて、できるかぎり良い意味でこの主張を捉えるべきだ。[13]

慰めの抱擁

アンソニー・スオフォードは、著書『ジャーヘッド――アメリカ海兵隊員の告白』で、一九九〇年の湾岸戦争でアメリカ海兵隊員として過ごした日々を赤裸々に綴っている。化学兵器を保有していると思われる敵との戦闘前夜、仲間のウェルティが抱擁《ハグ》セッションを開いた。

私たちはもうすぐ戦闘で死ぬ。それなら、最後のハグを、最後の肉体の触れ合いをしてもいいではないか。そのハグを通して、ウェルティは私たちをもう一度人間に戻してくれた。彼はありのままの自分を、自分が必要としているものをさらけ出してくれた。だから私たちも、ありのままの自分をさらけ出すことができた。おかげで私たちはもう、土塁を飛び越えて人殺しを始めるだけの野蛮な兵士ではなくなっていた。(14)

慰めをもたらす体の触れ合いは、私たち哺乳類の生物学的特質で、母親が子供に乳を与えたり、子供を抱いたり、抱えて移動したりすることに元をたどれる。だから人はストレスの多い状況に置かれると、体の触れ合いを求めたり与えたりする。たとえば私たちは、葬式のときや、病気やけがで入院した大切な人を見守っているとき、戦争や地震が起きたとき、スポーツの試合で負けたとき、互いに触れたり抱き締め合ったりする。慰めの抱擁と言えば非常に有名なモノクロ写真がある。画質の荒いその写真の中では、一人のアメリカ兵が仲間の頭を優しく胸に抱き締めている。仲間は、朝鮮戦争の戦闘でたった今、友人を失ったところなのだ。(15)

社会学者ポール・ローゼンブラットは、『ベッドの二人』を書くにあたり、子供を失うという悪夢を体験したカップルを何組も取材し、「夜、ベッドの中で抱き締め合い、語り合うことで悲しみを乗り越えたと語るカップルがじつに多かった」ことに触れている。(16) 触れ合いのもたらす慰めが、私たちの心を健やかに保つ上で果たす役割の大きさを考えると、ヴァージニア州のとある中等学校《ミドルスクール》の「触れ合い禁止主義」には首を傾げざるをえない。生徒たちは抱き合ったり、手を握ったりすると、校長室に呼び出されかねない。ハイタッチさえ禁止だ。学校は不適切な行動を追放しようとして、最も基本的な感情表現を禁止する校則を作ってしまったようだ。[17]

人間が（いや、犬やチンパンジーでさえ）、他者を慰めようとするとき、その裏にはどんな動機があるのだろうか？　自分を慰めようとする場合もあるのだろう。泣いている人を見ると私たちは動揺するので、他者を慰めれば自分自身も安心させられる。こうした行動をアカゲザルの子供がとるところを、私は見慣れている。あるとき、たまたま上位のメスの上に飛び乗ってしまったアカゲザルの子が噛みつかれた。噛まれた子ザルはひっきりなしに泣きわめいたので、すぐに他の子ザルたちが周りを取り囲んだ。そして、数えてみると、八匹が哀れな犠牲者の上によじ登り、噛まれた子ザルとばかりかお互いどうしでも押したり引いたり、小突き合ったりした。これが噛まれた子ザルの恐怖を軽減する効果はほとんどないのは明らかだった。子ザルたちの反応は自動的らしく、彼らも犠牲者に負けず劣らず取り乱し、犠牲者だけでなく自分も慰めようとしているかのようだった。[18]

戦争の最中の兵士の間に見られるように、慰めは苦しみや悲しみ、絶望、嘆きに対する一般的な反応だ。

だが、話はこれで終わりのはずがない。自分を安心させようとするだけなら、どうして子ザルたちは犠牲者に近づいたのだろう？　どうして母親のもとへ駆けつけなかったのか？　なぜ確実に慰めを与えてくれる者ではなく、苦痛の源そのものへ向かったのか？　情動の伝染以上のことが起きていたに違いない。情動が伝染したと考えれば、なぜ慰めが必要になったかはわかるが、まるで磁石に引き寄せられるように、泣きわめく仲間のもとに集まった理由は説明できない。

実際、動物も幼い子供も何が起きているのか理解している様子もないまま、苦しんだり悲しんだりしている仲間に近寄っていくことがよくある。ロウソクの炎に蛾《が》が集まるように、否応なく引き寄せられてしまうようだ。彼らの行動に他者への気遣いを読み取りたいのはやまやまだが、それに必要な理解力が、動物や幼い子供には欠けているかもしれない。このように引き寄せられることを、本書では「前関心」と呼ぶことにする。まるで生き物は、「他者の痛みを感じたら、そこに行って触れ合いなさい」という単純な行動原則を自然から授けられているかのようだ。

そんな原則があったら、取り乱している者を見かけるたびに、その多くはかかわらないほうがいい相手であるにもかかわらず、無駄なエネルギーを割く羽目になると反論する人がいるかもしれない。たしかに、苦境に陥っている他者に近づくことが最も賢明な策とはかぎらない。だが、それは心配に及ばないと思う。親しい者どうしのほうが見知らぬ者どうしよりも容易に感情を汲み取ることができるという証拠があるからだ。単純な接近原則によって個体が自動的に近づくように促されるのは、わが子や仲間といった、いちばん大切な相手なのだ。

これが真実ならば、私たちが同情と結び付ける種類の行動は、実際には同情よりも前に生まれたことになる。これは本末転倒に思われるかもしれないが、見た目ほど奇妙ではない。行動が理解に先立つ例は他にもある。たとえば、言語の発達は、子供が物の名前を口にしたり、考えていることを言葉で表現したりするところから始まるわけではなく、すでに喃語《なんご》から始まっている。赤ん坊は、最初は這い這いしながら「バブバブ」といった意味のない音の連なりを発し、それが「ダアダア、ンマンマ、ターター」といった具合に複雑化する。人類は言葉を話す唯一の霊長類であると主張するときには、普通、喃語のことは想定していないが、だからといって喃語を軽んじてはいけない。すべての人の言葉が、全世界共通の赤ちゃん語から始まるという事実は、言語が私たちの中にどれほど深く根差しているかを物語っている。赤ちゃん語は、言語が最終的に獲得する洗練性からはかけ離れた原始的な衝動から発達していく。私は、他者の苦しみや悲しみに関心を向けようとする衝動についても、まさに同じことを考えているのだ[19]。

「前関心」とは、他者の苦しみによって心を動かされたときに、その相手に引かれることをいう。「前関心」は、相手の立場になることを必要としない。それどころか、動揺している家族の方へ引き寄せられる一歳児のように、その能力がまったく備わっていない場合もある。一歳児には、他人の状況を把握するのはまだ無理だ。「前関心」という観点からは、家で飼っているペットや猫のオスカーが、苦しんでいたり死期が近かったりする他者と触れ合う理由や、アカゲザルの子供たちが泣きわめく哀れな仲間の上に飛び乗ったりする理由も説明できるかもしれない。

「前関心」が確立すると、学習と知性がそこに幾重にも複雑さを加え、状況にいっそう明敏に反応できるようになり、ついには完全な同情が開花する。同情とは、真に他者を気遣い、何が起きたのかを理解しようとすることだ。ヨニがコーツの手を引っ張ったことが思い出される。ヨニはコーツの目の表情を読み取ろうと懸命になっているようだった。観察者は、相手の苦しみや悲しみの原因を突き止め、何ができるかを考える。これは私たち人間の大人にもお馴染みの同情のレベルなので、私たちは同情を、抱けるか抱けないかどちらかの、単一のプロセスとして捉える。だが実際には、同情は何百万年もの進化の過程で積み重ねられたさまざまな層からできている。ほとんどの哺乳類はそうした層の一部を示すにとどまり、すべての層を示す動物はごく一部しかいない[20]。

齧歯類《げっしるい》が完全に発達した同情心を見せることはないだろうし、イヌ科の動物やサルにも無理だろうが、大きい脳を持つ動物の中には、人間と同じように、他者の立場に立てる者もいるかもしれない。動物にそれができるかどうかについては、一九七〇年代にアメリカの霊長類学者エミール・メンゼルが研究を行なって以来ずっと議論が続いている。チンパンジーは他者が何を感じ、欲し、必要とし、知っているか、わかっているのだろうか？　メンゼルの革新的な研究が引き合いに出されることは、今ではめったにないが、彼の論文を読み返すたびに新たな発見をしたような気持ちになる。最初にこの問題の重要性に気づいたのがメンゼルなのだ。

「推測する者」対「知る者」

メンゼルは、ルイジアナ州で野外飼育されている九頭の若いチンパンジーを研究対象とし、そのうちの一頭を草に覆われた広い囲い地に連れ出して、あらかじめ隠しておいた食べ物や、おもちゃのヘビのような恐怖心を起こさせるものを見せた。そのあとで、このチンパンジーを仲間のもとへ連れ戻し、みんなを囲い地に放した。他のチンパンジーたちは、仲間が何か重要なことを知っているのを十分に理解しているだろうか？　理解しているとしたら、どう反応するだろう？　仲間が食べ物を見たときとヘビを見たときの違いに気づくだろうか？
チンパンジーたちは間違いなく気づいた。仲間が食べ物のありかを知ったときは、我先にあとを追いかけたが、仲間が隠してあったヘビを見たときは、ついて回るのをためらった。これぞまさに情動の伝染であり、彼らは、仲間の興奮や恐怖を模倣していたのだ。食べ物を見せられた場合、とくに、見せられた者が他の者よりも序列が低い場合は見物だった。ベルという名の序列の低いチンパンジーに食べ物を見せ、アルファオスのロックはベルが何を見たかまったくわからなかったときは次のようになった。

ロックが居合わせないとき、ベルは必ず群れを食べ物の所まで導いたので、ほぼ全員が食べ物にありつくことができた。ところが、ロックがいるときに実験を行なうと、食べ物に近づくベルの足取りがだんだん重くなった。理由を察するのは難しくなかった。ベルが隠されていた食べ物を見えるようにした途端、ロックが駆け寄って、蹴ったり噛みついたりして、すべて横取りしてしまうからだ。

そのため、ベルはロックがそばにいるときには食べ物を見えるようにしなくなった。ロックが立ち去るまでその上に座っていた。だがロックもすぐにそれに気づき、ベルが同じ場所に少しでも座り続けると、近づいて押しのけ、座っていた場所を捜して食べ物を手に入れた。(21)

その後、ベルは学習して、ロックの目の届く所にいるときは食べ物に近づかなくなり、食べ物の方に目を向けることさえしなくなった。食べ物からますます遠くに座るようにしたり、ごくわずかな食べ物しか隠されていない場所へロックをおびき寄せたりした。そしてロックがそちらを食べている間に、もっとたくさんの食べ物がある場所に駆けつけた。ロックはロックで、ベルを執念深く追い回したことから、ベルには隠しておきたい秘密があると確信していたことがわかる。これは、よく「心の理論」と呼ばれる、視点取得の一種だ。ロックは、ベルが頭の中でどんなことを考えているのかについて、考え(理論)を持っていたようだ。[22]

「心の理論」という用語には問題がある。水はどうやって氷になるのかとか、私たちの祖先がなぜ直立歩行を始めたのかとかいった疑問の答えを考える場合と同じように、他者を理解することも観念的なプロセスのように思えてしまうからだ。人類をはじめ、どんな動物も、他者の心の状態を理論的なレベルで捉えているとは、私にはとうてい思えない。どう考えてみても、ロックはベルのボディランゲージを読んで、ベルの意図を推測しているだけのようだ。ロックは、メンゼルが姿を見せたときには必ずあたりに美味しい食べ物があって、ベルがそれを手に入れようとすることを学習したに違いない。そこで、理論家というよりは狩人のように振る舞い、ベルが視線を投げたり、移動したりする方向を注意深く見張ったのだ。

メンゼルの「推測する者」対「知る者」の実験に数多くの科学者が追随し、子供、類人猿、鳥、犬などを対象とした膨大な数の研究が行なわれた。こうした研究から、他者の視点に立つことができるのは人間の大人だけではないことが明らかになった。この能力がとくに発達しているのは脳の大きい動物だが、脳が小さいからといってこの能力がないとはかぎらない。どのような評価が下されているのか、典型的な例を三つご紹介しよう。

・人間の子供は非常に読心術に長けている。すでにごく幼いうちに、自分が知っていることを誰もが知っているとはかぎらないのに気づく。ある実験では子供たちに、次のような場面を見せた。マクシという子がチョコレートを引き出しに隠して立ち去る。ところが、マクシの母親は偶然チョコレートを別の場所に移してしまう。戻ってきたとき、マクシはどこからチョコレートを取り出そうとするだろうか。子供たちにはチョコレートがあるとわかっている場所（母親が移した場所）だろうか？　それともマクシがしまった場所（引き出しの中）だろうか？　ほとんどの四歳児が、マクシは引き出しから取り出そうとする、と正しく答えた。つまり、母親が移した場所にチョコレートがあると知りながら、マクシの視点に立って答えたのだ(23)。

エミール・メンゼルは、類人猿が他者が知っていることについて何を知っているかを、他に先駆けて調べた。一頭のチンパンジーの子供が草の中のヘビを棒でつついている。そのボディランゲージから、他のチンパンジーたちも用心しなければいけないことを察している。

・ワシントンの国立動物園にいるインダというメスのオランウータンは、自分の檻の外に落ちている食べ物の所へ人を誘導する習性を身に付けた。飼育係が通りかかると引き止めて、腕をつかみ、落ちている餌が見える方へ体の向きを変えさせる。それから、飼育係が餌を拾って自分に渡してくれるように、食べ物のある方へそっと押しやるのだ。だが、目の見えない人が相手のとき、インダはどうするだろうか？　たとえば相手が頭にバケツを被せられていたら？　相手を選べる場合、インダは視界が遮られていない人を選んだが、バケツを被せられた人しかいないときは、まずバケツを頭から外してやってから、食べ物の方へ押しやった。この知恵はインダが自力で身に付けたものだ。そこで、透明のバケツを使ってさらに実験を続けた。するとインダは、透明のバケツには手を付けなかった。したがって、餌を拾ってもらうには、その人の目が見えなくてはならないことを理解していたのがわかる。

・ワタリガラスという大型のカラスは大きな脳を持っていて、鳥類の中で最も賢い部類に入る。トーマス・バグニャールは、ワタリガラスがメンゼルのチンパンジーを連想させる騙しのテクニックを使うのを観察した。序列の低いあるオスのカラスは、ゴミの容器を開けるのが得意だったが、せっかくご馳走を見つけても、上位のオスに横取りされてしまう場合がよくあった。そこで、このオスはライバルの注意をそらす技を身に付けた。夢中で空の容器を開け、中のものをついばむふりをするのだ。騙されたと知った上位のオスは「非常に腹を立て、あたりにゴミをまき散らし始めた」。バグニャールによれば、ワタリガラスは、隠された食べ物に近づくとき、どのカラスがその食べ物が隠されるところを目にした可能性があるかということまで計算に入れているそうだ。ライバルも食べ物のありかを知っているときは一番乗りしようと急ぐし、相手がそのありかを知らないときはあわてたりしない。[24]

これらの巧妙な実験が、メンゼルが考え出した研究に負うところが大きいことは一目瞭然だ。ご馳走を隠しておいて、それを発見させる。ポイントは、他者が何を知っているか（もっと正確には、他者が何を見た可能性があるか）を知ることだ。ひところ、人間以外の動物に他者の心的状態を把握する能力があることを疑問視する考えが流行したにもかかわらず、こうした研究が霊長類の研究から生まれたのは皮肉なものだ。だが、心的状態の把握能力に対する疑問の声は、今ではほとんど聞かれなくなった。最新の発見に基づくと、幼児と類人猿の境界は、類人猿やサルやその他の動物の間の境界と同様に曖昧になってきている。他者が何を知っているかを最も高度なかたちで知ることだけが人類の専売特許なのかもしれない。[25]

とはいえ、この話題にどれほど紙面を割こうと、私たちが扱っているのが限られた現象にすぎないという事実は紛れようもない。私はこれを、「冷たい」視点取得と呼ぼうと思う。なぜならそれは、他者が何を目にし、何を知っているかをある個体がどう知覚するかという点だけに注目しており、他者が何を欲し、何を必要とし、どう感じているかは、それほど問題としないからだ。冷たい視点取得という能力は素晴らしいものではあるが、共感は、他者の状況や感情に関心を向ける別の種類の視点取得に基づいている。古くはアダム・スミスが共感を、「想像の中で、苦しんでいる人の身になること」と見事に表現している。[26]

炎に包まれた家の窓辺で泣き叫んでいる子供たちの声が聞こえると、私たちはそちらへ視線を向け、心をひどくかき乱される。だがそれから私たちはあたりを見回し、その場の選択肢を考える。子供たちは窓から飛び降りられるだろうか？　私たちには彼らを受け止める準備があるだろうか？　もう誰かが消防署には連絡したか？　家から脱出する手立てはあるか？　家に入る手立ては？　私たちは感情をかき立てられ、他者を気遣うと同時に、認知的アプローチをとり、その助けで状況を評価する。この組み合わせこそが、共感的な視点取得の特徴だ。この二つの側面はバランスがとれていなければならない。感情に流されると、いつの間にか視点取得がおろそかになり、次に挙げる、シンガポール動物園のオランウータン親子のような悲劇が起きる。オランウータンの子供の首にロープが絡みついた。母親は首からロープを外してやろうと、子供の体を引っ張り続ける。飼育係たちが割って入ろうとしたが、子供を助けようと半狂乱になっている母親に押しのけられた。けっきょく、母親が引っ張ったせいで首の関節が外れ、子供は死んでしまった。[27]

スウェーデンの動物園では、似たような状況で対照的な結果が出た。首に木登り用のロープが二重に巻きつき、四歳のチンパンジーが窒息しかけた。このチンパンジーは声も出せずにもがいていたが、足は空を蹴るばかりだった。いちばん年上で最上位のオスが近づいてきて、苦しんでいるチンパンジーを片腕で抱き上げ、ロープを緩めると、空いているほうの手でロープを外した。そして地面にそっと下ろしてやった。すべてあっという間の出来事で、何度か手を素早く動かしただけで事足りた。あたりに響いた声と言えば、飼育係が上げた悲鳴だけだった。[28]

オランウータンの母親は、娘を救いたいという衝動が強すぎて、頭が働かなかったのかもしれない。反対に、オスのチンパンジーは冷静さをあるいは、ロープを扱う経験が乏しかったのかもしれない。反対に、オスのチンパンジーは冷静さを失わずに適切な行動をとることができた。ロープを引っ張るという最も自然な衝動を抑え、より適切な行動をとるには、優れた知性が必要だ。ここで紹介した事例には、助ける行為の基をなす二層のプロセス、感情と理解が見事に現れている。二つのプロセスが組み合わされたとき初めて、生物は「前関心」から真の気遣いへと進むことができる。そして、そこには私たちの仲間である類人猿によく見られる、「対象に合わせた援助」も含まれる。

動物たちの利他行動

アトランタは霊長類研究のメッカだ。メンゼルの息子チャールズ・メンゼルも、父に倣ってチンパンジーの研究をしている。彼の自宅は、ストーンマウンテンの私の家から目と鼻の先にある。あるとき、エミール・メンゼルが孫たちに会いにやってきた。私はスープを御馳走すると言って、エミールをわが家のキッチンに招き寄せ、インタビューを敢行した。当時、メンゼルは七〇代になったばかりだった。(29)

エミール・メンゼルは、生まれと育ちはインドだが、典型的な南部紳士だった。温厚で礼儀正しく、素晴らしいユーモアのセンスを持ち合わせていた。今も、自分の先駆的な考えにすっかり夢中になっており、類人猿の知能を高く買い、科学の発見を大きく妨げる要因は人間の想像力と創造性の欠如であり、類人猿が期待に応えるだけの能力があるとかないとかいったことは問題ではないと考えていた。私もまったく同感だ。

メンゼルは私に、「隠された物」についての自分の研究発表の経緯や、その後、ほんとうは別のテーマに移りたかったのだが、この実験に関する講演に招かれてばかりいたという話を聞かせてくれた。この実験には明らかに、なるほどと思わせるものがあったのだろう。東海岸のある大学に招かれて講演を行なったとき、司会を務めたのは著名な行動主義者で、メンゼルは散々な目に遭った。第一に、その学者は聴衆に発言する機会をまったく与えなかった。第二に、講演者であるメンゼルに向かって、チンパンジーは扱いが厄介だから、ハトを研究したほうが現実的だと説教した。その背景には、すべての動物は刺激・反応学習に依存しているため、チンパンジーとハトの行動に実際の違いはなく、どの動物を研究しようが大差はないという、当時の奇妙な考え方があった。(30)

ところがその教授は、いわばまんまと罠にはまった。メンゼルは、数年前に撮影した息を呑むような脱走劇を上映しようと決めていたからだ。メンゼルが研究しているチンパンジーたちが、囲い地の壁に長い棒を立てかけ、数頭が棒をしっかり押さえている間に残りが棒をよじ登って脱走するという事件があった。ハトが日常行なうようなことではない。メンゼルはこの映像を上映するにあたり、複雑な心的活動については触れず、できるだけ偏りのない説明にとどめることにしていた。そこで「ロックが、他のチンパンジーを見ながら棒をつかんでいるところです」とか、「ここで、一頭のチンパンジーがひらりと壁を乗り越えます」など、淡々と説明していった。(31)

メンゼルの講演のあと、例の著名な学者が立ち上がり、メンゼルは非科学的だ。チンパンジーを擬人化している、動物に計画性や意図がないのは明白なのに、そうしたものを押しつけていると非難した。教授に賛同するどよめきが起きたが、メンゼルは臆することなく反論した。自分は何も押しつけたりはしていない、もし先生が計画性や意図を見出されたのであれば、それはご自身の目で確認された結果にほかならない、私自身はそれに言及することはいっさい控えていたのだから、と。

チンパンジーを観察していると、彼らの賢さに否が応でも気づかされる。メンゼルは、実験の間に書きためた膨大な手書きメモの中に、さらにどれほどたくさんの証拠が埋もれていることかと、ときどき考えると言った（もちろん私は、あなたはもう引退しているのだから、誰憚ることなくこうした記録をたどってみるべきだと言ったが、メンゼルが肩をすくめてみせたので、過大な期待はできないのがわかった）。メンゼルは根気良く観察を重ね、たとえ一度しか見かけなかった行動でも、自分の見たものが何を意味しているのか、とことん考えることを非常に重視していた。メンゼルはたった一度しか観察されなかったものを、たんなる「エピソード」として片づけることには反対だった。そしていたずらっぽい微笑みを浮かべてこう言い添えた。「私にとってエピソードという言葉は、他人が観察したものという意味なのさ」。もし自分の目で何かを見て、そのダイナミクスを最初から最後までたどったのならば、それをどう解釈すべきかという点に関して普通は何の疑問も感じない。だが、その場に居合わせなかった者は疑問を感じ、説明を必要とする。

これは重要な指摘だ。なぜなら、人間であろうが動物であろうが、共感的な視点取得の際立った例は、単一の事例で見られるからだ。あるとき、そんな出来事があった。私は、サンディエゴにあるバルボア公園の大きな池でスイレンに見とれていた。池にはまったく囲いがなく、池に面した通りを人々が行き交っていた。突然、三歳ぐらいだろうか、小さな子供が人混みの中から池にまっしぐらに突っ込んだ。私は驚いた。男の子があっという間に沈んでしまったからだ。バシャッという音が聞こえたと思ったら、次の瞬間に男の子の姿は消えていた。だが、誰よりも素早く、男の子の母親も池に飛び込んだ。そしてすぐに息子を腕に抱いて上がってきた。きっと息子を追いかけて走っていたので、次に何が起きるか予測していたのだろう。そして何のためらいもなく、当然、服も靴も身に付けたまま息子を追って池に飛び込んだ。池の水はひどく濁っていたから、母親のとっさの行動がなかったら、子供が発見されるまでどれだけ時間がかかったかわからない。

こうした事例から、人間が他者の状況にいかに素早く対応できるかを知ることはできても、これほどの緊急事態を実験室で再現するのは不可能だ。ある状況に遭遇したときにどのような行動をとるか、質問することはできるし、軽く動揺させて反応を調べることもできるが、子供が溺れかけたときに親がどう反応するかを再現して観察するなどという真似はできない。こうした状況は、本質的に実験不可能なのだが、実際に最も興味深いのはそのときに見られる利他行動であり、それは生存に最も深くかかわっている。動物の場合も同じだ。動物が、隠されていた物にどう反応するかを調査することはできるし、助けを求める呼びかけをどう受け止めるか実験することもできるだろうが、実験のために、仲間や血縁者の首にロープが絡まっている状況を作り出す者などいるだろうか？　私にはできないし、ほとんどの科学者もそんなことはしない。私たちにできるのは、せいぜいこうした災難に類人猿がどう反応するか、偶然見かけた事例を報告することぐらいだ。

人間の場合は新聞でエピソードを知ることができる。たとえば、九・一一同時多発テロで世界貿易センタービルから逃げ出したニューヨーク市民は、救命器具を担いだ勇敢な消防士たちとすれ違ったと語っている。人々が降りてきた階段を、消防士たちは上っていった。自らは死地に向かいながらも、消防士たちは冷静そのものに振る舞い、パニックに陥りかけていた人々にビルから退去するよう促した。おかげで人々は整然と避難することができたのだ。
　アメリカ陸軍のトミー・リーマン軍曹の例もある。リーマン軍曹らは、二〇〇三年、イラクで任務を遂行中に待ち伏せ攻撃を受けた。軍曹は身をもって砲手をかばいながら、自らも銃で応戦した。銃弾や榴散弾《りゅうさんだん》で負傷しながらも、傷ついた仲間が救出されるまで治療を受けることを拒んだ。自然災害が起きると、見ず知らずの人を救うために炎に包まれた家の中に飛び込んだり、氷の張った川に飛び込んだりするようなヒーローが必ず出てくる。第二次大戦中、ナチス・ドイツ占領下にあったヨーロッパでは、大勢の人が命の危険を冒して、アムステルダムに住んでいたアンネ・フランク一家のようなユダヤ人たちを匿った。飢饉のときは、お腹を空かせた都市住民に農家の人々が貴重な食べ物を当たり前のように分け与えたという話も聞く。二〇〇八年に中国内陸部で起きた四川大地震では、中国で「最も偉大な母親」が誕生した。その女性は蒋暁娟《ジアン・シャオジュエン》という警察官で、被災地で母親を失った何人もの赤ん坊に授乳した。自らも赤ん坊を育てていた蒋は、自分ならば乳をあげられると思ったそうだ。[32]
　人間に共感する能力がなければ、今挙げたようなことは何一つとして起きなかっただろう。事実、人間が自己を犠牲にする話はあまりに多いので、私たちは当然、こうした行動は人間の特徴なのだと考えるようになり、同じ行動を祖先にも見出そうと夢中になる。先頃、カフカス地方で歯がすべて抜けている原人の化石が発見された。この頭骨の持ち主は、手厚い世話を受け、特別の食事を与えてもらわなければ、これほど長生きできたはずがないと学者たちは見ている。彼らは、こうした祖先は二〇〇万年近く前に生きていたとはいえ、思いやりを見せていたのだから、人類に近いに違いないという結論を下した。[33]

これでは思いやりは私たち人類の系統ならではのものと決めてかかっていることになる。だが、動物の中にも、自力で食べるのに不自由をしている仲間を助ける者がいる。たとえばタンザニアのゴンベ国立公園にいた、マダム・ビーという老齢で病気のチンパンジーの例だ。マダム・ビーは果樹にうまく登れないので、ときどき娘たちに助けてもらっていた。

彼女は娘たちを見上げ、それから地面に横になり、娘たちが熟れた果実を探し回る様子をじっと見ていた。一〇分ほどしてリトル・ビーが下りてきた。リトル・ビーは枝からもいだ果実を一つは柄の部分で口にくわえ、もう一つは手に持っていた。リトル・ビーが地面に下りると、マダム・ビーは静かにグーグーという声を上げた。リトル・ビーもグーグー鳴きながら母親に近づき、手に持っていた果実をその横に置いた。それから母親のそばに座って、いっしょに果実を食べた。[34]

実際、類人猿の利他行動を裏付ける証拠は山のようにあるから、読者に納得してもらうために、そのごく一部だけをご紹介しよう。[35] 今紹介したような例は、血縁間のものだが、血縁のない者どうしでも同様のことは起きる。ヤーキーズ霊長類研究センターには、ピオニーという高齢のメスのチンパンジーがいる。ピオニーは、広々とした野外の囲い地で仲間のチンパンジーと暮らしている。体調が悪くて関節炎の痛みがひどいときは、歩いたり木に登ったりすることもままならない。だが、周りのメスたちが助けてくれる。たとえばピオニーが、他のチンパンジーたちが集まってグルーミングをしているジャングルジムに登ろうとして、肩を上下させて荒い息をしていると、血のつながりのない年下のメスが後ろに回り、でっぷりとした尻に両手をあてがい、苦労しながらもピオニーを押し上げ、仲間に合流できるようにしてくれる。

　またこんなこともあった。ピオニーが立ち上がり、かなり遠くにある水飲み場に向かってのろのろ歩いていると、ときおり年下のメスたちが先回りして水を口に含み、ピオニーのところへ駆け戻って口移しで与えていたのだ。最初、何をしているのか、さっぱりわからなかった。一頭のメスが自分の口をピオニーの口に近づけているところしか見えなかったからだ。だが、しばらくすると、パターンが見えてきた。ピオニーが大きく口を開ける。するとその中へ、年下のメスが水を勢いよく吐き出すのだった。

　チンプヘヴンは研究所での役割を終えたチンパンジーを受け入れ、ルイジアナ州の人里離れた、木々が鬱蒼《うっそう》と茂る保護区に放ってやる組織で、そこに引き取られるチンパンジーの多くは野外の生活経験がなく、草や茂みや木に関する知識を持たない。シーラという何も知らないメスが、血のつながりのない年下のメスのサラと仲良くなった。サラは、木がどういうものか知っており、木に登ることも恐れなかった。シーラがサラの行動を見て同じことができるようになるまで、サラはときどき葉の付いた枝を折ってきた。シーラが葉を食べられるようにとの計らいだった。

　サラがシーラをヘビから救ったこともあった。最初にサラがヘビに気づき、大声で吠えて危険を知らせた。ところが、シーラは何事か見ようと近づいていった。サラはシーラの腕をつかんで引き戻し、後ろへ強く押しやった。サラは棒で突きながらヘビに接近したが、その間もシーラを押し戻し続けた。あとでわかったことだが、そのヘビには毒があった[36]。

こうしたチンパンジーの行動は、自分の身にひどい危険が及ぶわけでもないため、燃え盛る建物に飛び込むような行為とは比較できないという反論が出てくるかもしれない。実際、私はある著名な心理学者が講演会で、たしかに他の動物にも利他的行為は見られるかもしれないが動物が自分の命を優先させるのは間違いないと語るのを聞いたことがある。その心理学者は、「類人猿は、他者を救うために湖に飛び込むような真似は断じてしません」と自信たっぷりに言い切った。だが、彼の口からそんな台詞が飛び出した途端、いや、待てよ、と私は記憶の糸を懸命にたぐった。その学者の主張と矛盾する話を聞いたことがぜったいにある、と。類人猿と水の組み合わせは、人間と水の組み合わせよりはるかに危険なのは事実だ。類人猿は泳げない。チンパンジーが膝までしかない水の中でパニックになって溺れることがあるのは知られている。水に対する恐怖を克服できるようになる場合もあるが、類人猿が水に入るには並外れた勇気が必要なのだ。

動物園には、水を張った堀を巡らせた島で類人猿を飼育している所も多い。そして、チンパンジーが溺れた仲間を助けようとしたという報告は実際にあるし、溺れた仲間ともども命を落としてしまったという悲惨な話も聞く。あるオスは、育児の下手な母親が落としてしまった子供を助けようと水に入って溺れてしまった。別の動物園では、幼いチンパンジーが電線に触れてパニックを起こし、母親の腕から水の中に飛び込んだ。母親は息子を救おうとしたが、いっしょに溺れてしまった。また、世界で初めて言葉を教え込まれたチンパンジーのワショーによる救出劇もある。彼女は、別のメスの叫び声と水しぶきの音を聞きつけ、ふだんはチンパンジーたちを閉じ込める柵の役割を果たしている二本の電線をあわてて越え、水に落ちて大騒ぎしている仲間に近づいていった。ワショーは堀の縁の滑

りやすい泥の中へと歩いていって、半狂乱のメスが振り回す腕の一方をつかみ、安全な場所まで引き上げてやった。(37)

水への恐怖は、よほど強力な動機がなければ克服することができないのは明らかだ。「今助けておけば、あとで助けてもらえるだろう」などといった打算に基づく説明が入り込む余地はない。そんな当てにならない予測のために、生命を危険にさらす理由などあるだろうか？　とっさの感情だけが、すべての慎重さをかなぐり捨てさせる。(38) 水に飛び込むのと同じように勇敢な行為は、チンパンジーの社会生活で広く見られる。たとえば、あるメスが、助けを求める仲間の叫びに応え、上位のオスから仲間をかばうとき、そのメスは他者のために自らを危険にさらしている。仲間をかばってひどく殴られているメスのチンパンジーを、私はしばしば見てきた。自然界ではもっと危険な救出劇も観察されている。たとえばヒョウに襲撃された仲間の叫び声に応えて、チンパンジーたちが集結することがある。鬱蒼とした森の中は見通しが悪いので、何が起きているのかは普通、当事者以外にはわからないが、叫び声には強さが何段階もあり、チンパンジーは、襲われた仲間の声の激しさから、ただならぬ恐怖を察知する。するとたちまち、森中に、仲間の叫び声を聞きつけたチンパンジーたちの怒声や鳴き声が轟き渡る。彼らは危ない目に遭っている仲間のもとに素早く集結してヒョウを数で圧倒する。かなわないと見たヒョウはさっさと退散する。(39)

他者への関与と、他者の状況に対する情動的な感受性と、どのような助けが有効かを理解する力は、いかにも人間らしい組み合わせなので、しばしば「人間味のある」ものと言われる。たしかに人類は、他者の身になる度合いが抜きん出ていると思う。人間は、他者がどう感じ、何を必要としているかを、他のどんな動物よりもしっかりと把握する。だが、他者を深く思いやり助けることができるのは、人類が最初というわけでも、唯一というわけでもない。行動の面では、他者を救うために水に飛び込む人間と類人猿の隔たりはそれほど大きくはない。動機の面でも隔たりはそう大きくはないはずだ。

赤頭巾ちゃんとオオカミ

自分が見舞っているのがおばあちゃんだと思っていたとは、赤頭巾はなんと愚かなのだろう！　子供なら誰でも知っているように、ベッドにいたのは悪いオオカミなのだから。

だが、赤頭巾がじつは怖がっていなかったことを、子供はみな理解しているだろうか？　ベッドに寝ているのがオオカミだと知っていれば、当然、赤頭巾はひどく怖がるはずだ。だが、何も知らないのだから、何を心配する必要があるだろう？　このときの赤頭巾はどんな気持ちだったかという問いに対しては、「怖がっていない」が正解となる。ところが、ここでほとんどの子供が間違う。子供たちはどうしても、自分自身の不安な気持ちを物語の登場人物に投影してしまうのだ。

心理学者はこれに落第点をつける。つまり、これは他者の視点に立てないことを表しているというわけだ。だが、私はそれとは違う捉え方をしている。子供たちは、感情に満ちた場面にふさわしいかたちで、たしかに赤頭巾の視点に立っている。赤頭巾の立場に身を置いて、バスケットを手に祖母のベッドの傍らに立っているところを想像しつつも、自分自身の知識で武装している。当然、彼らは死ぬほど恐ろしい思いをしている。心理学者は合理的な評価を望むかもしれないが、子供たちは、舌なめずりをしているオオカミと対峙している状態から自らを切り離すのに手を焼いているのだ。七、八歳になるとようやく、適切な距離をとれるようになり、赤頭巾がじつは怖がっていないことを理解する（拍手）。だが、ここでの真の教訓は、感情的な同一化が圧倒的な力を持っているということだ。

子供たちは、第三者の立場にとどまるよりも、当事者に共感する傾向がある。他者とのこの原始的なつながり方は、誰か親しい人が窮地に陥ったときに自動的に優勢になる。そしてこれは大人にも当てはまる。ホラー映画もこの傾向につけ込む。言ってみれば、ホラー映画はずるい手を使い、観客がたとえばイングマール・ベルイマンの映画よりはるかに直感的にスクリーンの登場人物と同一化するように仕向けている。お気に入りの登場人物が、シャワー・カーテンの陰に斧を手にして潜む人殺しに近づけば、彼女が何を知っていて何を知らないか、そんなことはどうでもよくなってしまう。

子供が感情的に他者の身になる能力と他者の気持ちを推理する能力は、すでに調べられている。たとえば、大人がプレゼントの箱を開けるところを子供に見せる。子供は箱の中を覗かせてもらえないが、大人が嬉しそうに「うわー！」と叫べば、キャンディのように何かいい物が中に入っているに違いないと考える。ところが、がっかりした様子で「あーあ、なんだ」と言えば、ブロッコリーのような不愉快なものが入っているに違いないと察する。子供たちの反応は、仲間の一頭が食べ物を見つけたのか、それとも危険な物を見つけたのかを悟ったメンゼルのチンパンジーとそう違わない。

子供たちは、他者の考えを読むよりもずっと早く気持ちを読み始める。ごく幼い頃から、他者にもほしい物や必要な物があることや、みんなが必ずしも同じ物をほしがったり必要としたりするわけではないことを理解している。たとえば、自分のウサギを捜している子は、そのウサギが見つかれば喜ぶだろうが、犬を捜している子はウサギに関心がないことが、幼い子供にもわかっている。[40]

私たちはそうした能力を当たり前だと思っているが、誰もがそれを活かしているわけではないことにお気づきだろうか？ 今言っているのは大人のことだ。たとえば、ご承知のように、贈り物をする人は二種類に分けられる。まず、相手が喜んでくれそうなプレゼントを手間暇かけて探してくれる人たちがいる。彼らは、私がオペラに目がないことや、家でパンを焼くのが大好きなことを知っているから、アンナ・ネトレプコの最新公演のチケットや町でいちばん上等のライ麦粉を買ってきてくれる。私は、かけるお金よりも相手への配慮のほうが大切だとつねづね思っているし、彼らが私を喜ばそうと一生懸命なのは明らかだ。それに対して、自分の好みの贈り物をする人もいる。たとえば、わが家に青色の品物が一つもないことにまったく気づかず、自分は青い色が大好きなので、高価な青い花瓶を贈ってくれたりする。私たち人類の視点取得の能力は、何百万年という進化の歴史の中で飛躍的に高まったのだが、自分の好みの枠を超えて想像できない人にとっては、その能力も宝の持ち腐れだ。

日頃から人間には、それほど大変でなければ、赤の他人も含めて他者の人生を良くしようという気がある。厳密に言うとこれは利他主義ではない。利他主義は労力を要するからだ。そうではなく、ここでは当人に少しも負担にならない状況のことを言っている。以前、私と妻が出かけたカナダでのハイキングのときの経験を例に挙げよう。北アメリカに来て間もない頃で、どこへ行くにも想像していたより一〇倍も遠い気がした。私たちは、ある湖畔で巨大な蚊の餌食になったため、そこから逃れることにし、最寄りの町に向かった。かんかん照りの中、果てしなく続く泥道を歩きに歩いた。やがて、カナダ人の一家が乗った大型のステーションワゴンがスピードを緩めて私たちに近づき、運転席の男性がさりげなく身を乗り出して「乗りませんか？」と言ってくれたのだ。町までまだどれだけあるか聞かされて、私たちは喜んでその申し出を受け入れた。今でも感謝している。
これがいわゆる「低コストの」利他的行為で、他人のためにたいした苦労もせずに、それでいてそうとうの援助を提供する場合だ。私たちは日頃からこれをやっている。空港で誰かが搭乗券を落とせば教えてあげる。注意する側はほとんど労力を費やさないが、相手にとっては大きな痛手を未然に防いでいる。また、私たちは日常的に、自分のあとから入ってくる人のためにドアを押さえたり、公園のベンチで座りたい人のために横にずれたりする。あるいは、見知らぬ子供が危ないタイミングで通りに飛び出そうとするのを引き止めたり、お年寄りが重い荷物を持ち上げるのを手伝ったりする。人間はこの手の援助が得意だ。少なくとも比較的ゆとりのある状況では。だが、タイタニックが沈み始めた途端、こうした行動は消えてしまう。苦境にあって礼儀正しい振る舞いをする代償は大きいのだ。

テニスをしている人が仲間が立ち上がるときに手を貸すような、「低コストの」援助は、人間の間では一般的だ。

ささやかではあっても思いやりを持つには、共感に基づく視点取得が求められる。自分の行動が他者に与える影響を理解する必要がある。動物でこれに匹敵するものを探してみると、タンザニアのマハレ山塊でほとんど水のない川床に立っていたとき、野生のチンパンジーたちの間で見られた奇妙な行動が頭に浮かぶ。

チンパンジーはあちこちの大きな岩の上で互いにグルーミングをしながらくつろいでいた。私はいわゆる「社会的な引っ掻き《ソーシャル・スクラッチ》」について読んだことはあったが、この目で見たことはなかった。

ソーシャル・スクラッチは、一頭のチンパンジーが別の一頭に歩み寄って行なうもので、手の爪で何回か相手の背中を勢いよく掻き、それから、座って相手をグルーミングする。グルーミングの間に、さらに背中を引っ掻くこともある。ふだんから自分の体を掻いている動物にとって、この行動自体を覚えるのは難しいはずがないのだが、一つ引っかかる点がある。自分で体を掻くのはかゆみをまぎらすためだ（一時間、自分の体を掻かないでいようとすれば、その重要性をわかってもらえると思う）が、誰かの背中を掻くという行為はまったく別物で、掻く本人には何の得にもならない。

グルーミングと違い、ソーシャル・スクラッチはどうも生得的なものではないらしい。なぜわかるかというと、この行動を見せるのは面白いことに、マハレのチンパンジーだけだからだ。他のどんなチンパンジーの共同体でも、これまで記録されたためしがない。人類学者や霊長類学者は、このような群れ特有の行動を「社会的慣習」と呼んでいる。社会的慣習はある共同体の中で受け継がれる習性で、その共同体独特のものだ。ナイフとフォークを使って食べるのは西洋の人間社会の社会的慣習だし、箸を使って食べるのは東洋の社会的慣習と言える。チンパンジーの社会的慣習を見つけること自体はそれほど珍しくない。人間以外のどの種よりも多くの社会的慣習を持っているからだ。だがほんとうの難問は、マハレの共同体のチンパンジーが、どうして自分よりも他者のためになる社会的慣習を採用するに至ったか、だ。(41)

私たちは他人のためにドアを押さえておくことを、どうやって覚えるのだろうか？　親にそうしなさいと言われてきたと、あなたは言うかもしれない。たしかにそのとおりだが、その後こういう行動は、他人にしてもらい、その好意をありがたく思うことで強化される。そこから、他人に同じようにしてあげれば喜ばれるかもしれないことに思いが至る。このようにしてソーシャル・スクラッチがマハレのチンパンジーの間で広まったのではないだろうか？　あるチンパンジーがたまたま別のチンパンジーに背中を引っ掻かれたとしよう。それがとても気持ち良かったので、そのチンパンジーは別のチンパンジー、たとえば、群れのリーダーのような気に入られたい相手に、同じことをしてあげようと思いついた。これは完全にありうることだが、チンパンジーによる視点取得を示唆している。掻く側にしてみれば、自分の体で経験したことを実際の行動に移し、他者が同じ経験を味わえるようにしなければならない。他者も自分と同じように感じることを認識する必要があるのだ。

マハレのチンパンジーは、他者に奉仕する社会的慣習をどのようにして生み出したのだろう？　真ん中のチンパンジーは右側のチンパンジーの背中を長いストロークで引っ掻いている。

このソーシャル・スクラッチは、見かけは単純な行為だが、観察だけでは解決できないような深い謎に包まれている。マハレで私をもてなしてくれた西田利貞がフィールド・スタディの現場で四〇年にわたって見てきたのと同じ数だけ、こうした触れ合いを観察したところで、その裏に潜む謎を解く手掛かりは何もつかめないだろう。チンパンジーに自分の行動の理由を尋ねるわけにもいかないし、この社会的慣習のきっかけとなった、最初のソーシャル・スクラッチを今さら見ることもかなわない。こういう場合にこそ、飼育環境下の研究が解決策を提供してくれる。フィールドで出くわした問題を、体系的に試験できる環境に取り込めるわけだ。たとえば、霊長類にちょっとした親切をする機会を与えてやれば、彼らが他者の福利にどれだけ敏感かがわかる。

「向社会的」なトークン

ここ数年、この問題に対する関心は高まりつつある。私たちの施設で飼っているオマキザルを使った、二つの単純な研究の話から始めよう。私たちのもとにいる愛らしい茶色のオマキザルは、二つの群れを成している。日差しを浴びたり、虫を捕まえたり、グルーミングをしたり、遊んだりできるような屋外のスペースが設けられ、また、手軽に実験に移れるように扉とトンネルがいくつも付いた屋内のスペースもある。サルたちは実験の手順に慣れている。オマキザルは、すこぶる頭が良く(サルの中でも、体に対する脳の大きさが最も大きい)、食べ物を分け合い、お互いばかりか人間とも苦もなく協力し合うため、この種の実験には打ってつけの霊長類だ。そのうえ、魅力にあふれているから、学生たちは自分のお気に入りの写真を壁に貼ったり、人気の連続ドラマを話題にしているかのように彼らについて熱く語ったりする。

最初の実験では、オマキザルに他者の欲求がわかるかどうかを調べた。彼らは、仲間の一匹が空腹だと、それがわかるだろうか？　たしかにわかっているようだった。なぜなら、彼らが他者に食べ物を分け与えようとする度合いは、直前にその相手が食べるところを見ていたかどうかに左右されることが判明したからだ。オマキザルは、食べ物をほおばっているところを見かけたばかりの相手よりも、手ぶらだった相手に食べ物を分けることのほうが多かった。[42]

二つ目の実験は、他者の福利への関心を示唆した点で、さらに意味深かった。私たちは二匹のサルを、離れていても互いによく見える状態で並ばせた。そのうちの一匹は私たちと物々交換する必要があったのだが、このサルたちは物々交換は自然に理解する。たとえば、私たちが彼らの囲いの中に箒を置き忘れたとしよう。そんなときには、箒を指差してピーナッツを掲げてみせさえすればいい。サルたちはその取引を理解して、ピーナッツと引き換えに箒を持ってきてくれる。実験では、物々交換は小さなプラスティック製の代用通貨《トークン》を使って行なった。まず、トークンをサルに渡して、私たちが差し出した手のひらにそのトークンを戻すと、交換でおやつを与えた。

興味深い結果が出たのは、異なる意味を持つ二つの色違いのトークンを選べるようにして実験したときだ。一方は「利己的」なトークン、もう一方は「向社会的」なトークンだった。交換しようとするサルが利己的なトークンを選べば、見返りに小さく切ったリンゴをひと切れもらえるが、相棒は何ももらえない。それに対して、向社会的なトークンを選べば、二匹が同時に等しくもらえる。物々交換をするサルはどちらのトークンでも見返りがあるので、違いは、相棒のサルがもらえるかどうかだけだ。サルたちに確実に理解してもらうように、私の助手のクリスティ・ライムグルーバーが、これ見よがしにリンゴを持った片方の手を上げて一匹のサルに食べさせたり、両方の手を上げてから二匹のサルに同時にリンゴを渡したりした。

私たちは、サルどうしが群れの中でどれだけいっしょに時間を過ごすかをずっと観察してきたので、どのサルとどのサルがどれぐらい親密かをきちんと心得ていた。そして、相手との結び付きが強ければ強いほど、サルが向社会的なトークンを選ぶことがわかった。サルの組み合わせを変えたり、トークンの組み合わせを変えたりして何度も実験を繰り返したが、サルたちは同じ割合で向社会的なトークンを選び続けた。彼らの選択は、罰せられるという恐れがあるからという理由では説明がつかない。どのペアでも上位のサル（つまり、恐れる必要のないサル）のほうが向社会的だったからだ。

これは、オマキザルが他者の福利を気遣っているということだろうか？　他者のために何かしてあげるのが好きなのだろうか？　それとも、ただいっしょに食べるのが大好きなのだろうか？　二匹とも報酬をもらえれば、並んで座って同じ食べ物にありつくことができる。一匹で食べるよりいっしょに食べるほうが美味しいのか？　私たちが食事をするとき家族や友人といっしょのほうがくつろげるように。どんな解釈をしようとも、サルが単独で食事をするよりも、仲間と食事をするのを好むことが、この実験から明らかになった[43]。

類人猿を使った同じような実験は当初うまくいかなかったので、早まったメディアが、「チンパンジー、血縁にない群れの仲間には無関心[44]」といった見出しで紹介することになった。だが、昔からよく言われるように、証拠の不在は不在の証拠にはならない。こうした実験から私たちが学んだように思われるのは、類人猿が自分の利益を優先させる状況を人間が作り出しうるということにすぎない。私たちの種に対しても、こういう状況を設定するのは難しいことではない。人々は、デパートで大規模なバーゲンセールが開催されると、商品を手にしようと互いを押しのけたり突き飛ばしたりするではないか。二〇〇八年には、そんな中で店員が一人、命を落としている。だが、こうした場面から、人間という種は互いの福利に無関心だと結論する者がいるだろうか？

効果的なアプローチをするためには、何が研究対象の動物に最もふさわしいかという閃きを必要とすることがよくある。その閃きが得られれば、誤ったネガティブな見解はすぐに忘れられてしまう。ドイツのライプツィヒにあるマックス・プランク研究所のフェリクス・ヴァルネケンらが、類人猿の利他的行為を調べる有効な方法を思いついたときが、まさにこれにあたる。彼らはウガンダのサンクチュアリ（訳注　動物を集団飼育している施設）でチンパンジーの研究をしていた。チンパンジーたちは、木が鬱蒼と生い茂るその広々とした区域で日中を過ごし、毎晩、実験用の建物に入れられた。人間が格子の隙間から手を伸ばしてプラスティックの棒を取ろうとしているのを、チンパンジーの一頭に見させる。その人間は諦めないが、相変わらず棒には手が届かない。だが、チンパンジーは棒のある場所まで歩いていける範囲にいる。するとチンパンジーたちは、手を伸ばしている人のほしい物を自発的に拾い上げ、その人に渡して助けてあげるのだ。彼らはそうするように訓練されていたわけではないし、彼らの骨折りに対する報酬があってもなくても結果に違いは見られなかった。人間の幼い子供を対象に同じような試験をやってみると、同じ結果が出た。

ヴァルネケンらが、棒を取るには台に登らなくてはならないようにして手伝いの手間を増やしても、チンパンジーたちは取ってくれた。人間の子供たちもまた、途中に障害物があっても手伝ってくれた。明らかに、類人猿も人間の子供も、困っている人には自ら手を差し伸べるのだ。

だが、サンクチュアリにいるチンパンジーが人間を助けるのは、彼らが人間に頼って暮らしているからではないだろうか？　この反論に対抗するため、ヴァルネケンらは実験の協力者として、チンパンジーたちにはほとんど馴染みがなく、彼らの日々の世話にまったくかかわりのない人をあらかじめ選んでおいた。さらに、チンパンジーたちが人間を助けたのと同じように互いに助け合うかどうかを調べるため、もう一つ試験を追加した。

格子の向こうにいるチンパンジーには、相棒が扉を開けようと奮闘する様子が見える。どちらのチンパンジーも、扉の向こうの部屋に食べ物があるのを知っている。だが、扉はしっかり閉じられていた。中に入るには、扉が開かないようにしてある鎖を外すしかないが、この鎖は扉を開けようとしているチンパンジーにはどうにもならない。格子の向こうにいるチンパンジーだけが外せるのだ。この実験がもたらした結果には、私でさえ驚いた。食べ物がすべて相棒のものになることを考えると、どうなるのか予想がつかなかったからだ。だが、結果は動かし難かった。格子の向こうのチンパンジーは鎖をつなぎ止めていたペグを外し、相棒が食べ物にありつけるようにしたのだ。

このチンパンジーたちがしたことは、私たちのオマキザルが二枚のトークンのどちらかを選ぶことよりはるかに複雑だった。彼らは他者の意図を理解して、他者の望むことに対して最適の解決策を見つける必要があったからだ。チンパンジーたちは、日頃からやっているように、「対象に合わせた援助」をして見せてくれた。だが、彼らがそもそもなぜ援助するのかは、おそらくオマキザルの動機とたいして違わないだろう。どちらも、そばにいる仲間のためを思っていたようだ。見返りを得るための行為だとする従来の見方では、こうした結果はどうしても説明できない。なぜなら、オマキザルは向社会的なトークンを選んでも、利己的なトークンのとき以上の報酬を得るわけではなく、またチンパンジーの場合も、報酬の有無が結果を左右しないことがわかったからだ(45)。

快い温情効果

他者が困っている場面に出くわした個体が、その場で損得を秤《はかり》にかけて援助をするかどうか決めるという考えは、ひょっとしたら、もう捨てる時期が来ているのかもしれない。おそらく損得の計算は自然淘汰がすでに済ませてくれたのだ。自然淘汰は長い進化の歴史の中で行動の結果を検討した後、霊長類に共感する能力を授け、彼らが適切な状況下では他者を助けることを確実にした。共感は親しい相手によって最もたやすく引き起こされるのだから、援助はおもに、それを行なう者にとって親しい相手に向かうことが保証されている。ときには、チンパンジーが子ガモや人間を助けることがあるように、この内輪の助け合いの輪が外側に広がることもあるかもしれないが、概して霊長類の心は、家族や友や、協力関係にある相手の福利を気遣うようにできている。

人間は、協力関係を結ぶ状況だと相手に共感するが、競争相手には「反共感的」になる。敵意をもって扱われると、共感とは反対の態度を示す。相手が微笑んだときに自分も微笑む代わりに、相手の喜びがまるで気に障るかのように顔をしかめる。逆に、相手が苦しそうだったり悲しそうだったりすれば、相手の痛みから喜びを得ているかのようにほくそ笑む。ある研究では、敵対的な実験者への反応が次のように記されている。「実験者の歓喜は不快感を生み、不快感は歓喜を生んだ(46)」

つまり、相手の福利が自分の利益にならない場合、人間の共感はひどく醜いものに変わりうる。私たちの反応は、けっして見境のないものではない。人間の心理が、集団内の協力を促進するために進化を遂げてきたのだとすれば、これはまさに予想どおりのことだろう。私たちはポジティブな関係を持っている相手や、そういう関係を持つことが期待できる相手を偏重する傾向がある。それは無意識の傾向で、援助の行為の裏にあるとされることの多い打算に取って代わる。打算が働かないということではない。仕事上の取引でのように、たんに見返りを期待して他者を助けることもあるが、ほとんどの場合、人間の利他的行為は他の霊長類の利他的行為と同じで、感情によって引き起こされるのだ。

地球の裏側にいる人々が津波に襲われたとき、なぜ私たちはお金や食糧や衣類を送ろうと思い立つのだろうか？「タイで津波、死者数千」という新聞の短い見出しに躍らされるわけではない。そうではなく、海岸に打ち上げられた遺体や、亡くなった子供たち、愛する者が行方不明になり涙にくれる被災者のインタビューの映像に反応するのだ。私たちの慈善行為は、合理的な選択ではなく感情的な同一化によって起きる。たとえば、なぜスウェーデンは被災地にあれほど多大な支援を提供し、他国をはるかに上回る貢献をしたのだろうか？ 二〇〇四年の災害で、五〇〇人を上回るスウェーデン人観光客が命を落とし、それが、東南アジアで被災した人々に対する並々ならぬ連帯意識をスウェーデン国内で呼び覚ましたからだ。

だが、これは利他的行為だろうか？ 支援することが私たちの気持ちや犠牲者とのつながりの深さに基づくとしたら、これは突き詰めると自分自身を助けていることにならないだろうか？ 私たちが困っている人に救いの手を差し伸べることで、「温情効果」という快い感情を覚えるのだとすれば、私たちの支援はじつは利己的なものとはならないだろうか？ 問題は、もし私たちがこれを「利己的」と呼べば、事実上、何もかもが利己的になってしまい、この言葉が意味を失う点にある。ほんとうに利己的な人は、困っている他人を平気で見捨てるだろう。誰かが溺れていれば、溺れさせておく。泣いていれば、泣かせておく。搭乗券を落とせば、見なかったことにする。こうした反応が私の言う利己的な反応であり、共感に基づく関与とは対極にあるものだ。共感すれば嫌でも他者の立場になる。たしかに、私たちは他者を助けることで喜びを得るが、この喜びは他者を介して得られるもの、他者を介してのみ得られるものだから、正真正銘、他者志向のものなのだ。

同時に、もしミラーニューロンによって自己と他者の区別がなくなり、共感によって人と人との境界が消え去るのであれば、利他主義はどれだけ利他的なのかという永遠の疑問には、満足に答えようがない。他者の一部が私たちの中にあり、私たちが他者と一体だと感じるのならば、他者の人生を上向かせればそれは自動的に私たちの中でこだまする。[47] そしてこれは私たちに限ったことではないかもしれない。向社会的な行動に出ることに本来、見返りがなければ、サルが一貫して利己的な行動よりも向社会的な行動を好む理由は理解し難い。

ことによると、サルたちも良いことをすれば気分が良いのかもしれない。

第五章
The Elephant in the Room

部屋の中のゾウ

鏡に映った自分を初めて目にしたチンパンジーは、驚きのあまり口を開け、訝《いぶか》しげに、そして興味津々と鏡を眺めた。無言で、けれど雄弁に問いかけているかのようだった。「あそこに見えるのは誰の顔だ?」と。

——ナディア・コーツ(一九三五年)(1)

ゾウが近づいてきたら、音がすると思うだろう。だが、日の照りつけるタイの森の開拓地で汗を流しながら立っているときに、ゾウが一頭、後ろからやってきても、振動も感じなければ物音もまったく聞こえない。なぜならゾウは足がしなやかそのもので、小枝や葉っぱを踏んで音を立てないよう注意深くよけながら、ビロードのクッションの上を行くように歩く。ゾウとは、じつは素晴らしく優雅な動物なのだ。

ゾウはまた、危険な動物でもある。アメリカの労働統計局は、ゾウの飼育係を最も危険な職業に格付けしている。タイ一国だけでも、毎年五〇人以上のマハウト(ゾウの世話係兼調教師)が亡くなっている。問題の一つは、ゾウの予想外の俊足だ。もう一つの問題は、その愛くるしい「ジャンボ」なイメージのせいで、つい近くに引き寄せられ、警戒を緩めてしまいがちな点だ。ゾウが人間を魅了する力には驚くほかないし、それはすでに、めったなことではたじろぐ人もなかったと思われる古代ローマでも目撃されている。大プリニウスは、円形闘技場で痛めつけられる二〇頭のゾウたちに対して観客が反応するさまを次のように記している。

……逃れる希望がすべて潰えたとき、ゾウたちは名状しがたい哀願の身振りによって観客の憐れみを得ようとし、泣き叫ぶような声を上げて自らの運命を嘆き悲しんだため、人々は心痛のあまりポンペイウス将軍のことも、将軍が彼らから敬意を集めようと入念に工夫を凝らした豪勢な贈り物のことも忘れ、涙を流しながら一斉に立ち上がって、将軍の頭上に呪いあれと祈った。(2)

人間とはまったく違う体の構造を持ちながら、ゾウがいともやすやすと私たちの同情をかき立てることからは、また一つ異なるタイプの対応問題が提起される。私たちはどんなふうにゾウの肉体を人間の肉体に重ね合わせる《マップする》のだろうか？　私たちはゾウの鼻の動きを見てゾウが敵意を持っているのがわかる。そんなときの動きは興奮していてぎこちない。しかしまた、互いにそっと体をこすり合わせているのを見て、優しい気持ちも感じ取れる。そんなとき、鼻は別のゾウの口の中に差し入れられているが、そこはゾウの鼻にとってはいちばん危険な場所だ。そして何より、私たちにはゾウたちが楽しんでいるのがわかる。たとえば、すっかり泥まみれになりながら水たまりで押し合いへし合いし、しまいには白目ばかりに見えるほど目を外側に向け、滑ったり水をはね散らしたりしているときだ。まるでそのまま気がふれるのではないかと思えてくる。ゾウにはユーモアのセンスがあるようだ。

私は、チェンマイの近くのゾウ自然公園とランパーン近くのタイ国立ゾウ保護センターで社会的行動を研究しているジョシュア・プロトニクという研究者を訪ねてタイ北部に来ていた。サバンナのアフリカゾウは見たことがあったが、今回、アジアゾウを見るにあたっては、一つ大きな違いがあった。ジープに乗っていない点だ。トランペットのような甲高い声と長く尾を引く太い低音を出す、これらの巨大な動物のすぐ脇に立った私は、人類とはなんと小さくか弱い存在であるかをたちまち悟った。

ゾウは堂々たる動物だ。だが、タイでゾウの置かれている状況は、生活習慣の変化のせいで悲しむべきものになっている。かつては何千頭ものゾウが木の伐採に使われていたが、大洪水で壊滅的な被害が出ると、森林を切り払ったせいだという非難の声が上がり、一九八九年に樹木の伐採は全国的に禁止されることになった。このため、飼い主が世話してやれなくなった動物たちを緊急に援助する必要が生じた。これに加え、タイとミャンマーの国境で地雷の被害に遭って三本脚になったゾウなど、迅速な保護の必要なゾウたちもいる。今日では、多くのゾウが一般の人々を相手にした興業に出演している。ゾウたちは昼も夜もそれぞれ専属のマハウトに管理されている。これが、野生に返せない場合にゾウたちを世話する唯一の方法だ。野生に返すほうが望ましく思えるかもしれないが、ゾウの持つ危険性を考えれば、タイのような人口の多い国での「解放」は、ほぼ確実に人の死を招くことになる。ちょうど、車庫に入れてあるトラクターがいつでも自分で勝手にエンジンをかけ、勝手に道路に出て小さな家を倒したり、人をはねたり、草木を根こそぎにしたりしかねないようなものだ。誰であれ、そんな厄介な代物は御免だろうが、都会でゾウを飼うというのは、それとほとんど差がない。だからゾウたちは管理されているし、またその必要がある。私はこれらの施設でゾウを飼育している人たちの献身ぶりにすっかり感心した。ゾウたちは半分自由な状態で、足並みをそろえて歩いてみせる。あるいは、シロフォンを叩いて「オーケストラのような」パフォーマンスをしたり、長年にわたって林業に従事していたときの様子を再現したりといった、ショーや訓練を実演する。これらの興行のおかげで公園やサンクチュアリでのゾウの扶養費が賄える。また、なかには環境保護志向の観光客がわざわざお金を払ってゾウの糞をシャベルですくう所もある。

まったく、これほど献身的な愛情をかき立てる動物が、他にいるだろうか？

個体発生と系統発生

ゾウ保護センターでは、二頭の大きな若いオスのゾウが長くて重い丸太の両端に立ち、丸太を牙で軽々と持ち上げる。このとき、鼻で上から押さえ、丸太が転がり落ちるのを防ぐ。それから、二頭は両端で丸太を支えながら、完璧に動きを合わせて進んでいく。その間、二人のマハウトはゾウの頭の上に座って談笑したり周りを見回したりしている。つまり、断じてすべての動きを指図しているわけではない。もちろん訓練したからこその光景なのだが、どんな動物もここまで協調した動きをとれるほど訓練できるわけではない。イルカたちを訓練して同時にジャンプさせることは可能だが、それはイルカが野生の状態でもいっしょにジャンプしているからだ。馬たちを仕込んで同じ速度で走らせることができるのは、野生の馬も同じことをするからだ。これと同じ理由で、二頭のゾウを調教して、丸太をいっしょに持ち上げ、歩調を合わせて歩き、別の場所に運んで、音も立てないほど静かに丸太の山の上に置くようにさせることができる。ゾウは野生の状態でも驚くほどよく協調するからだ。もちろん丸太を持ち上げたりはしないが、ときどき協力して、傷ついた仲間や困っている子供を助ける。

私は偶然、ゾウ自然公園で別の種類の協力を見かけた。そこでは、目の見えないメスのゾウが仲間の一頭といっしょに歩いていた。二頭のメスゾウに血縁関係はないが、それにもかかわらず、一心同体のように見えた。目の見えるゾウは明らかにもう一方のゾウを頼っており、相手もそれを理解しているようだった。盲目のゾウが離れると、両方が太い声を発するのが聞こえ、ときにはそれが甲高い鳴き声になる。この声は盲目のゾウにもう一頭がどこにいるかを教えるものだった。この騒々しい情景は二頭が再びいっしょになるまで続く。そのあとには耳を盛んにばたばたさせたり、お互いに触れ合ったり匂いを嗅ぎ合ったりする、濃密な挨拶が続いた。

世界中の人が、ゾウはきわめて知能が高いと思っているが、実際のところ、正式な証拠はないに等しい。サルや類人猿が何を理解しているかを明らかにするために行なわれるさまざまな実験が、ゾウに対して行なわれることはめったにない。理由は単純で、ゾウを実験するのが大変だからだ。ゾウの実験室を置こうとする大学など、いったいどこにあるというのか？　ゾウを試験したいと思ったら、タイやインドのように、ゾウを操る歴史のある国に行くか、動物園に行くしかない。ジョシュアもタイに行く前はニューヨークのブロンクス動物園で研究をし、私たちがそこで初めて巨大な鏡を使って実施したゾウの実験にも参加した。

この実験は共感に対する私たちの興味から生まれた。高度な共感は自己という意識なしには考えられない。そして、鏡の試験が突き止めようとしているのが、この自己意識だ。すべての動物の中で、ゾウは最も共感的かもしれない。そこで私たちは、ゾウには十分な自己認識があって鏡に映った自分を認知できるかどうかを知りたくなった。この能力は何十年も前に心理学者のゴードン・ギャラップが予測している。彼は、類人猿には自己鏡映像が認知できる（だがサルにはできない）ことを最初に明らかにした人物だ。[3]

もし私がサングラスをして、自分が飼育しているオマキザルたちに近づいたら、何匹かは私だとはわからない様子で威嚇するが、威嚇はすぐに好奇心に変わる。だが、サルたちはけっして、サングラスに映った自分の姿を使って自分の体を点検したりしない。オマキザルには、自分たちが目にしているものが何か、まったくわからないのだ。類人猿は大違いで、彼らは私のサングラスに目を止めるやいなや、サングラスを覗き込みながら、奇妙なしかめっ面をする。私が誰かわからないなどということは断じてなく（たとえ私が女装して現れても、自分たちが誰を相手にしているのか見分けがつくだろう[4]）、私に向かってじれったそうに首を突き出すから、私はサングラスを外して小さな鏡として近くに差し出してやる。するとメスたちは後ろ向きになって自分の尻を見ようとする。自分ではぜったいに見ることのできない重要な体の部位だ。そして口を開けて中を調べ、歯を突く。類人猿のそんな行動を見た人はみな、彼らがたまたま口を開けたり後ろを向いたりしているのではないのがわかる。その目は鏡の中の動きを一つ残らず注視している。

よく発達した共感能力を示す、脳の大きな動物なら、どんな動物でも同じことができるはずだとギャラップは考えた。だが、なぜ共感など持ち出すのだろう？　社会的技能に関して鏡が教えてくれることがあるとすれば、それは何だろう？　答えの一部は子供の発達に見出せる。生まれて間もない人間の赤ん坊には自己鏡映像が認知できない。一歳児も多くの動物と同様、鏡に映った「他者」に当惑し、自分の姿にしばしば微笑みかけたり、ぺたぺた触れたりし、キスすることさえある。通常、二歳になるまでには鏡の前でのいわゆる「マークテスト」に合格する。これは顔に付けられたわずかの口紅を拭き取れるかどうかの試験だ。子供たちは鏡を見るまでは口紅を付けられたことを知らない。だから子供が口紅に手を触れれば、その子が鏡に映った自分の姿と自分自身とを結び付けていることがわかる。

マークテストに合格するのとほぼ同じ頃、子供たちは他人にどう見られているかに敏感になり、きまりの悪い様子を見せ、「あれは僕の！」とか「私を見て！」などと、人称代名詞を使いだし、おもちゃや人形を使ってちょっとした筋書きを実演する「ごっこ遊び」を始める。これらの発達は連動している。マークテストに合格する子供は、落第する子供より「僕が」「私に」といった言葉を多く使い、「ごっこ遊び」もよくする。

白状すると、私は自己鏡映像認知自体はとても退屈なテーマだと思っている。生存にはかかわりがないし、自然界で果たす役割もほとんどない。自己鏡映像認知ができない動物などいくらでもいて、みんな何の問題もなく暮らしている。鏡の試験が面白いのは、個々の生き物が世界の中でどんなふうに自分を位置付けているかがわかるからだ。強い自己意識があれば、他者の状況を自分の状況とは別のものとして扱うことができる。ちょうど子供が、最初に自分がコップから水を飲み、次に同じコップから人形に飲ませようとするように。子供は人形が飲まないことを十分承知しているが、それにもかかわらず、人形に感情を持たせたがる。人形は自分に似たもの（「私みたい」）であると同時に違うものでもある。子供は役割の演じ手になり、どんな空想をしようとけっして拒まない人形を願ってもない遊び相手にして、自由に喉が渇いたり悲しんだり眠くなったりさせる。

このような能力はすべて自己鏡映像認知と同時に現れるので、「同時創発仮説」について触れておこう[5]。高度な共感も同じ枠に入る。これは、ドリス・ビショフ＝ケーラーによって、スイスの子供たちを対象にした大規模な実験で確かめられた。彼女は一人の子供と一人の大人にいっしょにクワルクという生クリームに似たチーズを食べさせた。大人には、途中で自分のスプーンが折れたので悲しいという様子を見せるように指示しておく。その様子を見た子供は、テーブルに置かれた別のスプーンを取ったり、自分のスプーンを差し出したりした。なかには折れたスプーンで相手に食べさせようとする子供もいた。大人には、「たまたま」自分のテディベアの手か足をもぎ取ってしまい、そのせいで数分間すすり泣くように指示しておくときもあった。ぬいぐるみを直したり、別のおもちゃを勧めたり、寄り添って目を覗き込んだりする子供たちは向社会的と見なされた。同じ子供たちに鏡の試験をすると、結果は同時創発仮説と完全に一致した。向社会的な行動を見せた子供たちは鏡の試験に合格し、何の援助もしようとしなかった子供たちは落第した[6]。

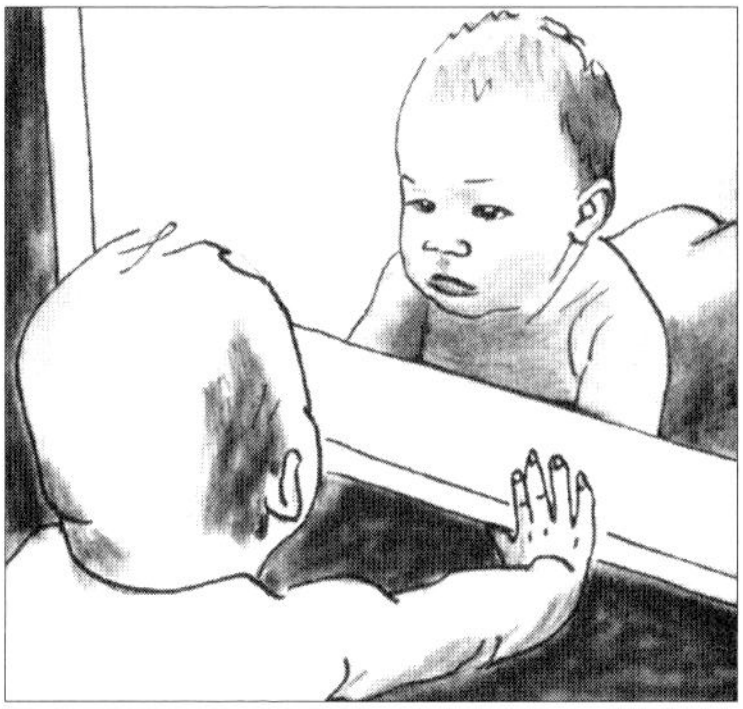
人間の赤ん坊は、一歳半から二歳にならないと、鏡に映った自分がわからない。

なぜ他者への気遣いが自己認識とともに芽生えるのだろうか？　この問題に関しては、かなり漠然とした考えなら山ほどあるが、いずれ神経科学が解明してくれるに違いない[7]。ここでは私なりの説明として、とりあえず、高度な共感には心的ミラーリングと心的分離の両方が必要だと言っておこう。ある特定の情動状態にある人を目にしたとき、心的ミラーリングのおかげで、私たちの中にも同じような状態が引き起こされる。私たちはいわゆる「共有表象」を通して、他者の痛みや、喪失感、喜び、嫌悪感などをそのままそっくり感じる。神経画像を見ると、私たちの脳は自分が同一化している相手の脳と同じように活性化するのがわかる。これは、大昔からあるメカニズムだ。自動的で、生後間もなく機能し始め、おそらくすべての哺乳類の特徴となっている。だが、私たち人間はさらに進んでおり、ここで心的分離がかかわってくる。私たちは他人の状態から自分自身の状態を切り離す。そうでなければ、他の子の泣き声につられて泣きだすものの自分自身の苦しみや悲しみと他者の苦しみや悲しみとを区別できない赤ん坊と同然だ。もし、自分の感情がどこから来るのかさえわからなかったら、どうして他人を気遣うことができるだろう？　心理学者のダニエル・ゴールマンに「自己専念は共感を殺す」という言葉がある[8]。子供は自分の感情の出所を正確に突き止めるために、他人から自分を解き放たなくてはならない。

注意してもらいたいが、私はここで内省や内観のことを言っているわけではない。それはおもに、私たちには動物や言語能力習得前の子供がこの種の自己認識を持っているかどうかを知るすべがないからだ。人類に限っても、どうだろう。科学者の中には、自分自身に関してなされた質問に対する人間の回答はほんとうに彼らが経験したものを明らかにすると信じている人もいるが、私にはそれほどの確信は持てない。私がもっと興味を引かれるのは、自己と他者の境界だ。私たちは自己を独立した存在と見なしているのだろうか？　自己という概念がなければ、私たちは拠り所を失うだろう。ともに水面を漂い、ともに沈む小舟のようなものだ。感情の波が一つ来れば、全員いっしょに上がったり下がったりする。お互いにほんとうの関心を示し合い、必要に応じて援助を提供するためには、誰もが自分の舟を安定させられなければならない。そして、そのときに錨の役割を果たすのが自己意識だ。

ずっと昔、これらのことが知られる以前、ある特定の種が鏡の情報をどう処理するかわかればこの自己意識の手掛かりが得られるとギャラップは主張した。いくつかの認知能力は自己を認知する種にしか備わっていないと彼は述べた。この考え方は子供の発達時期に起きることと似ているので、私には、個体の発達（個体発生）と種の進化（系統発生）を比較したスティーヴン・ジェイ・グールドの名著『個体発生と系統発生』が思い起こされる。この二つの過程は時間の尺度が途方もなく違っているが、それにもかかわらず、著しく類似している。[9] 同じように、同時創発仮説は、二歳児でともに発達した能力が、いくつかの動物種でともに進化したという点で、個体発生と系統発生の間の類似を主張している。

もしこれが正しければ、自己鏡映像認知のできる種は視点取得と対象に合わせた援助のような高度な能力も持つはずだ。一方、自己鏡映像認知ができない種は、そのような能力が欠けているはずだ。この考えは試してみることが可能で、ギャラップは、類人猿以外で調査対象の有力候補はイルカとゾウだと考えた。

まずイルカが、彼の予測に合致することになった。

イルカの援助行動

もし、あるアイドル歌手が「頭が空っぽ」だと言われても、あるいは、ある評判の悪いアメリカの大統領が「チンパンジー」と呼ばれても、誰も驚かない（ただし、霊長類学者はチンパンジーが比較対象とされたことに心を痛めるだろうが）。だが、二〇〇六年に新聞の見出しに、イルカは「うすのろ」で「とんでもない間抜け」だという文句が躍ったときは、ショックだった。これが「賢いイルカ《スマート・ドルフィン》」という名前を付けたインターネットのドメインさえいくつかあるほど崇められている動物を形容する言葉だろうか？

イルカについて言われていることをすべて鵜呑みにしろと言っているわけではない。たとえば、彼らが「微笑む」というのは間違いだ。イルカの顔には表情筋がない。また、学者がイルカと「イルカ語」で話して学んだのは、単独行動をしているオスのイルカは女性研究者に強い興味を示すということぐらいのようだ。

それでもやはり、イルカが「うすのろ」とはあまりに言いすぎだろう。だが、南アフリカの神経解剖学者ポール・マンガーに言わせるとそうなる。彼によれば、イルカの脳が体の割に大きいのは、脂肪質の神経膠《しんけいこう》細胞（グリア細胞）が多いせいだという。神経膠細胞は熱を発して、冷たい大洋中でも脳のニューロンが働けるようにする。マンガーは、イルカや他のクジラ目の動物（クジラやネズミイルカ）の知能はあまりに過大評価されていると付け加えずにはいられなかった。彼は珠玉の洞察の数々を披露している。たとえば、イルカはマグロ用の網に囲まれたときのように、他の動物なら飛び越すような、ほんのわずかの仕切りでも飛び越せないほど頭が悪いという。金魚でさえ鉢から飛び出すのに、と彼は述べている。[10]

専門的な内容（たとえば、神経膠細胞は脳に結合性を加えることや、人間にも実際の神経細胞よりずっと多くの神経膠細胞があること）は割愛するとしても、金魚を引き合いに出されると、動物の知能を軽視するためのありきたりの作戦、つまり、脳の小さな種がやってのける目覚ましい認知的芸当を「例証」するという常套手段がどうしても頭に浮かんでくる。もしラットやハトにそれができるのなら、あるいは、もっと上手にできさえするのならば、それほど特別なことであるはずがないという理屈だ。たとえば、類人猿が言語を操る技能を持つという主張を骨抜きにするためにハトを訓練し、別のハトと「会話」をさせる。一羽が情報を伝えるキーを打つと、相手のハトは「ありがとう！」と書かれたキーを打つ。また、「自己認識している」という主張を裏付けるために、ハトたちを仕込んで、鏡の前で羽づくろいもさせる。[11]

たしかにハトは訓練できる。だがこれは、ニューヨーク水族館にいるイルカのプレスリーとほんとうに比較できるだろうか？　プレスリーは報酬や指示がまったくなくても、印を付けられると、鏡が据え付けられている、水槽の中のずっと離れた場所に向かって全速力で泳いでいった。そして、人間が化粧台の前でやるように、鏡の前で何度も何度も回転し、自分の姿を点検しているようだった。

この鏡の試験を考案したのはダイアナ・ライスとローリ・マリーノだった。じつは、二人が行なったマークテストは、子供や類人猿に行なわれたものよりも厳密だった。というのは、「偽の」印も使ったからだ。彼らは捕獲飼育されている二頭のイルカに、目に見える印を付ける前に、まず絵具ではなく水を使って印を付けるふりをした。マークテストにとって大事なのは、目の真上のように、鏡の助けを借りなければ見えないような体の部位に印を付けることだ。動物が、自分の姿を鏡で見て鏡に映った像と自分の体を結び付ける以外に、自分が印を付けられたことを確認できないようにしておかなければならない。

二頭のイルカは印を付けるふりをしたときより、目に見える印を付けられたときのほうがずっと多くの時間を鏡の近くで費やし、映った姿を念入りに調べた。彼らは鏡の中に見えている印が自分の体に付けられたものだと認識しているようだった。二頭は他のイルカたちに付けられた印にはほとんど注意を向けなかったので、印そのものに執着しているわけではないようだ。二頭は自分の体の印にだけ、はっきりと興味を示した。この研究ではイルカたちは、人間や類人猿がするように自分の体に触れたり印を拭き取ったりはしなかったという批判があったが、私は、体の構造上そのような機能のない動物が自分の体に触れないからといって、それを非難すべきではないと思う。より良い試験が考案されるまでは、イルカも自己鏡映像認知ができる動物界の認知的エリートに加えるのが穏当ではないだろうか。

イルカは大きな脳を持っている（実際、人間の脳より大きい）し、高い知能を持つ兆候も数多く示す。[12]それぞれの個体が独自のホイッスルのような音を発し、他のイルカたちはその音によって個体を認知する。また、彼らがこれらの音を、他の個体をいわば「名前」で呼ぶために使っていることを示唆する証拠さえある。彼らは一生続く絆で結ばれ、喧嘩のあとは性的なペッティング（ボノボにとてもよく似ている）によって仲直りする。またオスたちはより大きな力を求めて連携する。彼らはニシンの群れを取り囲んで密集した球状になるように仕向け、泡を放ってニシンが逃げ出さないようにし、そのあと、木から果物をもぎ取るように餌食にする。

飼育環境下のイルカたちが飼い主を出し抜くことも、よく知られている。水槽の中のゴミを集めるよう訓練されたあるイルカは、次々とゴミを運んできてはご褒美の魚にありついていたが、やがてその手口が明らかになった。そのイルカは深い場所に新聞や段ボール箱といった大きな物を隠しておいて、そこから小片をちぎり取っては一つひとつトレーナーの所に運んでいるだけだったのだ。

神経膠に関係があろうとなかろうと、このような観察例は山ほどある。それでも、肥大した脳の一件は、間違いなくイルカの専門家を動転させはしたものの、私にいくつか新しい洞察を与えてくれたことも認めなければならない。これからは、もし金魚が床でのたうち回っているのを見つけたら、水槽に戻してやる前に、おめでとうと言ってやらなければならないだろう。(13)

同時創発仮説に関しては、イルカの利他的行為がどの程度のものなのかという点に注目する必要がある。自己認識と視点取得は同時に起き、人間や類人猿で知られている類の、対象に合わせた援助を見せるのか？　この件にまつわる科学文献のうちでも最古の部類に入る記録は、一九五四年一〇月三〇日にフロリダ州の沖で起きた出来事についてのものだ。公営水族館用にイルカを捕獲するため、バンドウイルカの群れのそばの水中でダイナマイトを爆発させた。気絶したイルカが一頭、体を大きく傾げたまま水面に浮かび上がった途端、二頭のイルカが助けにきた。「両側の水中から現れた二頭のイルカは、やられたイルカの胸びれの下あたりに頭の側面を当て、水面上に押し上げた。明らかに、まだなかば気絶した状態のイルカが呼吸できるようにするためだった」。二頭のイルカは水中に潜っていたから、救援に取り組んでいる間は呼吸できないということだ。群れ全体が近くにとどまり（通常なら爆発後ただちに逃げるだろうが）、仲間が回復するまで待っていた。それから見事な跳躍を見せながら一斉に逃げていった。この出来事を記録した科学者は、こう付け加えている。「目の前で繰り広げられた、自分と同じ種に対する共同の援助が本物であり、意図的なものだったことは、疑いようもない[14]」

大型の海の生き物が見せる気遣いや援助の記録は、古代ギリシアにまでさかのぼる。クジラは漁師の舟と傷ついた仲間の間に割り込んだり、舟を転覆させたりする。実際、やられた仲間を守りにくるものと容易に予想できるので、捕鯨者はそこにつけ込む。いったんマッコウクジラの群れが見つかったら、砲手はそのうち一頭を撃つだけでいい。群れの残りは、船を取り囲んで尾びれで水をはね散らかしたり、あるいは、「菊花陣形」と呼ばれる花のような円陣を組んで傷ついたクジラを囲い込んだりするので、砲手はいとも簡単に次々と狙い撃ちできる。共感を利用したこのような罠が通用する動物は他にはほとんどいない[15]。

泳いでいた人間がイルカやクジラに助けられた話は数知れない。ときにはサメから守ってもらったり、彼らが互いに助け合うときと同じやり方で水面に押し上げてもらったりすることもある。私は、鳥を助けた類人猿の話や犬を救ったアザラシの話など、種の境界を超えた援助にとりわけ興味をそそられる。アザラシの話は、イングランドのミドルズブラ川で人々が見ている前で起きた。老いた犬が溺れて水中に沈みそうになっていると、アザラシがそっと押して川岸まで運んだのだ。目撃した人によると、「アザラシがどこからともなく現れて犬の後ろに回ると、ほんとうに犬を押したのです。あのアザラシがいなかったら、助からなかったでしょう」とのことだ[16]。

もちろん、援助の傾向は別の種の助けになるように発達したはずがないが、ひとたび出現すると、自分の種以外にもこだわりなく適用される。これはもちろん人間による援助にも当てはまり、私たちは海洋哺乳類に進んで救いの手を差し伸べる。たとえば、怒れる活動家が捕鯨船団からクジラを守ったり（彼らが巨大なクラゲに対して同じことをするところは想像し難い）、座礁したクジラたちを助けたりする。人々は大挙して現れ、クジラたちが乾かないようにし、タオルを掛け、潮が満ちたら海に押し戻す。これには非常な労力が必要であり、だからこそ私たち人間という種の偉大な利他的行為と言える。

二頭のイルカが両側から別のイルカを支えているところが観察された。二頭は気絶したイルカの体を持ち上げ、自分たちの噴気孔は水面下になってしまうにもかかわらず、仲間の噴気孔が水面から出るようにしていた。

特別心を打つ記述の一つに、あるクジラが人間の奮闘を理解しているように思えた話がある。これはクジラが視点取得できることを意味しているかもしれない。たんに、受けた援助の恩恵に浴するのと、実際に感謝するのではまったく次元が違う。

二〇〇五年一二月の寒い日曜日のことだった。カリフォルニア州の沖で、メスのザトウクジラが、カニ漁に使うナイロンロープに絡まっているのが見つかった。そのメスのクジラは全長約一五メートルあった。レスキュー隊はロープの量の多さにため息をついた。およそ二〇本ものロープのうち何本かは尾に巻きつき、一本は口にも入り込んでいた。ロープは体表を切り裂き、脂肪層に深く食い込んでいる。クジラを解放するには、水中に潜ってロープを切り離すしかなかった。ダイバーたちは一時間ほどその作業を続けた。きわめて困難な作業で、明らかに危険も伴う。クジラの強力な尾ではたかれたら、ひとたまりもない。わが身が自由になったのをクジラが知ったとき、じつに驚くべきことが起きた。クジラはその場を去る代わりに、そこにとどまったのだ。その巨体で大きな円を描きながら泳ぎ、ダイバーへと移り、ダイバー一人ひとりにそっと近づいた。そしてダイバーの一人に頭を擦りつけ、それから次のダイバーへと移り、全員に触れるまでそれを続けた。ジェイムズ・モスキートはこの体験を次のように書き綴った。

私には、まるでクジラがお礼を言っているように思えた。自由になったこと、私たちが助けたことがわかっているかのようだった。クジラは、三〇センチぐらい離れた所に止まり、私のことを少し突き回して楽しんでいた。犬が人に会ったときに嬉しがるような、愛情に似たものがこもっている感じだった。私は少しも恐ろしくなかった。それは信じられないような素晴らしい体験だった。[17]

クジラが何と言っていたのか、ほんとうに感謝していたのかは、けっしてわからない。人間たちの奮闘を理解していなかったら感謝の気持ちは抱けない。クジラには同時創発仮説が当てはまるだろうか？　残念ながら（いや、ひょっとしたら幸運にも）、動物の中には実験を行なうにはあまりにも大きすぎる者がおり、鏡の試験のような比較的簡単なものでさえ実行できない。この試験は、クジラよりも小さく陸上の動物であるゾウが相手でも難しいのだから。

ゾウのハッピーがいてくれたのは、まさに幸運だった。

鏡を覗き込むゾウ

「私たちを人間たらしめるものは?」という題の会議のためのウェブサイトが、このテーマでアメリカ人に街頭インタビューし、その模様の録画を特集した。[18] よくある答えは、「人間であるとは、他人に対する気遣いがあること」とか「私たちは、お互いの気持ちに敏感な唯一の生き物」といったものだった。もちろん、これは素人の意見だが、私は同業の科学者たちからも同じような台詞をよく聞く。当代屈指の神経科学者マイケル・ガザニガは、人間の脳についての論文を次のような言葉で始めている。

ラジオの人気パーソナリティのギャリソン・キーラーが彼の番組で「元気で、良い仕事をして、連絡を忘れずに」と言うのを聞くと、いつも口もとがほころぶ。なんとも単純な心情だけれど、それでいて人間の複雑さを余すところなく捉えている。類人猿はこんなことを思ったりしない。考えてもみてほしい。私たちの種は、たしかに相手の幸運を祈り、他人に危害が及ぶことは望まない。「ひどい一日を」とか「悪い仕事をしなさい」などと言う者はないし、携帯電話業界が百も承知のとおり、誰もが連絡を忘れない。たとえ、伝えるようなことが何一つ起きていなくても。[19]

このような心情を言葉で表現するのはたしかに人間らしいし、携帯電話の発明もまた人間ならではのものだが、なぜそういった心情自体を目新しいものと決めてかかるのだろう？　類人猿がことあるごとにひどい一日を互いに願い合っているなどということが、ほんとうにあるだろうか？　ところが、愛情や愛着にかかわる領域を含めた人間の脳の長い進化の歴史を十分に理解している科学者の間でさえ、このような思い込みは依然として広く見られる。私はそれに反する例をいくらでも挙げられるが、すでにご紹介した話の繰り返しになってしまうだろう。それに、私が目にする例は素晴らしいものばかりだなどという印象を与えたくない。動物の間にも、相手を出し抜くこと、競争、嫉妬、意地悪などは、嫌と言うほどある。権力や序列は霊長類社会の核を成しているから、対立はつねに身近にある。皮肉にも、協力が最も際立ったかたちで見られるのは、争いの最中（霊長類は互いにかばい合う）やそのあと（負けた者が慰めを受ける）だ。つまり、親切心の表現は、まず何か嫌なことが起きて初めて見られる場合が多いのだ。

　とは言うものの、動物が少なくともときには「互いの幸運を祈る」という明白この上ない証拠は、人間の本性についてどんな議論をするときでも、典型的な「部屋の中のゾウ」の扱いを受ける。私はこの「部屋の中のゾウ（the elephant in the room）」という英語の表現が大好きだ。それは、不都合だから無視される、見逃しようもないほど大きな真実を意味する。動物も感情は持っているし他者を気遣いもするという、たいていの人が子供の頃から知っていることを、人はわざと抑え込む。髭《ひげ》が生えたり胸が大きくなったりし始めた途端、世界の半分の人がなぜ、どうやってこの確信を捨ててしまうのかにはいつも困惑させられるが、捨てた結果、私たちはこの点において唯一の存在だという、よくある誤信に陥ってしまうのだ。私たちは人間であり、同時に思いやりがあるが、思いやりのほうが人間であることより古いかもしれないという考え、私たちの親切心はもっとずっと大きな図式の一部であるという考えが受け入れられるのは、まだこれからだ。

私は、動物の共感能力を実証することには格別興味もない。なぜなら私にとって重要なのは、もはや動物にはその能力があるかではなくそれがどう働くか、だからだ。私は共感が、人間でも動物でもまったく同じように働いているのではないかと思っている。もっとも、人間の場合は多少複雑さが加わっているかもしれないが。大事なのは核になるメカニズムであり、また、共感が湧く状況と抑え込まれる状況だ。だからこそ、私は部屋の中のゾウに否応なしに引きつけられ、それを突き回し、それが何でできているのかを見極めたいのだ。願わくは、「インドスタンの群盲、ゾウを撫でる[20]」のような状態に陥ることなく、科学者として現在知られていることを総動員して、ある者が同じ種に属する者を気遣うようになる理由を考えていきたい。

ゾウが仲間を気遣うことはよく知られている。助け合うのに遺伝的関係は必要ない。前述の、盲目のゾウとその友達の話もその一例だ。二頭は別の場所から同じ公園にやってきた。同様のことは野生のゾウにも当てはまり、血縁関係にないゾウが、相手を手伝って立たせてやろうとすることがある。次に挙げたのは、ケニアの禁猟区で死にかけていた、エレノアという長老格のメスの話だ。

エレノアは鼻が腫れ上がり、それをずるずると地面に引きずっていた。そしてしばらくじっと立っていたが、ゆっくりと数歩、小刻みに足を運んだかと思うと、どさりと地面に倒れた。すぐにグレイス［別の群れの長老格のメス］が、尾を立てて側頭腺から分泌物を流しながら素早く近づいてきた。グレイスは、牙を使ってエレノアをもう一度立たせた。エレノアはしばらく立っていたが、ひどくふらついていた。グレイスはエレノアを押して歩かせようとしたが、エレノアは反対向きに再び倒れてしまった。グレイスはとてもいらいらしているように見え、叫び声を上げ、エレノアを牙で突いたり押したりし続けた。[21]

こうした例に私が興味をかき立てられるのは、ゾウが対象に合わせた援助に向かう二つの路線を示すからだ。まず大声で叫ぶ、排尿する、腺から分泌物を出す、尾を立てる、耳を広げるなどのストレス信号を特徴とする覚醒があり、これは情動の伝染を示している。次に洞察に満ちた部分があり、三トンもの倒れた仲間を立ち上がらせるという、適切な援助が提供される。これとは別の例で、アメリカの野生生物学者シンシア・モスが目撃したのは、ティナという若いメスのゾウの肺に密猟者の弾が貫入したあとの反応だった。ティナの膝が折れ始めると、家族が体を押しつけ、彼女を立たせておこうとした。それにもかかわらず彼女は死んでしまうが、すぐに別の一頭が「立ち去り、鼻で持てるだけの草を集めてきて、ティナの口の中に詰め込もうとした[22]」

この最後の記述は、問題解決の試みを示しているので、きわめて印象的だ。正しい解決法ではないかもしれないが、大事なのは解決しようという発想なのではないか？　ゾウはふだん別のゾウの口に食べ物を押し込んだりしないのに、なぜ死んだ直後のゾウを相手にそんなことを始めるのか？　それになぜティナの耳に押し込まなかったの？　あるいは、尻でもよかったのに。これもまた対応問題だ。似た助ける側のゾウは、本来ティナの体のどの部分が食べ物を受け入れるのかを知っていたようだ。

ような観察結果は他にもある。年長のオスのゾウが近くの泉から瀕死の仲間に水を運んでくると、その頭や耳に吹きかけ、飲ませようとした。これはふだんまったく見られない行為で、他者の問題に対する洞察力のある取り組みに思える。

大勢の人が次のようなテレビの自然番組を見た。赤ちゃんゾウが足を滑らせてぬかるみの穴に落ちて這い出せないでいた。周りにいるゾウの一団が即座に興奮状態に陥った。甲高い鳴き声や低く重々しい声はすさまじく、すべてのゾウの興奮が最高潮になった。長老格のメスともう一頭のメスが、この問題に取り組み始めた。二頭のうちの一頭が膝をついて這ってぬかるみに入っていったが、その間にも子ゾウはぬかるみに吸い込まれて死にそうだった。二頭のゾウが協力して鼻と牙を子ゾウの体の下に入れて、とうとうぬかるみの吸引力に打ち勝ち、子ゾウは穴から這い出した。このフィルムクリップが放映されると、視聴者は、子ゾウが乾いた地面の上に立って、濡れそぼった犬がするように泥を振り落とした途端、拍手喝采した。

このような観察結果のほとんどがアフリカゾウにまつわるもので、アフリカゾウは実際、アジアゾウとはまったく異なっている。生物分類上の種が違うだけでなく、属も別だ。だが、アジアゾウも同様のことをする。タイのジョシュア・プロトニクから届いた電子メールを一通ご紹介しよう。

私は対象に合わせた援助の驚くべき実例を目にしました。六五歳に近いと思われるような老いたメスのゾウが、真夜中に倒れました。雨模様でぬかるみになったジャングルは私たちが歩き回るのも難しく、疲れた高齢のメスのゾウにとって、起き上がるのはさぞ大変だったでしょう。マハウトたちもボランティアの人たちもいっしょになって、何時間もかけてゾウを起こそうとしました。その間、血縁関係にはないものの仲が良かった四五歳ぐらいのメスのゾウ、マエマイは、彼女のそばを離れることを頑として拒みます。拒んだと私が言うのは、マハウトたちがマエマイを邪魔にならない所に（食べ物でつって）どけようとしたのに動かなかったからです。彼女は、人間たちがゾウを助けようとしているのを察したかもしれません。というのも、人力と、倒れたゾウに結び付けた別のゾウの力で、老いたゾウを立たせようと何度も試みたものの、うまくいかないと、マエマイはかなり興奮した様子で老いたメスの脇に行き、頭で押して立たせようとしたからです。マエマイは繰り返し試みましたが、失敗するたびにいらだち、鼻を地面にぴしゃりと打ちつけ、低く重々しい声を発しました。彼女は非常に献身的に友達のそばにとどまろうとしているように見えました。

年老いたメスが死ぬと、その数日後、マエマイは抑えきれないように排尿し、大声で吠え始めました。マハウトたちが大きな木枠を下ろして、亡くなったメスを持ち上げようとすると、邪魔をして木枠を友達のそばに寄せつけません。マエマイはその後二日間、公園をさまよい歩き、数分ごとに大声で鳴き、そのたびに群れの残りのゾウが同じような鳴き声で応じました。

霊長類間に見られる助け合いはさまざまな角度から研究されてきたが、ゾウに関しては、エピソードがあるだけだ。もっとも、エピソードはあらゆる方面から伝わっているし、内容も首尾一貫しているので、ゾウほど皮の厚い動物でも並外れて感じやすいのだと私は確信している。実際、タイでのジョシュアのプロジェクトの目的は、なかば自由に動き回れるゾウたちが、ヘビの出現でパニックに陥った幼いゾウのような、困っている仲間のもとに集まってくる様子だけでなく、周囲にいるゾウたちの覚醒についても調べることだ。マエマイの悲しみを誘う鳴き声は他のゾウの発声を誘発したが、これなどその典型的な事例と言える。そこから、情動が伝染しているのがわかる。おびえている群れの仲間の周りにいるゾウたちが尾をぴんと伸ばしたり耳をばたつかせたりしているときのように、情動の伝染はどんな動物よりもゾウによく見られるのかもしれない。極端な場合は、排尿や排便までする。こうした感情的な関与の表れは見逃しようがない。

これはまた、鏡に対するゾウの反応になぜ私たちが興味を持っているかの説明にもなる。私たちは、イルカを試験した経験のあるダイアナ・ライスとチームを組んで、ゾウにも同様の試験を行なえるか検討した。初めは簡単そうに思えたが、どんな鏡が必要かをよくよく考えてみると、そうも言えなくなった。私たちは間違いなく大きな鏡を考えていた。ゾウがマークテストに落第したという、以前の研究のときよりも大きなものだ。その研究の説明を見ると、いくつも問題点があったことが容易に見て取れる。まず、鏡はゾウの体よりもずっと小さかった。第二に、鏡は少し離れた地面に置かれていたため、どんなに目が良かったとしても（ゾウの視力はあまり良くないかもしれない）、映っている足先ばかりに注意を引かれたに違いない。そして最後に、鏡は柵で仕切られた囲い地の外に置かれ、匂いを嗅いだり、触れたり、裏側を探ったりという、多くの動物がかかわりを深める前にやりたがることをゾウがけっしてできないようにしてあった。ようするに、この設定のせいで、ゾウが鏡という物珍しい道具を思う存分探れないようになっていた。(23)

私たちは、ニューヨークのブロンクス動物園から素晴らしい協力を得た。「ジャンボサイズ」ミラーとでも呼びたいような鏡を作ってもらえたのだ。それは、縦横二・五メートルほどの巨大なプラスティック製の鏡で、頑丈な覆いの付いた金属枠に貼り付けられていたから、使わない日には鏡の部分を覆い隠すことができた。ゾウたちの反応をビデオテープに録画しないときには、ゾウに鏡を見てほしくなかったのだ。鏡の中央には極小のリップスティック型カメラが付いていて、あらゆるものを接写できた。そして何より、鏡は「耐ゾウ仕様」だった。ゾウたちは好きなだけ匂いを嗅いだり触ったりできたし、裏を覗くこともできた。ゾウたちは少々好奇心が強すぎるようには思えたが。

マクシーンというゾウは鏡まで近づいていって、鼻を鏡の上に投げかけ、それからよじ登りだし、後ろ脚で立ち、鏡が取り付けてある塀の向こうを覗いた。誰もが知っているように、ゾウは塀をよじ登ったりしないので、何十年もの経験を持つ飼育係でさえ、そんな姿を見たのは初めてだった。塀は上からかかる数トンの重さに持ちこたえた。さもなければ、実験はただちに終わりを告げ、私たちはニューヨークの往来でマクシーンを追いかけ回す羽目に陥っていたかもしれない！

よじ登ろうとしたあと、マクシーンはとんでもない恰好を見せた。「肘」に完全に体を預けて尻と後ろ脚を空中で振りながら、鏡の下に鼻をそっくり差し込もうとしたのだ。鏡を理解したいという強烈な願望が見て取れる。一方、ゾウが鏡に映った自分の姿を、仲間のゾウだと思っているようなそぶりは一瞬たりとも見せなかった。これは注目に値する。なぜなら類人猿や人間の子供でさえ、鏡に映る自分の姿を初めて見たとき、仲間が映っているという態度をとるのだから。ゾウの場合は匂いが重要な役割を果たす可能性はあるだろうか？　そのせいで、匂いの手掛かりがないと「別のゾウ」を目にしてもまったく意味がないのだろうか?

ゾウたちも類人猿と同じで、鏡を使ってふだんはけっして見えない自分の体の部位を点検した。鏡の前で口を大きく開け、鼻で中を触ってみた。あるゾウは、鏡に向きながら、鼻で耳を前に押した。ゾウたちはまた、体をおかしな具合に揺り動かしたり、鏡に映る範囲に繰り返し出入りしたりした。まるで、鏡に映る自分の姿が自分と同じように動くのを確かめているようだった。これは「自己随伴性テスト」として知られており、類人猿にも広く見られる。これこそまさに私たちが待ち望んでいたもので、ゾウたちが鏡の中に見えているものをある程度理解していることを示していた。

額に大きな白い×印をつけられたハッピーは、鏡に歩み寄った。鏡なしでは印は見えなかったが、ハッピーは触れたりこすったりし始めた。

私たちは、ダイアナ・ライスがイルカに試したものに準じる、目に見えない印を付ける手順も採用し、マークテストの準備をした。塗料会社が、顔用の白い絵の具と、無臭の原料を一つだけ変えて透明にした絵の具が入った容器一つを提供してくれた。それを使って、ゾウの両目のすぐ上に大きな×印を描いた。右側には見える絵の具、左側には見えない絵の具を使った。

三四歳のアジアゾウ、ハッピーは、鏡に映る像を自分自身と結び付けていることを示すのにふさわしい行動を何から何まで見せてくれた。ハッピーは最初に鏡に真っ直ぐ歩み寄ると、一〇秒ほど立ち止まってからそこを離れた。私たちはがっかりした。だが、顔の印には触れないまま、七分後に戻ってきた。鏡に映る範囲に二度出入りしたあと、再び立ち去った。向きを変えながら、ハッピーは目に見えるほうの印に触れ始めた。それから鏡の前に戻ってくると、真正面に立ったまま、自分の鼻で何度も印に触れて調べていた。この模様を録画していたビデオテープを見ると、ハッピーは目に見えるほうの印には一〇回余り触れているのに対し、見えない印には一度も触れていないことがわかる。

イルカと比べた場合、ゾウには自分に触れられるという利点がある。類人猿や子供を対象にしたときに用いたどの基準に照らしても、ハッピーはこのマークテストに合格した。私たちはマクシーンともう一頭のゾウにもこの試験を行なったが、二頭は落第に終わった。これはそれほど驚くことではない。というのも、霊長類の中で最も熱心に試験が行なわれているチンパンジーでさえ、マークテストに合格する個体の割合は一〇〇パーセントにはほど遠く、研究によっては半分にも満たないからだ。

ハッピーが、鏡なしでは気づきようのない白い大きな×印に向けて自分の鼻をリズミカルに揺らしながらだんだん近づけ、ついに注意深く正確に印に触れる様子は見物だった。私たちは大喜びした。ゾウが、人間やイルカや類人猿と同じ自己鏡映像認知の能力を持つことが初めて示されたのだ。

メディアにとっては、この発見に関する私たちの科学的な調査報告は、二〇〇六年の中間選挙での共和党の大敗直後という絶好のタイミングで出たかたちになった。言うまでもなく、共和党の誇り高きシンボルはゾウだ。各新聞がこぞって、傷ついて包帯でグルグル巻きになったゾウが、鏡の前に座ってしょんぼりと自分を見つめている漫画を載せたのも無理はない。なかでも傑作だったのは、広く掲載されたＡＰ通信のもので、次のような書き出しだった。「もしあなたがハッピーで、それがわかるなら、頭を撫でてごらんなさい」

このように、同時創発仮説はゾウにも当てはまるようだ。もちろん、ゾウの持つ共感のレベルをさらに正確に調べる必要があり、マークテストをもっと多くのゾウに受けさせることが何より重要だが、差し当たってハッピーの証拠は、私にとって有望なものに思える。さらに、これと呼応する脳研究がある。なんと、自己鏡映像を認知できる哺乳類はすべて、珍しいタイプの脳細胞を持っているのだ。

一〇年前、神経科学者のチームが、いわゆる「フォン・エコノモ・ニューロン」（VEN細胞）がヒト上科の動物（人間と類人猿）の脳にだけ見られることを明らかにした。VEN細胞は長い紡錘形をしているという点で、通常のニューロンとは異なる。脳内でより遠くより深い部位にまで達するので、離れた層と層を結び付けるのに最適だ。チームの一員であるジョン・オールマンの見るところでは、VEN細胞は大きな脳に適応しており、そういう脳でおおいに必要とされる連結性を高めている。多くの種の脳を解剖した結果、この細胞は人間とその近縁の大型類人猿でしか見つからなかった。サルをはじめ、他のどの霊長類にも見られない[24]。人間のVEN細胞はとくに大きくて数も多く、私たちが「人間味のある」特性と考えるものにとって非常に重要な脳内の部位で見つかっている。脳のこの部位が損傷を受けると、視点取得、共感、きまり悪さ、ユーモア、未来志向性などの喪失を伴う特別なタイプの認知症につながる[25]。そして、ここが最も肝心なのだが、この認知症の患者には自己認識も欠けている。

言い換えると、人間はVEN細胞を失うと、同時創発仮説に欠かせない能力のいっさいを失う。VEN細胞の喪失自体が原因となるのかどうかは、はっきりしていないが、必要な脳回路をこの細胞が支えていると考えられている。さて、人間と類人猿をそれ以外の動物たちと区別するのにVEN細胞が非常に重要な働きをしているとして、次に当然出てくる疑問は、これが絶対的な必要条件なのかというものだ。イルカやゾウのような他の動物は、VEN細胞なしに同じ能力を持っているということがありうるだろうか？

だが、そんな心配をする必要はない。オールマンのチームの最新の発見によれば、VEN細胞は人間と類人猿だけに存在するわけではないとのことだからだ。このニューロンは、哺乳類の系統樹から伸びる他の枝のうち、二つにだけ別個に出現している。その枝がなんと、クジラ目の動物（イルカとクジラ）とゾウなのだ。[26]

自分の小さな殻の中で

同時創発仮説は、個体発生と系統発生と神経生物学をすっきりと束ねる整然とした筋書きを提示してくれる。この説は、人間を特別扱いしない。とはいえ、私たちは共感やVEN細胞や自己認識など、すべての面で他の動物よりも多くのものを持っている。たとえば人間は、自分の外見を気にかけ、それに関して実際に意見を持っているという点で他の動物に優る。自分の外見を気に入っている人もいれば、嫌っている人もいる。私たちは毎日鏡の前で髭を剃り、髪を梳《と》かし、おしゃれをする。自分自身を認知するだけでなく、人からどう見えるかを気にかける。これは必ずしも人間だけに限った話ではないようだ（ドイツの動物園のあるオランウータンは、レタスの葉を何枚か頭に載せてから、鏡で自分の姿を点検する習慣があった）が、私たちの種は間違いなく、地球上でいちばんのナルシストだ。

私たちは、他の大多数の動物よりも高い心的レベルで活動する、賢いエリートの小集団の一員だ。この集団のメンバーは、世の中での自分の立場を非常によく把握していると同時に、自分を取り巻く者たちの営みもじつに正確に理解している。だが、この筋書きがどんなに理路整然としているように見えても、はっきりとした境界線を引くことに、私はもともと疑問を感じてきた。私は人間と類人猿の間に心的なギャップがあるとは思わないし、それと同じ理由で、たとえばサルや犬に、これまで論じてきたような能力がまったくないとは信じられない。視点取得や自己認識が、他の動物の中にまったく足掛かりを持たずに、二、三の種で一気に進化したとは、とうてい考えられない。

とはいえ、まずは違いに注目してみよう。一九九〇年代初頭、私は共同研究者のフィリッポ・アウレリと、サルも類人猿と同様に、苦しんだり悲しんだりしている仲間を元気づけようとするかどうかを調べるために、サルの慰めについて研究することにした。私たち二人は、それまでにもさまざまな種における暴力的な争いの結末を何百と観察してきており、そうした研究の設定は、このとき計画していたものと似ていた。今回は、サルの群れの中で自然に争いが起きるまで待ち、それに続く出来事を詳細に記録するという段取りだった。この方法を使うと、類人猿における慰めの確固たる証拠が得られる。だからサルの場合もうまくいくはずだ――サルに慰めというものがあるならば。当時、サルにはそれがないなどと考える理由は一つもなかった。

だが、驚いたことに、サルには慰めはまったく見られなかった! 研究対象のサル全員が、和解、つまり敵対していた相手との仲直りはするものの、慰めという行為はまったく見せなかった。これはいったい、どうしたことか? 実際、サルで得られたデータは衝撃的だった。というのも、敗れたサルが隅でうずくまっていても、そのサルの家族でさえ毛ほども気遣う様子がなかったからだ。さらに何度かサルの研究が不首尾に終わったあと、イタリアの科学者ガブリエレ・シーノは次のように推論した。もし確実に慰めを期待できるような状況があるとすれば、それは母親といちばん幼い子供の間の状況だろう。なぜなら両者の絆ほど強いものはないからだ。シーノはこの考えを、ローマ動物園の大きな岩の上でマカクを使って検証してみたが、なんともがっかりするような結果に終わった。自分の子供が攻撃されて噛まれたあと、母ザルはわが子をほとんど気にかけず、まして、積極的に慰めることなどまったくなかった。マカクの母親は子供を攻撃からは守るので、襲われるのが嫌なことだという認識はある。それだけに、これは驚くべき結果だ。子供のほうも、攻撃されたあとに必ず母親に駆け寄り、しばしば身を寄せて乳首を口に含むので、触れ合いを通じて慰めを求める。だが子供は、母親が進んで慰めを与えてくれることは期待すべきではないのだ。

サルには共感の情がないことを示す例は他にもあり、たとえば、ボツワナのオカヴァンゴ・デルタでヒヒを観察する研究者たちが、川を前にして渡るのを怖がる子供のヒヒに対して、知らぬふりをする大人のヒヒの「腹立たしい」事例を報告している。水際でパニックになって立ちすくむ幼いヒヒが捕食者に殺される危険にさらされていても、母親が助けに戻ることはまずない。おかまいなしに先に進んでいく。ただし、ヒヒの母親が冷淡そのものというわけではない。

彼女は子供の動揺した叫び声を、心から気遣っているように見える。しかしその動揺の原因を理解できないようだ。彼女の振る舞いを見ていると、自分が川を渡れるなら、誰でも同じように川を渡れると思い込んでいるかのようだ。それ以外の見方はできないらしい(27)。

子供の悲劇を浮かび上がらせるディケンズ風の観察例をもう一つ挙げよう。記録的な大洪水が起きて、ヒヒたちが水に囲まれた森林地帯から別の森林地帯へと泳いで渡らなくてはならなかったときのことだ。ある日、立ち往生しているほとんどの子供たちをあとに残したまま、親たちが別の森林地帯へと渡っていった。子供たちは極度に緊張して、木の上にひとかたまりになって、興奮した叫び声を上げていた。大人のヒヒのあとに続いていたフィールドワーカーたちの耳に遠くで叫ぶ子供たちの鳴き声が聞こえ、ヒヒの親たち自身もときどき彼らのことを振り返るのだが、誰も返事をしなかった。その後、子供たちはなんとか泳いで渡り、群れに合流した。

こうしたことから、サルには情動の伝染はあるものの、視点取得が欠けているのがわかる。この欠如は多くの動物や幼児によく見られ、ときに、面白いかたちで表れることがある。わが家には白と黒のぶちのルーケというオス猫がいる。ルーケは見知らぬ人を死ぬほど怖がる。なかでも大きい靴を履いた男の人はからきしだめだ。おそらく私たちに引き取られる前にトラウマを経験したのだろう。お客が家の中に入るやいなや、ルーケは完全にパニック状態になって、全速力で二階に駆け上がり、私たちの寝室のベッド・カバーの下に潜り込む。そのままそこで何時間も過ごすこともあるが、もちろん彼の居場所は一目瞭然だ。そこだけベッドが盛り上がっているので、ルーケがいるのはすぐわかるのだが、彼は自分には誰も見えないから、自分は誰からも見えていないと信じているに違いない。このベッドのふくらみは、ささやきかけるとゴロゴロと喉まで鳴らす。お客が帰って玄関の扉を閉めた瞬間、私たちは時計を見て、ルーケが二階からリビングに戻ってくるまでの時間を測る。二〇秒以上かかることはめったにない。

だが、視点取得の欠如は、先に述べたヒヒの例のように痛ましいかたちで表れることもある。日本のとあるモンキー・パークを訪れたとき、赤ん坊を溺れさせる可能性が高いので初産の母親を温泉に近づけないようにしているという話を監視員から聞いたことがある。どうやら若い母親は、自分の腹にしがみついている赤ん坊の状況に十分な注意を払わないようだ。自分の頭が水面より上にあれば、誰かが危うい状況にあるなど思いもよらないのかもしれない。また、飼育下にあるサルが、幼いサルたちが大きな回転遊具で遊んでいるのに、それで危険なアクロバットをしているのを見たこともある。子ザルたちは必死にフレームにしがみついていた。けがをしたメスのマカクの子供が、折れた腕をだらんと垂らしながら母親のあとをついていくのに、母親のほうは、娘のハンディキャップに合わせようという様子が微塵もないという例もあった。

私の知っていたチンパンジーの母親は大違いだ。彼女は手首を折った息子の望みを何でも満たしてやり、すでに離乳してから何年もたっていたにもかかわらず、乳を飲むことさえ許した。息子の腕が治るまで、年下の子よりも彼のことを優先した。明らかに傷口が開いている場合は別として、他者のけがを気遣うには、動きに支障が出ていることを認識する必要がある。類人猿には間違いなくそれがわかるし、イルカとゾウもそうだ。人間を助けるゾウの例はなかなか確認できないが、ジョイス・プールが、ラクダ飼いを襲った長老格のメスの例を報告している。このゾウはラクダ飼いの脚を折ってしまった。しばらくして戻ってきたゾウは、鼻や前脚を使って男を木陰に移し、彼を守るようにそばに立って見下ろしていた。ときどき鼻で彼に触れ、水牛の群れが来たら追い払った。まる一昼夜付き添い、翌日彼を捜しにきた一行が仲間を取り戻そうとすると、渡すまいと抵抗したという。[28]

それに引き換え、サルは他者の障害に対して無関心で、悲しみや喪失感はほとんど理解できないようだ。代表的な研究に、アン・エングが行なったものがある。彼女は、家族の一員がヒョウやライオンやハイエナに引きずられていくのを目の当たりにしたヒヒのストレス値を測った。ヒヒの死因のうち、捕食動物によるものの割合は高いので、エングは多くの事例を研究することができた。そのうちいくつかの事例では、恐ろしい捕食者が自分の身内の骨を文字どおりバリバリと噛み砕く音を聞いたヒヒもいた。予想に違わず、あとに残されたヒヒのストレス値は高かった。エングはヒヒの糞からコルチコステロンというストレスホルモンを抽出して、この値を測定した。また近親者に死なれたヒヒは、そうでないヒヒより、仲間をたっぷりとグルーミングすることも発見した。おそらく、ストレスを減らし、失った者に代わる新しい関係を築くためにそうするのだろう。あるメスについて彼女はこう述べている。「シルヴィアは社会的な絆を非常に強く求めていたため、自分よりずっと地位の低いメスとグルーミングをし始めた。その状況でなければ、とうてい彼女にはふさわしくない振る舞いだった」[29]

人間同様、ヒヒもストレスに対処するのに友好的な関係を頼みとしているとエングは結論づけている。実際、類似性は明らかだが、際立った差異もあるのではないか？　家族や仲間を失ったばかりのヒヒに対して、他のヒヒたちの振る舞いは何も変わらなかった。この点は私たちの種と根本的に違う。人間は他者の喪失感を痛切に認識し、それを何年もの間、心にとどめている。チンパンジーもまた敏感なようで、たとえば私たちの施設で、仲間うちのメスの年頃の娘が他の施設に送られたときに、それが窺われた。その後数週間にわたって、他のチンパンジーたちがその母親に行なったグルーミングの回数の多さに、私たちは心を打たれた。チンパンジーは、人間が理解できるようなやり方で心からの慰めを示すが、近親者を失ったヒヒは、内面の状態を自分で調節しなくてはならない。間違いなくヒヒも慰めを求めていると思われるが、他者からの配慮はそれほど期待できない。ヒヒ観察の草分け的な存在の研究者が、その生活を「絶え間なく続く不安の悪夢」と特徴づけたのも不思議ではない。(30)

他者に対するサルの感受性に限界があるのは、感情的な要因よりも認知的な要因に負うところが大きいようだ。サルは他者の苦しみや悲しみを感じるが、相手に何が起きているのかを十分につかみ切れない。目の前の状況から一歩下がって、相手の欲求を理解しようとはしない。どのサルも、まるで自分だけの小さな殻の中で生きているように見える。

背中を貸すマントヒヒ

科学における進歩は、例外に注目することによってしばしばもたらされる。同時創発仮説にもいくつか例外があるに違いない。

サルは、系統樹の中でも私たち人間を含む枝に特有の高度な共感へとつながるような理解力を垣間見せることがたしかにある。そのような出来事は稀にしか起きないし、だからこそ例外と見なされるのだが、彼らの理解力が境界線上にあることを示してくれる。たとえば、ペットとしてオマキザルを飼っている人から、こんな話を聞いたことがある。訪ねてきた客が手ずからブドウを与えようとして、そのサルに噛まれてしまった。サルは軽く一回噛んだだけなので出血はしなかったが、その女性は痛かったようでブドウを落とした。サルは素早く彼女の首に両腕を回して優しく抱き締めた。ブドウは床に落ちてしまったが、それにはかまわず、女性の痛みに反応したのだ。その場の誰が見ても、まさに人間と同じ慰め方だった。似たようなことは私たちの研究所のオマキザルのコロニーでも目撃されているが、霊長類が慰めを示していると確定するにあたっては非常に厳しい基準を設けているので、それを満たすような例はまだない。[31]

私たちの研究所で見られたオマキザルのエピソードをさらに挙げよう。出産を間近に控え、地面に降りてこなくなったメスたちの話だ。オマキザルは高い所にいるほうが安心する。だが、コロニーでは、果物と野菜を載せたトレイは毎朝床の上に置かれる。私たちが見ていると、メスの家族や親しい仲間が食べ物をたっぷり口にくわえたり手で抱えたり（ときには尾で巻いたり）して、身重のメスのいる台まで登っていき、相手の目の前に全部並べ、仲良くいっしょに食べる。

次に挙げるのは、マントヒヒの専門家として人々の尊敬を集めるスイスのハンス・クマーが撮った写真で見て以来、何十年も私の胸に深く刻み付けられている例だ。その写真は、マントヒヒの子供が大人の背中を伝って岩場から這い降りているところを捉えたもので、クマーによる以下のような説明が添えられていた。「難所を降りようとしたものの、うまくいかないので、一歳のヒヒが叫び始めた。とうとう母親が戻ってきて、その子が降りられるように自分の背中を貸している」。これは、子供が必要とするものを母親が認識したからではないだろうか？[32]

インドの霊長類学者アニンディヤ・シンハは、野生のボンネットモンキーの間で同じような出来事を目撃している。いずれも幼いサルが、土が小高く盛り上がった場所によじ登るか飛び上がるかしようとするのだが、うまくいかない。再三の試みをじっと見ていた大人のオスが手を差し伸べ、子供の腕をつかんで引っ張り上げた。子ザルの声にオスが注意を引かれたのは一度だけで、残りの二度は、オスたちは反応を示さなかった。助けたのはいずれも群れのアルファオスだが、観察された各事例で、それぞれ別のオスだった。(33)

バーバラ・スマッツは、ときとして大人のオスのヒヒが、困難に直面している子供たちに向かって優しくグーグー鳴いて安心させてやる様子について述べている。その行動だけをとっても、声による慰めを示唆しているという点で十分に興味深い。だがスマッツの観察によれば、オスはそうしながらも同時に、先ほど挙げたボンネットモンキーの例と同様、子供たちの意図と同一化しているようだ。母親がグルーミングしてくれるのを楽しみながら、オスのアキレスは、幼いメスがふざけて砂の山に登ろうとしているのを見ていた。メスは、もう少しで上までたどり着くというときに、滑って下まで落ちてしまった。するとすぐさまアキレスは、彼女に向かって、大丈夫、とでも言うようにグーグー鳴いてみせた。(34)

ヒヒは、他者が危うい状況を切り抜けたときには、ほっとした声を出すことさえある。これは、他者が陥った状況を十分に理解しているということだ。ロバート・サポルスキーはいつもの愉快な調子で、とりわけ不器用な母親のもとに生まれた子供の話を紹介している。この母親は子供を抱いて動くのがあまりにも下手なので、子供たちは母親のしっぽにしがみつかなければならないことがしばしばあった。

ある日この母親が、その不安定な状態のわが子といっしょに木の枝から枝へと跳んだときのこと。子供は、しっぽを握っていた手が離れ、三メートル下の地面に落ちてしまった。それを見ていた我ら異なる霊長類は一斉にまったく同じことをして、我々の類縁関係の近さを実証し、また、この出来事を目の当たりにして反応するにあたっておそらく脳内でまったく同数のシナプスを活用したことを証明したのだった。木の上にいた五匹のメスのヒヒとこの一名の人間は、同時にはっと息を呑んだ。そして黙り込み、子供に視線を注いだ。一瞬ののち、その子は立ち上がり、木の上にいる母親を見上げ、近くにいた仲間たちのあとを追って素早く走り去った。我々はみな、互いに安堵の声をかけ合った。[35]

サルは登り降りするときに助け合うことがある。この例では、ヒヒの母親が自分の幼い子供を助けている。

こうした観察から、ヒヒは叫び声や表情といった外面的な苦しみや悲しみの表れに反応しているだけではなく、落下した子供がまた立ち上がるのか、母子が再びいっしょになれるのかといったことが、彼らにとって大切なのがわかる。

次に、ヤギ飼いに使われていたアーラという ヒヒの少し風変りな例を見てみよう。アーラは、群れにいるすべての母ヤギと子ヤギの関係を把握していた。母ヤギと子ヤギが別々の家畜小屋に入れられているときに子ヤギが鳴き始めると、アーラはただちに行動を起こした。行って子ヤギを抱き上げ、小脇に抱えてもう一つの家畜小屋へと運ぶ。そして子ヤギがお乳を飲めるように、その子の母親の下へと押し込むのだった。このとき母親を間違えることは一度もなかった。これは明らかに親子の関係がわかっていないとできないことだが、それだけではないかもしれない。子ヤギが鳴く理由の理解をいささかでも欠いていたなら、こんな仕事をするように動物を仕込むことができるとは、とても思えない。実際、アーラは喜んで母ヤギと子ヤギをいっしょにするばかりか、その仕事に「熱中」していたそうだ。[36]

拡大解釈をしないよう気をつけるのは当然のことだが、ここに挙げたどの例も、サルが視点取得ができることを示している。サルはつねにその能力を発揮するわけでなく、限られた状況でしか発揮しないのかもしれないことを考えると、サルには対象に合わせた援助や慰めがあるかどうかという系統的な研究が、たいてい何の収穫もないまま終わるのもうなずける。彼らは散発的にしか、このような行動をとらないのだ。

本格的な研究に値するほど自然界でよく見られる唯一の例は、いわゆる「橋架け行動《ブリッジング》」だ。南アメリカに棲む何種類かの霊長類は物をつかむのに適した尾を持ち、年長の子供たちのために、自分の体を使って木と木の間に橋を架けてやる（年少の子供たちはたんに母親にしがみついて移動する）。枝葉の広がる森林の最上層を渡っていくときに、母親は一本の木に自分の尾を巻きつけてつかまり、別の木の枝を両手でつかんで、子供たちが渡り終えるまで木と木の間でぶら下がっている。地面の上を移動するとき（これはあまりにも危険すぎる）以外は、幼い者たちは母親の架けてくれるこうした橋なしには移動できない。これはじつに興味深い日常的援助行為で、注意深く観察する必要がある。なぜなら、サルが他者の能力をどの程度考慮しているのか、明らかになるかもしれないからだ。私が森の中でオマキザルを追って調査したときには一度も見かけなかったが、これはオマキザルがジャンプを得意としているせいだ。もっと大きく体重も重い霊長類、たとえばホエザルやクモザルはもちろん橋を作るし、ときには自分とは血縁関係にない子供のためにさえそうする。メスは自分の行動を新しい状況に合わせると言われている。たとえば子供が腕の骨を折った場合や、木と木の間隔がいつになく広がっているような場合がそうだ[37]。

子供たちが叫び声を上げて母親の助けを求めることもあるが、たいていは母親が自発的に橋を架ける。母親は距離に応じて子供たちが対処できるかできないかを決めるが、その判断はもちろん子供の年齢によって変わってくる。視点取得を試すのに打ってつけの設定ではないか。とくに、サルの行動を、そのままオランウータンなどの類人猿のものと比較できるところが素晴らしい。オランウータンは（尾なしに）同じことをする。小さな木々を揺らしてだんだん近づけ、最後は木どうしを引き寄せて子供たちを渡らせてやる。このときオランウータンは、子供たちの必要とするものについて南アメリカのサルよりも優れた洞察力を見せるだろうか？　私は見せると思うのだが、誰かに確かめてもらわなくてはならない。

今のところ、サルと類人猿の共感に関して提唱されている違いは従来のままだが、その違いは、言われているほど絶対的ではないように見える。では、同時創発仮説のもう一つの要因、自己鏡映像反応についてはどうだろうか。これには根本的相違があるようだ。あらゆる状況のもとで何度も何度も鏡を使った試験をサルに行なったにもかかわらず、サルはどうしてもマークテストに合格しない。肯定的な結果を得られたとの申し立てもあったが、精査に耐えられたためしがない。そのため、サルはこの試験には合格しないというのが通説になっている。[38] ただし、サルが鏡にすっかり当惑しているというわけではないし、自己意識をまったく持たないというわけでもない。どんな動物であれ、多少の自己認識を持っているに違いない。それがなければやっていかれないのだから。どの動物も、周囲の環境と自分の体を区別し、行動の主体としての感覚を持つ必要がある。あなたが木の上にいるサルだとして、これから飛び降りようとする下の枝に、自分の体がどれほどの衝撃を与えるか認識できないようでは困るだろう。あるいは別のサルと取っ組み合って遊んでいるときに、自分の足に嚙みついてもしかたがない。サルはけっしてそんな間違いはせず、首尾良く相手の足に嚙みつく。どんな動物がとる行動でも、その一つひとつにとって自己認識は不可欠なのだ。[39]

「移された黄色い雪の物語」という好奇心をそそる副題の付いた研究で、マーク・ビーコフは飼い犬のジェスロが変色した雪に示した反応を調査した。ビーコフは、ジェスロに見えない所で、別の犬が排尿して臭跡を付けたばかりの雪を手袋をはめた手ですくい上げては、コロラド州ボールダーの郊外にある自転車用道路の脇へ移した。そこならあとでジェスロが見つけられるからだ。傍目にはぜったい奇妙に見えたに違いないこの実験をビーコフが行なったのは、ジェスロが他の犬の臭跡と自分の臭跡を区別できるかどうか調べるためだった。もちろんジェスロは区別できた。彼は他の犬の臭跡に比べて自分自身の臭跡の上にはほとんど排尿したがらなかった。まったく、自己認識にもさまざまな形があるものだ。

対象が鏡の場合でも、事態は見た目ほど明確ではない。たとえばサルは鏡を使って食べ物を探し出すことができる。鏡を使って曲がり角の先を見なければ見つけられないような所に食べ物を隠しても、サルは難なく手を伸ばして取れる。多くの犬も同じことができる。鏡越しにこちらを見ている犬の後ろでビスケットを掲げると、たちまちこちらに向き直る。だが、犬は鏡の基本原理は理解しているとはいえ、気づかれないうちに体に印を付けたり、サルにも同じことをしたりした場合、彼らは突然何が何だかわからなくなってしまう。自分の体や自己との関係となると、理解できないのだ。

一方、サルは鏡に映った自分を他者だと思うとよく言われているが、これは疑わしい。それを調べるために、私たちは単純な実験を行なった。驚いたことにこれまでその実験を行なった者はいなかった。オマキザルの前にプレキシガラス（訳注　透明度が高く、丈夫で加工性に優れたアクリル樹脂の商標名）を置き、その向こうに馴染みのあるサルか、同じ種の見知らぬサルか、鏡を配して対峙させ、鏡に映った自分の像に対する反応と、他者に対する反応とを比較した。サルは違いがわかるだろうか？

本物のサルに対したときと鏡に映った自分の像に対したときでは、はっきり反応が違った。しかもその反応は一瞬のうちに起きた。瞬時に違いに気づいたのだ。明らかに、鏡映像の理解にはさまざまなレベルがあり、私たちが実験したオマキザルは鏡に映った自分の像と他のサルを混同することは一度もなかったようだ。(40) たとえば、見知らぬサルにはほとんど目もくれずに背を向けたが、自分の映像は、まるで自分自身を見るのが嬉しくてたまらないかのようにじっと目を見つめていた。実験したサルの中には幼い子の母親もおり、私たちは母ザルと赤ん坊は離さないことにしているので、実験中もその場に子ザルたちがいた。私にとってこの実験全体を通して最も興味深い発見は、プレキシガラスの反対側に見知らぬサルを置いたとき、母ザルが子ザルをしっかりと抱え、勝手に動き回れないようにしたことだ。一方、鏡を置いた実験の間は子ザルたちを自由に動き回らせた。母ザルが危険に対していかに用心深いかを考えると、これはサルが鏡に映った自分を他者と捉えていないことの何よりの証拠に思えた。

共感と自己認識の両方に関して、種と種の間に境界線があることは依然として間違いないが、その境界は一見したときよりも少し曖昧かもしれない。毎度同じことだ。私たちは、人間と類人猿や、類人猿とサルの間に明確な境界線を想定するところから始めるが、じつは、そんな境界は砂の城にも似て、知識の海から波が押し寄せたら、ひとたまりもなく崩れてしまう。砂の城は砂の山に変わり、その山もどんどん平らになっていき、最後には進化論がきまって私たちを導く先、すなわち、なだらかな斜面を成す海岸に逆戻りとなる。私は同時創発仮説が海岸の勾配の険しさを見定める上で有効なカギを握っていると信じているが、それが一時的な思い込みだったとわかっても、驚きはしないだろう。私たちはもうすでに、サルだけではなく、大きな脳を持つ鳥類やイヌ類の視点取得と慰めと自己鏡映像認知に取り組む新しい研究が怒濤のように進められている現実に直面している。今や波は勾配をなだらかにしている真っ最中だ。

カササギを例に挙げよう。最近行なわれたある研究で、イルカやゾウで試したのと同じようにそれとわからぬ印も使った実験によって、カササギに自己鏡映像認知の能力があることがわかった。お断りしておくが、カササギはただの鳥ではない。カササギはカラス科に属し、仲間には、カラスやワタリガラス、カケスがいて、並外れて大きな脳を持っている。カササギの喉の羽に色付きの小さなステッカーを貼り、鏡の前に立たせると、それを取ろうとする。そのステッカーがはがれるまで喉を脚で引っ掻き続けるが、ステッカーが黒いときは放っておく。おそらく自分の喉の色と見分けがつかないためだろう。また自分の姿が見える鏡がないときも、やはり夢中になって引っ掻くことはしない。ドイツのヘルムート・プライアーとその研究仲間が実験を記録したビデオには非常に説得力がある。カラスの専門家でいっぱいの観衆に囲まれてそのビデオを見たとき、彼らが「自分たち」の鳥に抱いている誇りが感じられた。

カササギにまつわる言い伝えを考えると、この実験結果は興味深い。私は子供の頃、ティースプーンのようなキラキラ光る小さな物を人のいない屋外に置きっ放しにしてはいけないと教えられた。騒がしいカササギが、その意地汚い嘴《くちばし》でくわえられるものなら何でも盗んでしまうからだ。この言い伝えはロッシーニのオペラ「泥棒かささぎ」が生まれたきっかけにさえなっている。今日ではこうした見方は、生態的なバランスにもっと配慮した見解に変わっている。新しい見解では、カササギは罪のないスズメやヒバリなどの巣を荒らす残忍な強盗と見なされている。いずれにせよカササギは白黒二色で身を装う、嫌われ者のギャングなのだ。

しかしカササギを馬鹿呼ばわりする者はない。私にとって最大の疑問は、カササギの自己認識が同時創発仮説を支持するか、あるいは覆すかだ。今のところは前者だと思う。視点取得は、他の種の巣から強奪し、人間から物を盗む種にとって非常に重要かもしれないが、その能力は自分の仲間との関係では、なおさら役に立つかもしれない。カササギはカケス同様、食べ物を隠し、間違いなく互いに盗み合う。そのためには自分が見られているかどうか目配りする必要がある。食べ物を隠すところを他のカササギに見られたら、きっと盗まれてしまうからだ。この件に関しては、イギリス人科学者のニッキー・クレイトンがカリフォルニア大学デイヴィス校で昼食時にアメリカカケスを観察して以来、研究されている。クレイトンは、残飯のかけらを巡って激しい戦いが繰り広げられているのに気づいた。カケスは残飯を互いに見つからないように隠してしまう。だが、なかにはもっと賢いカケスがいて、ライバルがその場からいなくなると戻ってきて「宝物」を埋め直していた。

ケンブリッジ大学のネイサン・エメリーと行なった追跡調査は、「蛇《じゃ》の道は蛇《へび》」ということわざを裏付ける興味深い結果となった。カケスはどうやら他者の意図を自分の経験から推測するようだ。そのため、過去に他のカケスが隠した餌を横取りした経験のあるカケスは自分が同じ目に遭うのを防ごうと、とりわけ熱心になる。このプロセスにも、他者と自己を分けて考える能力が必要かもしれない。カササギは極め付きの泥棒鳥だけあって、他者の意図を推測する必要がなおさらありそうだ。したがって、彼らの自己認識は、悪事を繰り返す一生と結び付いているのかもしれないから面白い。[41]

ともかく、「泥棒かささぎ」についての新しい洞察が、キラキラ反射する物へのカササギの惚れ込みぶりに新たな意味を提示してくれていることだけは間違いなさそうだ。

指摘する霊長類

かつて、チンパンジーのニッキーはどうやって人の注意を引くのかを私に示してくれた。私は自分が勤務する動物園内で、よくワイルドベリーの実を堀越しに投げてやったので、ニッキーはそれにすっかり慣れていた。ある日私は、データを記録するのに忙しくてワイルドベリーのことをすっかり忘れていた。だが、ニッキーは忘れていなかった。ワイルドベリーは私の後ろに幾列も並んだ背の高い茂みになっていた。ニッキーは私の正面に座り、赤茶色の目で一心に私の目を見つめた。そして、私の注意を引いた途端、急に頭を動かし、私の左肩の上あたりの一点をやはり一心に見つめるのだ。それから私に目を戻すとまた同じことを繰り返した。私はチンパンジーほど頭の回転が速くないかもしれないが、二度目には振り返り、彼が何を見つめていたのかわかった。ワイルドベリーだ。ニッキーは鳴き声一つ立てず、手で示すこともなく、何がほしいか伝えたのだ。

「指摘」を言語に結び付け、したがって、言語を持たない生き物にはできるはずがないとする文献は多いが、この単純な動きによるコミュニケーションは、そうした文献にそっくり反していた。いわゆる「直示的」な仕草である「指摘」は、手の届かない対象の位置を相手に示すことによって、相手の注意をその対象に向けることを意味する。当然、自分が見た物を他者がまだ目にしていないことを理解していなければ、指摘には何の意味もない。つまり、誰もが同じ情報を得ているのではないことを認識する必要がある。これも視点取得の一例だ。

学究の世界ではありがちなことだが、学者は「指摘」を理論の重武装で固めてきた。腕を伸ばし人差し指で示す人間の典型的な仕草に重点を置いてきた人もいる。この仕草は、象徴的なコミュニケーションと結び付けられている。初期の人間がサバンナを歩き回って、何かを指し示しながら、「あそこにいる動物をシマウマと呼ぼう。そして、ここにあるこれを臍《へそ》と呼ぼう」などと、呼び名を割り振るところが頭に浮かぶ。だが、そのような筋書きは、私たちの祖先が言語の進化以前に「指摘」を理解していたことを意味するのではないだろうか？　もしそうなら、言葉を持たない私たちの「親戚」が指摘するという考えに、動揺する人がいるのはおかしい。

まずは、指摘とは人差し指を伸ばして指し示すことといった、欧米の馬鹿げた定義から離れる必要がある。私たち人間も、手を使わずに指摘することが多いし、世界には手を使って指し示すのがじつはタブーになっている国もたくさんある。二〇〇六年に、ある主要保健機関は、海外出張に出かけるアメリカのビジネスマンに、人を指差すのはぜったいに控えるように忠告した。非常に多くの文化がその動作を無礼だと見なしているからだ。たとえば、アメリカ先住民の間では、指摘の動作で許されているのは、唇をすぼめる、顎を動かす、うなずく、あるいは膝か足か肩で指し示す、などだ。私はそれに関する内輪のジョークを聞いたことさえある。一例を挙げると、白人の飼い主が、猟犬を訓練し直してもらうために先住民のトレーナーの所へ戻ってきた。その猟犬は狩りの獲物のいる場所を教えるのに、口をすぼめることしかしなかったからだ。[42]

たいていの人は、パーティで、みんなに嫌がられている人物Xが部屋に入ってきて自分たちの方へ向かってくるので、仲間に知らせなくてはならないと感じたことがあるだろう。そのような状況では、たとえたんに指差したり叫んだりして伝えたいというのが自然な思いではあっても、そんなことはしない。その代わりに、知らせたい相手に向かって眉を吊り上げ、近づいてくるX氏の方に頭を少し傾げ、黙ったままでいるように、と唇をきゅっと結んで見せたりする。

したがって、何をもって指摘とするのかを考えるときは、視野を広げる必要がある。なにしろ、私たちが品種改良によって作り出した「ポインター（指摘する者）」と呼ばれる種類の犬は、ある特別な姿勢でじっと立ち止まって、ウズラの群れのいる場所を示すではないか。サルも喧嘩の最中に味方を募るとき、体全体や頭を使って示すことがよくある。サルAがサルBを脅すと、Bはふだん自分を守ってくれているCの所へ歩いていく。Cの隣に座るとCを見つめ、Aに向かって頭をぐいと向けながら不満や脅しの声を上げる。そしてこの動作を何度も繰り返す。まるでCに、「あいつを見てよ。僕をいじめてるんだよ！」とでも言っているかのようだ。マカクが攻撃するときは、これ見よがしに味方に視線を投げ、その合間に顎を突き出し、にらみつけることで敵を指し示す。ヒヒはそれと同じ動作を頻繁に、しかも大げさに繰り返すので、フィールドワーカーはそれを「首振り合図《ヘッド・フラッギング》」と呼んでいる。その目的は、味方に自分の敵がどこにいるか明確に伝えることだ。

人間はたえず指を差す。そして、相手が指し示す方に自動的に目をやる。

エミール・メンゼルによる知識付与の古典的研究では、一頭のチンパンジーが隠された食べ物や危険物のありかを知っていたが、他のチンパンジーたちは知らなかった。だが、知っているチンパンジーのボディランゲージを見ることによって、知らなかったチンパンジーたちも隠されている物が魅力的か危険かすぐわかったし、そのおよその場所も察した。メンゼルは、体の向きが非常に正確な方向指示器になると考えた。とりわけ、木の上などの高い位置から見ている者にとってはそうだ。そして彼はこう付け加えている。「本来、正確に方向を示すためにわざわざ手や足などを伸ばす必要があるのは、姿勢が方向指示器としては四足動物よりはるかに不正確な、人間のような二足歩行動物だ(43)」

「指摘」が意図的に行なわれていると判断するために広く使われている基準は、「指摘」する者が自分の動作の結果を確認するかどうかだ。「指摘」する者は、自分が「指摘」している対象物と、それを示す相手を代わるがわる見ることによって、相手が注目していて、自分が無駄に「指摘」しているのではないことを確認しなければならない。ニッキーは私としっかり目を見合わせることでこれを行なった。最近は、大型類人猿を対象にした多くの実験で、手による「指摘」を使ってこの問題が研究されている。類人猿にとってこれが最も自然な「指摘」の方法だからではなく、飼育下にある類人猿はその仕草が人間の応答を引き出すのに最も効果的であることをたやすく学ぶからだ。

ここヤーキーズ霊長類研究センターで、デイヴィッド・レヴェンズは傍らを通り過ぎる人を毎日目にするチンパンジーを研究対象にした。チンパンジーがどうやったら自分のほしい物、たとえば檻の外に落ちた果物のかけらなどに人間の注意を向けられるかを学ぶのは当然だ。これは決まった場所に計画的に食べ物を置いて実験した。その結果、一〇〇頭を超えるチンパンジーの三分の二が実験者に向かって身振りで合図した。数頭は手のひらを広げて差し伸べることで「指摘」した。だがほとんどのチンパンジーは手全体を使って檻の外のバナナを指し示した。チンパンジーはこのように何かを「指摘」する訓練など受けたことがなかったというのに、だ。人差し指で「指摘」した者さえ数頭いた。

チンパンジーたちは人間の子供がするように自分の仕草の効果を確認するようだった。彼らは人間の目をじっと見つめ、それから人と食べ物に交互に視線を走らせながら「指摘」した。あるチンパンジーは、誤解されるのを心配し、まずバナナを手で示し、そのあと自分の口を指で示した。
チンパンジーがいかに創造的たりうるのかを示すために、最近起きた象徴的な出来事を例に挙げよう。若いメスのチンパンジー、ライザはフィールド・ステーションで囲いの網越しに私に向かって唸り声を上げ、輝く瞳（何か興奮する物を見つけた印だ）で私と私の足もとの草むらとを交互に見つめ続けた。何をほしがっているのか私がわからずにいると、彼女は草むらに唾を吐きかけた。唾が飛んだ方には小さな緑色のブドウが落ちていた。それを取ってやると、ライザは別の場所に走っていってまた唾を吐いた。ライザは狙った場所に唾を飛ばすのがとてもうまく、けっきょく同じことをして三粒のブドウをせしめた。ライザは飼育係がブドウを落とした場所を覚えていて、私を見かけると、これを幸いとばかり、指示を発したに違いない。[44]
ジョージア州立大学の言語研究センターでチャールズ・メンゼル（エミール・メンゼルの息子）が行なった研究からも、さらなる裏付けが得られる。これは、類人猿による参照のための合図（外部の物や出来事を指す合図）に関する研究のうちでも抜きんでたものと言えるかもしれない。チャールズは、囲い地の中にいるパンジーというメスのチンパンジーが見ている前で、周囲の森に物を隠した。翌朝、飼育係たち（彼らはチャールズが何をしたのか知らない）がやってくると、パンジーは盛んに「指摘」したり、手や頭を振ったり、ハアハア喘いだり、叫んだりして注意を引くので、飼育係たちはとうとう森の中に隠された物を捜し出して彼女に渡した。パンジーは執拗で、ときには指まで使って明確に場所を指摘した。
もっとも、類人猿が互いに物を「指摘」し合うことはめったにない。ボディランゲージを理解するのがとても巧みなので、私たちが使うようなあからさまな合図を必要としないのかもしれない。だが、手を使った「指摘」の報告もいくつかある。その中から私自身が一九七〇年代に観察したものを一つご紹介しよう。

メスはメスに脅されると甲高い怒りの吠え声を上げて相手に挑み、同時にオスにはキスしたり大騒ぎしておべっかを使ったりする。ときには喧嘩の相手を指し示すこともある。これはめったに見られない仕草だ。チンパンジーは一本の指ではなく手全体で指し示す。彼らが実際に指し示しているところを目にすることはめったになく、その場の状況がわかりづらいときに限られていた。たとえば、オスが横になって眠っていたり、最初からその喧嘩にかかわっていなかったりしたときだ。そうした場合、攻撃するメスが喧嘩の相手を手で指し示した。(45)

他にも、コンゴ民主共和国の密林に住む野生のボノボを研究しているスペインの霊長類学者ジョルディ・サバテル＝ピの話がある。一九八九年に、一頭のボノボがともに移動中の仲間に、隠れていた科学者たちの存在を知らせるところが観察された。

木々の間から何か物音が聞こえてきた。若いオスが勢いよく枝から体を振り出し、一本の木に飛び移る。……彼は鋭い叫び声を上げた。姿の見えない他のボノボたちがそれに応える。彼は、右腕を伸ばし、人差し指と薬指を除いて手をなかば閉じ、三〇メートル離れた下生えの中にカムフラージュして潜んでいる二つの観察者のグループの位置を指し示した。同時に、彼は叫んで群れの仲間たちがいる方へ頭を向けた。彼は指し示して叫ぶ行為を二度繰り返した。近くにいた群れの仲間たちが近づいてくる。彼らは観察者たちの方を見た。若いオスもいっしょになって見た。(46)

どちらの事例でも、前後関係は完全に適切だ（チンパンジーとボノボは他者が見落としていたものを指摘した）し、結果を視覚的に確認する行為を伴っていた。また「指摘」は、示した方向を他者が見たり、その方向に他者が向かって歩きだしたりした途端に終わった。フィールド・ステーションの私たちのチンパンジーの間でも同じような事例が観察されている。その一つをビデオで撮影した。メスが、たった今、自分を平手打ちにしたオスに向かって、まるでなじるかのように腕をいっぱいに伸ばし、一本の指で指し示している姿だ。

類人猿の「指摘」が人間の「指摘」と大きく違うのは、それが稀で、対象が、食べ物や危険のように、彼らが差し迫った問題と考えるものに限られる点だ。(47) 彼らは、私たちがたえずしているように、情報を惜しみなく分かち合うことはめったにしない。人間なら二人で博物館の中を歩きながら、展示物の一つひとつに互いに相手の注意を引き、古代の遺物について語り合う。子供は親が見逃さないように、宙に浮かんだ風船を指差す。夜、私の自転車のライトがついていなかったら、誰かが指差して教えてくれる。従来、人間以外の霊長類にそのような行動が見られないのは認知能力の大きなギャップの存在を表しているものと考えられてきたが、私は、むしろ動機の欠如のせいではないかと思う。何と言おうと、人間に取ってもらえるように食べ物を「指摘」することを学べる種が、食べられない物に関して同じようにできないとは思い難いではないか。彼らがそうしないのは、そうしたくないからに違いない。

しかし、これについても例外はある。ボノボは何か興味のある物を見つけると小さな鳴き声を上げる。甲高い声で短く鳴く。サンディエゴ動物園で毎日ボノボを観察していたとき、ある年少のグループには驚かされた。彼らは毎朝、草の生えた広い囲い地に放されるとあたりを動き回っては、さまざまな物（たいてい私にはそれが何なのかわからなかった）に対してこの鳴き声を上げ、そのたびにすぐ仲間が見にいく。虫や、鳥の糞や、花などを見つけてそれに注意を引いていたのかもしれない。仲間が示す反応を考えると、その鳴き声は「これを見にきて！」といったようなことを伝えていたのだろう。

私たちのチンパンジーのコロニーで情報の共有が盛んに行なわれたことがあった。それは、いつも恐れ知らずのケイティが大きなトラクターのタイヤの下の土を掘り返していたときだ。ケイティはその作業の最中、「フー」という小さな警告の声を発し、蛆虫《うじむし》だろうか、何かうごめくものをつまみ出した。彼女はそれをまるでタバコのように人差し指と中指の間に挟んで、自分から遠ざけて持っていた。最初、その匂いを嗅ぐと振り向き、伸ばした腕で掲げながら母親や他の仲間に見せた。そのあとそれを放り出すと、その場を離れた。すると、母親ジョージアがやってきて、同じ場所を掘り始めた。彼女も何かをつまみ出し、匂いを嗅ぐと、すぐさま警告の鳴き声を上げ始めたが、娘よりずっと大きな声だった。彼女はそれを放り出し、離れた所に座り、相変わらず警告の鳴き声を独りで上げていた。それから、ジョージアの妹の幼い娘（ケイティのいとこ）がタイヤの下のまったく同じ場所にやってきて何かをつまみ出した。彼女は後ろ脚で歩いてジョージアの所へ行くと、掘り出したものを彼女に差し出した。ジョージアは今度はいっそう強く警告の叫び声を上げた。これでようやく幕切れとなった。

この一連の出来事を見ていたヴィッキー・ホーナーは、興味の対象は、タイヤの下にあった気持ちの悪いネズミの死骸か何かに違いないと考えた。チンパンジーたちには匂いがわかる物で、蛆虫に覆われていたのかもしれないが、定かではなかった。

情報の共有が興味深いのは、それが、自分自身の視点と他者の視点の比較（他者が知る必要のある事柄を感知すること）に基づいている点で、これは高度な共感の基盤でもある。これを行なう能力は、しっかりした自己意識を持った数少ない種にしか現れなかったのかもしれない。二歳の子供に同様の振舞いができるのも、この強固な自己意識のおかげだ。だが子供は、ほどなくさらに先へと進み、情報共有に執着するようになる。彼らは何にでも意見を述べる必要を感じ、あらゆることについて質問する。これは人間に特有らしく、言語を高度に発達させたことと関係があるのかもしれない。言語には意見の一致が必要であり、それはたえず比較し試してみることなしには得られない。

私が遠くにいる一頭の動物を指差して「シマウマだ」と言い、あなたが「いや違う。ライオンだ」と言ったとしたら困りものだし、場合によっては二人とも非常に厄介な状況に陥りかねない。それは人間に特有の問題だが、私たちにとってきわめて重要なため、直示的な仕草と言語の進化は密接に結び付いているのだ。

第六章
Fair Is Fair

公平にやろう

誰もが本来自分にとって良いもの、正しいものを、ただ平和のために、図らずも求めるのだろう。

——トマス・ホッブズ（一六五一年）(1)

一九四〇年の春、ナチス・ドイツ軍が進撃してくる中、パリの人々は荷物をまとめて街から逃げ出した。その光景を目撃したイレーヌ・ネミロフスキーは著書『フランス組曲』の中で、この大脱出に際し、裕福な人たちが特権をはじめ、あらゆるものを失う様子を描いている（その数年後、ネミロフスキー自身はアウシュヴィッツで命を落とすことになる）。富裕階級の人は使用人を連れ、自動車に乗って出発する。宝飾品を荷物に詰め込み、高価な陶磁器も念入りに梱包して持ち出すが、ほどなく使用人は主人を置き去りにし、ガソリンは底をつき、自動車も故障する。もちろん、家から持ち出した陶磁器のことなど、生きるか死ぬかのときにかまっていられる人などいるはずもない。

ネミロフスキーも富裕層の出だが、彼女の小説を読むと、行間にはある種の満足感が見て取れる。危機に際しては階級差も霞むのだという、満ち足りた思いが。誰もが苦しんでいるときに上流階級も苦しむのは当然という思いも、そこには込められている。たとえば、いつもなら上流階級の人たちがホテルにやってきて威張り散らせば部屋がとれるのだが、どの部屋も人があふれんばかりならば、どうにもならない。それに、彼らも一般庶民と同じように、食べなければお腹が空く。唯一の違いは、彼らがそうした状況に、より痛切な屈辱を味わうことだ。

彼は美しい両の手を見た。日々働くことなど知らぬ手だ。せいぜい骨董の銀製品や革装の本にそっと触れたり、彫像やときにはエリザベス朝様式の調度品を優しく撫でたりするだけだった。高い教養やためらいや高潔さ、つまり彼の人となりをもってして、何ができるのか。不安で狂わんばかりの一般市民のただなかにあって、彼にはいったい何ができるというのか。(2)

こうした文章にはもっぱら、共感に対立する気持ち「シャーデンフロイデ（他者の不幸から得る痛快感）」を引き起こさせる意図があるように思える。つまり、裕福な人たちが不運に見舞われていると私たちは人知れず満足を覚えるのを、書き手は利用しているのだ。不運に見舞われるのが貧しい人ではだめで、そこが肝心だ。私たち人間はなんとややこしい生き物だろう。いともたやすく社会的階級を形作るというのに、そのじつ、階級に嫌悪感を抱くし、すぐに他人に同情するものの、それには、妬んでいたり脅されていたり、自分自身の福利を気遣っていたりしていなければという条件が付く。人間は社会的な脚と利己的な脚という、二本の脚で歩く。ある程度までならば地位や収入に格差があっても容認するが、限度を越えると途端に、弱者を応援し始める。私たちには平等主義者として歩んできた長い歴史があり、そのために公平さの感覚が色濃く染み付いている。

ウサギを狩るか、シカを狩るか

社会的階級に対する姿勢の点で人間と類人猿には違いがあることにいちばん驚かされたのは、私には笑えてしまう出来事にチンパンジーが反応を示さなかったときだ。

そんな場面に初めて出くわしたのは、たくましいアルファオスのイエルーンが全身の毛を逆立てながら威嚇ディスプレイをしている最中のことだ。威嚇ディスプレイ自体は、とうてい笑いの種にするものではない。コロニーの仲間たちがみな、戦々恐々と見守っているのは、彼らも承知のとおり、体中に雄性ホルモンのテストステロンをみなぎらせたオスは、自分こそボスだということを誇示したがっているためだ。邪魔をすれば誰でも散々に打ちのめされる危険がある。イエルーンは、誰であろうと何であろうとぺしゃんこにしかねない、毛皮をかぶった蒸気機関車さながら、傾いた木の幹を勢いよく踏みつけながら登った。彼はそれまでもたびたびこの木の幹を一定のリズムで踏みつけた。やがて木全体が揺れて軋《きし》み、彼の強さとスタミナがさらに大仰に周囲に伝わる。どのアルファオスも独自の「特殊効果」を考え出す。だが、その日は雨が降ったので木の幹は滑りやすくなっていた。そのため、この示威行動も佳境に入ったところで、最高権力を誇るこのリーダーは足を滑らせた。一瞬、幹にしがみついてから、芝生の上に落ち、座り込むと、うろたえた様子であたりを見回していた。だがやがて、ディスプレイを続けなければとばかり、集まって見ていた仲間たちにまっしぐらに駆け寄り、恐怖で叫び声を上げる彼らを蹴散らし、演技を締めくくった。

イエルーンが落ちるのを目にして私は大笑いしたが、私の見るかぎり、それはどのチンパンジーにとっても少しも滑稽ではなかった。彼らはイエルーンが落ちたときも（イエルーンにしてみれば、意図していた筋書きでないのは明らかだったが）、まるですべてディスプレイの一環であるかのように、じっと眺め続けた。似たような出来事は別のコロニーでも起きた。そのコロニーのアルファオスがディスプレイの最中に硬いプラスティックのボールを拾い上げた。彼はよく、このボールを力いっぱい空中に投げ上げていた。高く上がれば上がるほど満足だった。投げ上げたボールは大きな音を立ててどこかに落ちる。だが、このときは違った。アルファオスはボールを投げ上げると、困惑した表情を浮かべながらあたりを見回した。不思議なことにボールが消えてしまったからだ。彼は気づいていなかったが、ボールは投げ上げられたのと同じ軌道をたどって落下していた。そして、彼の背中を強打した。彼はぎょっとして、ディスプレイを中断した。これまた滑稽な眺めに思えたが、周りのチンパンジーが一頭としてそれに反応する様子は見て取れなかった。もし人間だったら、腹を抱えて笑い転げていただろう。あるいは、恐ろしくてそれが無理なら、痣になるほどつねり合って笑いをこらえようとしていたはずだ。

「サルが高く登るほど、尻がよく見える」。一三世紀の神学者、聖ボナヴェントゥラのものとされるこの言葉は、私たちが地位の高い者についてどう考えているかを見事に表している。実際、これはサルよりも人間になおさらよく当てはまる。頂点に立つ個体が威厳と力を見せつけようとしているときに醜態をさらすことに、ちぐはぐさを感じたという点で、私自身の反応がまさにそうだろう。同じように、政治指導者がばつの悪い失言をしたとか、下着一枚でストリップクラブのダンス用ポールにつながれていたとか聞くと、私たちは笑いをこらえることができない。警察の手入れの最中にポールの一件に遭ったオーストラリアの政治家は、二つの教訓を得たと述べた。「絶対に手錠でポールにつなげさせないこと。そして、いつもきれいな下着を身に着けること」(3)

人間には、明らかに秩序を覆そうとする傾向がある。だから、権力者をどんなに尊敬していても、その鼻をへし折ってやるのは間違いなく楽しいのだ。現代の平等主義者には、狩猟採集民から農耕民までさまざまな人がいるが、やはり同じ傾向がある。分かち合いを重視し、富や権力の有無による差別を抑え込む。支配者気取りの者が自分は周囲の人に命令できるのだと思い込んでいれば、その考え方がどれほど滑稽かあからさまに指摘される。人々は、本人の目前でも陰でもその人を笑い物にする。部族社会がいかに階級差をならすのかに関心を寄せるアメリカの人類学者クリストファー・ベームは、リーダーが威張り散らしたり、自己権力を拡大したり、富の再配分を怠ったり、部外者を自分に都合良く利用したりすれば、尊敬や支持をたちまち失うことを発見した。そんなリーダーに抵抗するための武器は嘲りや陰口や不服従だが、平等主義を訴える人たちはそれ以上に厳しい抵抗措置をとることもある。首長でも、他人の家畜を横取りしたり他人の妻に性的関係を強要したりすれば命を失う危険があるのだ。(4)

私たちの祖先が小規模な社会で暮らしていた頃は、社会的階級は流行らなかったかもしれないものの、農業開始以後、人間が定住して富を蓄積するようになると、間違いなく復活した。だが、こうした縦の序列を覆そうとする傾向は私たちの中に相変わらず残っている。人間は生まれながらにして革命家なのだ。ジークムント・フロイトでさえこの無意識の願望を認識し、人間の歴史が始まったのは、専横な父親によってすべての女性から遠ざけられた息子たちが不満を募らせ、ついに結託して父親を殺したときからだと考えた[5]。フロイトが示した起源についての説に含まれる性的な意味合いは、あらゆる政治的・経済的関係のメタファーとなりうるのであり、この結び付きは脳研究で確かめられている。人間が金銭に絡む決定をどのように下すかを知りたいと考えた神経経済学者が調査すると、金銭面のリスクを評価する際に人間の脳内で発火する領域は、刺激的な性的イメージを目にしたときに発火する領域と同じであることがわかった。実際、性的イメージを目にしたあと、男性は警戒心をそっくり捨ててしまい、通常より多額のお金を投機に注ぎ込む。ある神経経済学者はこう語る。「セックスと強欲のつながりは太古のもので、男性が、女性を引きつけるために養い手あるいは資源の収集者としての役割を進化によって手にしたときまでさかのぼる[6]」

　経済学者によれば、私たち人間は合理的に利益を最大化するというが、今述べた話からはあまりそう思えない。公平さの感覚は経済に関する決定に明白な影響を与えるにもかかわらず、従来の経済モデルでは、その感覚を考慮していない。それに、ホモ・エコノミクス（訳注　もっぱら経済性や合理性の観点に立って行動する人間）の脳は性的なものと金銭的なものをほとんど区別しないにもかかわらず、この経済モデルは人間の感情全般を無視している。一方、広告を出す側は、こうした人間の特性を十分心得ているので、自動車や腕時計といった高価な品物と魅力的な女性を組み合わせることがよくある。ところが経済学者が好んで思い描くのは、市場の力と、自己利益に根差した合理的選択によって動かされるという仮想に基づく世界だ。この仮想世界が当てはまる人もたしかにいる。良心の呵責など覚えずに、純粋に利己的に振る舞い、都合よく他者を利用する人たちだ。だが、実験してみるとたいてい、そんな人たちは少ししかいない。大多数は利他的で協力的で、公平さに敏感で、共同体の目標を志向している。彼らの間に見られる信頼と協力のレベルは、経済学者の考えるモデルの予想水準を上回っている。

想定したものが実際の人間の行動と一致しないとすれば、これは明らかに問題だろう。人間は打算的な日和見主義者以外の何者でもないと考えるのが危険なのは、そう考えることによって、私たちがまさにそうした行動へと駆り立てられてしまうからだ。他者に対する信頼が蝕まれ、私たちは寛大さを失い、用心深くなる。アメリカの経済学者ロバート・フランクは次のように説明する。

自分自身や自分の可能性についてどう思うかによって、自分がなりたいと望むものが決まってくる。……自己利益追求理論が与えてきた有害な影響は不穏極まりない。この理論は、他者をこれ以上ないほどの悪人と考えるよう促すことで、私たちの最悪の面を引き出してしまうのだ。本来私たちはもっと高潔な本能を持っているのに、不利益を被るのを恐れるがために、そんな本能は気にもとめたがらなくなることがよくある。(7)

フランクは、純粋に利己的な見通しが、皮肉にも、私たちに最も有利になるわけではないと考える。人類ははるか昔から、長期にわたって相手に感情的に関与し続けることで種を維持してきた。ところが、利己的な見通しを立てると視野が狭まり、ついにはそのように関与する気が失せてしまう。もし私たちがほんとうに、経済学者の言うとおりの狡猾な策士であるならば、つねにウサギを狩り続けるだろう。シカを捕ることもできるというのに。

これはウサギとシカの二者択一のジレンマだ。ジャン＝ジャック・ルソーが『人間不平等起源論』で初めて持ち出したもので、今やゲーム理論の専門家の間で人気を集めつつある。これは、個人主義による小さな報酬を選ぶのか、集団行動による大きな報酬を選ぶのかという選択だ。二人の狩猟者が、それぞれが別にウサギのあとを追っていくか、手を組んでシカ（折半しても、ウサギよりはるかに大きな獲物）を持ち帰るのかを決めなければならない。(8) 私たちの社会では、信頼がうまくリレー式にまとめられてきた。たとえばクレジットカード払いができるのは店のオーナーが私たちを信頼しているからではない。店側はカード会社を信頼していて、カード会社が私たちを信頼しているからなのだ。つまり私たちは、手の込んだシカ狩りをしていることになる。だが、無条件にこの狩りをするわけではない。進んで協力して事にあたる気になれる相手と、そうではない相手がいる。生産的な協力関係を結ぶためには、これまでギブ・アンド・テイクの関係を続けてきたことや、相手の誠実さが保証されていることが欠かせない。それでようやく、私たちは個人の力を超えた大きな目標を達成する。

この点での違いには著しいものがある。一九五三年、中国とパキスタンの国境にあるK２で八人の登山者が遭難した。K２は世界第二の高峰で、危険そのものの山だ。気温が氷点下四〇度に下がる中、そのパーティの一人の足に血栓ができた。体の利かない仲間を連れて下山すれば他のメンバーの命が危険にさらされるが、その人を置き去りにしようと考える者は誰もいなかった。このパーティの団結ぶりは伝説として歴史に刻まれた。これを最近起きた出来事と比べるといい。二〇〇八年、K２に挑んだパーティが団結心を放棄し、一人一人が命を落としたのだ。ある生存者は、全員がわが身大事という気持ちに駆り立てられたことを嘆いた。「誰もが自分を守るために闘っていた。なぜみんなが互いを見捨ててしまったのか、私はいまだに理解できない[9]」

一九五三年のパーティはシカを追い、二〇〇八年のパーティはウサギを追ったのだ。

オマキザルの信頼ゲーム

最近では、企業研修には信頼促進のゲームがつきものだ。一人が仲間に背を向けて台の上に立ち、仲間は背を向けた人が倒れてきたら腕で受け止めるように準備をする。あるいはこういうものもある。広々としたスペースに物を散乱させて地雷原に見立てる。一人が目隠しをした同僚に口頭で指示を出しながら、そのスペース内をうまく導く。こうしたゲームによって個人と個人の間の障壁は打ち砕かれ、互いを信じる気持ちが徐々に生まれ、共同で活動するための準備が整う。誰もが助け合うことを学ぶ。

だが、こうしたゲームもコスタリカのオマキザルのゲームに比べれば子供騙しにすぎない。それどころかオマキザルのゲームは人間にはとても許されない。弁護士に相談したら、やめておくように言われるに決まっている。この小さなサルたちが木の上でしていることは常識ではとても考えられず、私自身、ようやく現実の行為なのだと納得したのは、アメリカの霊長類学者スーザン・ペリーのビデオを、はらはらしながら見守る人々といっしょに目にしてからだ。そのゲームの代表が「手指挿入」と「眼球突き」の二つだった。

まず「手指挿入」では、二匹のオマキザルが枝の上に向き合って座り、互いに自分の指を相手の鼻に、第一関節が入るぐらいまで徐々に差し込む。二匹は体を静かに揺らしながら、「夢心地に似た」

と言われる表情を浮かべて座っている。オマキザルはいつもは過激なほど活発で社交的だが、「手指挿入」をしているときは群れの仲間から離れた所に座り、長ければ三〇分も相手に集中する。

さらに奇異なのが二つ目の「眼球突き」のゲームだ。このゲームでは相手のまぶたと眼球の間に自分の指をほぼすっぽり入れてしまう。サルの指は小さいとはいえ、目や鼻の大きさと比べれば、人間の場合より少しも小さくはない。それに、指には爪が生えているし、爪が特別清潔ではないのは明らかだから、角膜を引っ掻いたり感染症を引き起こしたりする可能性もある。このゲームをするときには、サルはほんとうにじっとしていなくてはならない。さもなければ失明したりさせたりするかもしれない。このゲームほど痛々しくて見ていられないものはない。二匹は何分間も同じ姿勢を保つ。そしてその間に、目を突かれているほうのサルが自分の指を相手の鼻に差し込むこともある。

このような風変わりなゲームの目的は明らかではないが、一つには、サルが互いの絆を試していると考えることができる。そう考えれば、人間が自らを危険にさらすような儀式的な行為をする理由の説明にもなる。たとえば、ディープキスには病気が伝染する危険が伴う。濃厚なキスは相手次第で、喜ばしいものにも、気分の悪いものにもなる。つまり親密なキスをすると互いの関係をどのように認識しているのかがよくわかるのだ。カップルなら、キスは愛や熱意、相手の誠実さまで試すものと見なされる。オマキザルの場合も、お互いがほんとうにどれほど好きなのかを知ろうとしているのかもしれない。それがわかれば、群れの中で対立が起きたときに誰に味方になってもらえるかを判断する手掛かりが得られる。また、こんな説明もある。このゲームがサルにとってストレス軽減になるというものだ。サルはストレスに事欠かない。サルの集団生活はドラマに満ちている。彼らは目を突いたり、あるいは指を差し込んだりしながら、いつもとは違って穏やかで夢のような状態に入るように見える。サルたちは、脳の中でエンドルフィンでも分泌させながら、痛みと喜びの境界を探っているのだろうか(10)。

「信頼ゲーム」について触れるのは、どれだけ控えめに言っても、相手への信頼度が高くなければ、目を突かせたりはしないからだ。相手につけ込まれないだろうと想定して、自分を危険にさらせるのは、何にも劣らぬ深い信頼があればこそだ。サルたちが示し合っているのは、互いについての知見に基づき、「万事うまくいく」と信じているということだろう。それは、人間が仲間の腕を頼りに後ろ向きに倒れるゲームで示すものと同じだ。こうして信じ合えるというのは、言うまでもなく素晴らしい気分であり、おもに家族や友人と分かち合う感覚だ。

動物はこうした関係をじつにたやすく築き上げる。他の種との間でもそうだ。たとえば、ペットとしてならば人間とも関係を築く。だから私たちは、彼らを手で逆さ吊りにしたり、着ているセーターの中に押し込んだりできるのだ。彼らはそんな恐ろしい扱いは、見知らぬ人にはけっしてさせない。あるいは逆に私たちのほうから大型犬の口に腕を入れたりする。犬は肉食動物で、口に入った腕から肉を噛みちぎる性質があるのに、だ。また、動物どうしでも互いを信頼するようになる。ある、昔ながらの動物園では、カバと同じ囲いで飼育されていたサルが、カバの歯を掃除していた。カバが大量のキュウリやレタスを平らげると、その小さなサルが近づいていってカバの口をコツコツと叩く。カバは口を大きく開ける。どう見てもサルもカバもこの手順はお馴染みのようだ。サルは、車のボンネットを開けて作業中の修理工さながらに、カバの口の中に頭を突っ込み、歯の間に詰まった食べかすを手際よく取り除き、すべて自分の口に入れる。カバもサルのサービスに満足しているようだった。というのもサルが仕事に励んでいる間はずっと口を開けているのだから。

サルが負うリスクは見かけほど大きくはなかった。カバは口も大きいし歯も危険かもしれないが、およそ肉食とは言えない。実際に自分を捕食してしまうかもしれない動物のために同じような仕事をするとなるともっと厄介だが、じつはそんな場合もある。掃除屋のベラは海に棲む小型の魚で、自分よりはるかに大きい魚の体の表面に寄生する生物を餌とする。掃除屋はそれぞれ岩礁に「店」を持ち、そこに常連客がやってくる。客が胸びれを広げて姿勢を整えると、掃除屋は仕事にかかる。掃除屋が繁盛していると、客が列を成して待つこともある。完璧な相利共生だ。掃除屋は、客の体表やえらに付いた寄生虫ばかりか、口の中の寄生虫まで食べてしまう。

相互信頼の証。動物園でサルがカバの口の中を掃除するところ。

掃除屋は客を信頼しており、寄生虫を食べることを許してもらえる、客が自分のキャリアを中途で断つような真似はしない、と信じている。だが、客のほうも掃除屋に信頼を寄せる必要がある。なぜなら、掃除屋がみんな誠実に働いてくれるとはかぎらないからだ。素早く客の体表に噛みついて、寄生虫の付いていない所を食べてしまうこともある。それをされると客は身震いしたり泳ぎ去ったりする。スイスの生物学者レドゥアン・ブシャリーは紅海でこうした相互作用を追った。ブシャリーによると、掃除屋は損ねた関係をあわてて修復し、客を呼び戻そうとする。大きな魚の周りを泳ぎ回り、自分の背びれで客の腹をくすぐる「接触マッサージ」を提供する。客はこのマッサージに痺れて脱力状態になる。客は流されるままに周辺を漂い始め、岩礁に突き当たる。このマッサージ作戦によって信頼関係が回復するらしい。客はたいていもっと掃除をしてもらうために、あたりにとどまる。

掃除屋がけっして欺かないのは大型の捕食者だけだ。彼らを相手に商売するときは賢明にも、ブシャリーの言う「無条件協力戦略」を採る。ではこの小さな掃除屋は、自分がどの魚に食べられてしまう可能性があるのかをどうやって知るのか？　直接体験から知っているとは思えない。直接体験とはつまり命を落とすことだから。では、他の魚が食べられているところを目撃したからだろうか？　あるいは、赤頭巾ちゃんのように、相手の大きな歯に気づいたのか？　一般的に、魚にはたいした知識がないと考えられているが、それはただ魚を過小評価しているからだ。私たちはたいてい、動物を過小評価するものだ。

信頼とは、相手の誠実さや協力に対する依存、あるいは少なくとも相手が自分を騙しはしないだろうという期待と定義される。これは、掃除屋の魚が客のエラや口に入り込むときに客とどのような関係を築かなければならないか、あるいはオマキザルが目を突くゲームを行なう相手を決めるときに何を根拠にするのかを、申し分ないほど見事に言い表している。信頼は社会が滞りなく機能するための潤滑油だ。何かをいっしょに行なう前にいつもまず相手を試さなくてはならないとしたら、何一つ成し遂げられないだろう。私たちは過去の経験を活用して誰が信頼に足るか判断する。社会のメンバーとの経験を一般化して、それに基づいて判断することもある。

こんな実験がある。二人の人がそれぞれ、わずかなお金を受け取る。一方が自分の受け取るお金を放棄すれば、相手の金額が倍になる。相手も同じ立場に置かれている。だから双方にとっていちばん良いのは二人とも自分のお金を放棄することだ。そうすれば二人とも倍の金額を手に入れられるからだ。ただし、二人は互いを知らないし、口を利くことも許されない。しかも、このゲームはたった一回だけ。こうした条件のもとでは、もらえるものをもらっておくのが賢いように思える。相手が当てにならないからだ。だが、それでもやはりお金を放棄する人もいるため、二人が揃って放棄したペアは当然、他のペアより多くお金をもらえた。この研究をはじめとする多くの研究の結果からわかる肝心な点は、私たち人間は合理的選択理論から予測されるよりも、もっと相手を信用するということだ。(11)

わずかなお金が絡む一回限りのゲームでなら、他人を信用するのもいいだろうが、長期にわたる場合はもっと慎重になる必要がある。どんな協力のシステムにもつきまとう問題として、自分がそのシステムに差し出すよりも多くを得ようとする人がいることが挙げられる。ただ乗りを食い止めなければシステム全体が崩壊してしまうだろう。だから人間は他者との取引では自ずと慎重になるのだ。

こうした慎重さに乏しければ、予想外のことが起きる。一例を挙げよう。生まれつき遺伝子に欠陥があるために、明けっ広げで誰でも信じてしまう人がいる。七番染色体の比較的少数の遺伝子が発現しないために引き起こされるウィリアムズ症候群を患う人たちだ。ウィリアムズ症候群の患者は、周りの人まで愛想が良くなるほど人懐こいし、人といっしょにいるのが大好きで、極端なまでに口数が多い。自閉症やダウン症を患う子供たちに、「もし、鳥になれたらどうする?」と尋ねてみても、あまり答えは返ってこないかもしれないが、ウィリアムズ症候群の子供に訊いたら、こんなふうに答え

るだろう。「面白そうだね。思いっきり空を飛ぶよ。男の子がいたら　頭の上に舞い降りて歌うんだ」(12)

こういった愛嬌のある子供にはつい心を許してしまいそうだが、彼らには友だちが少ない。彼らは誰彼かまわず信じ、何もかも等しく好きになってしまうからだ。私たちは、当てにできるかどうかわからないので、そういう人から身を引いてしまう。彼らは受けた好意に感謝するのだろうか？　私たちが争いに巻き込まれたとき、手を差し伸べてくれるのか？　目標を達成するための手助けをしてくれるのか？　おそらくどれも無理だろう。つまり私たちが友人に求めるものを彼らは何一つ持ち合わせていない。それに、他者の意図を感知する社会的技能も持たない。悪意を想定することがないのだ。

ウィリアムズ症候群は自然による不幸な実験と言える。その結果からわかるのは、この症候群の患者が非常に得意とするように、たんに友好的で人を信じるだけでは、結び付きを維持するには不十分ということだ。私たちは他者に、識別する力を求める。少数の遺伝子がこうした障害を引き起こしうることから、用心深さという標準的傾向は生まれつきのものであることがわかる。人間という種は、信頼するかしないかを慎重に選択するし、それは他の多くの種にも当てはまる。

たとえば、チンパンジーの子供は母親を信頼することを覚える。母親は木に座り、子供の手や足をつかんで地面のはるか上で宙吊りにする。母親が手を離せば子供は落ちて死んでしまうが、そんなことをする母親はいない。移動中、子供は母親の腹にしがみつくか、もう少し大きくなれば背中に乗る。チンパンジーの子供は六年ほど育ててもらう必要があることを考えると、母親の背中に寄生しているようなものだ。あるとき私がジャングルでチンパンジーの一行の後ろを歩いていると、子供が母親の背中で立ち上がってとんぼ返りを始めた。すると母親は振り返ってその幼いチンパンジーに軽く触れてたしなめた。その様子は、人間が自動車の後部座席で騒ぐ子供に注意するところに似ていなくもなかった。

その一方で、チンパンジーの子供は、相手に不信感を抱くことも覚える。たとえば仲間と遊んでいるときだ。子供が二頭、揃って笑い声を上げ、走り回る。楽しんでいるように見えるが、どちらが相手を組み敷けるか、どちらが相手を叩けるか、あるいは叩かれても痛がって鳴き声を上げないか、じつは競い合ってもいる。とくにオスの子供は乱暴な遊びが大好きだ。だがそのとき、どちらか片方のオスの兄が現れると、力関係は一変する。兄がすぐそばに立っているほうのオスは急に気が大きくなり、相手を前より強く叩き、噛みつきさえする。喧嘩になったらどちらに加勢が付くのかは二頭ともわかっている。こうして遊びは今や非友好的なゲームとなる。これは少しも珍しいことではない。チンパンジーはまだ幼いうちに、楽しみには終わりがあることを知る。どんな遊び仲間も、母親ほど信頼はできないのだ。

私たちは極端なまでに信頼を重視する。ブッシュマンの集団では、どの男性も毒矢を持っているが、矢の先を下に向けて筒に収め、小さな子供の手には届かないように木の高い所に掛けておく。この矢は、私たちが手榴弾を扱うのと同じように扱われる。もしいつも男たちが毒矢を使うぞと威嚇していたら、集団での生活はどうなるだろうか？　私たちの文化でも、緊密な共同体では信頼の水準が高い。たとえばアメリカの小さな町に住む人たちは喜んで助け合うし、社会が目を光らせているから、住民は家のドアを開けたままにするし、車にも鍵を掛けない。テレビのコメディ番組に登場するノースカロライナ州の田舎町メイベリーで犯罪が起きたことなどあるだろうか？

だが、大都市ではそんなわけにはいかない。一九九七年、デンマーク人の母親が、ベビーカーに乗せた一歳二か月の娘をマンハッタンのレストランの外に放置したときのことを思い起こしてみよう。その子は保護されて里親に預けられ、母親は留置場行きになった。この母親は、アメリカ人から見れば、頭がおかしいか、親としての責任を放棄する違法行為を働いたということになるが、じつはデンマークの慣習に従っただけだった。デンマークの犯罪発生率は信じられないほど低いし、子供に最も必要なのは「フリスク・ルフト」すなわち新鮮な空気だと親は考えている。この母親は、子供が安全で新鮮な空気が吸えるとばかり思っていたのだが、ニューヨークにはそのどちらもなかった。けっきょく、彼女に対する告訴は取り下げられた。

私は最近デンマークを訪れたとき、赤ん坊を一人で戸外に出しておいたりするのかと研究者仲間に尋ねると、誰でもそうするよと、全員がうなずいた。赤ん坊を近くに置いておきたくないからではなく、戸外に出されるのが赤ん坊にとって非常に良いことだからだ。誘拐されるのでは、などと思う人はいない。彼らにしてみれば、そんなひどいことを考える輩がいるというのがまったく理解できない。第一、誘拐した子を連れてどこへ行こうというのか？　その子といっしょに自分の家に戻ったら、近所の人に会うたびに、どこの子かと訊かれはしないのか？　それに、赤ん坊がいなくなったことを新聞が書き立てたら、すぐに怪しまれるではないか。

デンマーク人が深い考えもなく互いに置くような信頼は、「社会的資本」と言い、それは最も貴重な資本なのかもしれない。いくつもの調査で、デンマーク人は世界一幸福度が高いという結果が出ている。

動物たちの行動経済学

私が今のオフィスから引っ越したら、さほど間をおかずに次の人が移ってくるだろう。それと同じように、自然界の不動産物件は入れ替わりが激しい。キツツキが開けた穴から、動物が棲まなくなった巣穴まで、家の候補は幅広くある。「空き家連鎖」の典型的な例は、ヤドカリの住宅市場だ。どのヤドカリも柔らかい腹部を保護するために、空になった巻貝の貝殻に文字どおり宿借りして、その家を背負って歩く。問題は、ヤドカリが成長しても家は成長しないことだ。ヤドカリはたえず新居を探している。もっと大きな貝殻に引っ越した途端に、他のヤドカリが空いた貝殻に向かって列を成す(13)。

この「お下がりの経済」が需要と供給に基づいて営まれているのは簡単に見て取れるが、それは私情を交えることなく続いていくので、人間の取引とは、やはりずいぶんかけ離れている。もしヤドカリが、「その死んだ魚をくれたら、私の家をあげるよ」といった取引をするとしたら、さぞ面白いだろう。だが、ヤドカリは取引をしないし、それどころか、入居者を無理やり追い出しても気が咎めたりはしない。

アダム・スミスは、このやり方はあらゆる動物の特徴だと考え、「犬が他の犬と、公平かつ思慮深い骨の交換をするのを見たことがある者は誰もいない……」と述べている(14)。なるほどそうだろう。だが、動物は交換をしないし動物には公平さはないというスミスの考えは間違っていた。彼は、動物は互いを必要としないと考えていたため、動物の社会性を過小評価した。もっとも、私が思うに、このスコットランドの偉大なる哲学者は、動物の「行動経済学」という生まれて間もない学問分野がどれほど発展したかを知ったら、きっと喜んだことだろう。

動物の社会性を説明するために、実験中に起きた出来事をご紹介しよう。私たちはオマキザルを訓練して、食べ物を載せたトレイをバーで引き寄せることを覚えさせた。そして、トレイに付けた錘《おもり》を重くして一匹では引けないようにして、サルどうしが協力しなければならない状況を作った。バイアスとサミーという二匹のメスが引き寄せる実験をしていたときのことだ。二匹は以前に何回もやったのと同じようにして、カップに入った食べ物を手の届く所まで引き寄せることができた。だがサミーは自分の食べ物を素早く手にすると、バイアスが自分の分をつかむ前にバーを放してしまったので、トレイは錘によって引き戻され、手が届かなくなってしまった。サミーが幸せそうにむしゃむしゃ食べている間、バイアスは癇癪を起こした。バイアスが大声で叫んでいると、三〇秒ほどしたところで、サミーが再び自分のバーに近づき、バイアスをじっと見た。それから、サミーはバイアスがトレイをもう一度引き寄せるのを手助けした。このときサミーは、自分のために引っ張ったのではない。自分の前には空のカップがあるだけだったのだから。

サミーは、報酬をもらえなかったことに対するバイアスの抗議にすぐに反応して、埋め合わせの行動をとった。そうした行動は、協力したり、コミュニケーションを図ったり、期待に応えたり、ことによると恩義に報いさえするといった、人間の経済取引に近い。サミーは、お返しをしなければと敏感に察したように見えた。バイアスが助けてくれたのだから、バイアスを助けるのをどうして断れるだろう？　サルの集団生活には、人間社会と同様、協力と競争が入り混じっていることを考えると、この種の感受性には驚くまでもない。

サミーとバイアスに血縁関係がないことは注目に値する。血縁者を助けるという動物の傾向は、ミツバチの巣やアリ塚で一目瞭然だが、哺乳類や鳥類でも見られる。「血は水よりも濃い」と言うように、人間社会にも親族の助け合いは多く見られる。血縁者を助けることには遺伝的利点がある。だからこそ、生物学者は、血縁者を助けることと血縁関係にない者を助けることとを、分けて考えている。血縁関係にない者を助ける利点ははるかにわかりづらい。それならばなぜ動物は、そうした助け合いをするのだろうか？　これについて、ロシアの貴族出身の革命家ピョートル・クロポトキンは、二〇世紀初めに著書『相互扶助論』の中で説明を試みている。すなわち、援助が相互的ならば当事者すべてが利益を得ることになるというのだ。

クロポトキンは言い落としたのだが、そうしたシステムが機能するのは誰もがほぼ平等に寄与した場合に限る。だが、木に水をやらずにその実を食べようとする者も出てくるだろう。つまり、協力関係はただ乗りする者を生みやすいのだ。『相互扶助論』出版の数年後、クロポトキンは自身の見解を正し、「怠惰な人々」について述べて、解決策を示した。

ある特定の事業のために結束している有志の一団を例にとろう。みなが成功を願い、真剣に働くが、一人だけ、自分の持ち場をよく離れる者がいたとする。彼のために団体を解散したり、罰金を課すために代表者を選んだり、仕事をしたことを示す印を配ったりしなければならないのだろうか？　そのようなことをするわけはないが、事業の先行きを危うくする仲間は、いずれ次のように言われるだろう。「友よ、ほんとうはいっしょに働きたいのだけれど、君は持ち場をよく離れるし、仕事をまじめにやらないから、君とは手を切らざるをえない。君のだらしなさに我慢できる仲間をよそで探したまえ！」[15]

同じように、動物は協力する相手を選ぶし、互いに積極的に協力し合うペア・システムを作ることがある。わざと気持ちの悪い話をするつもりはないが、チスイコウモリが毎夜、何も知らない犠牲者から吸ってきた血を仲間どうしで分け合うのが、その最たる例だろう。犠牲者は、ウシやロバのような大型哺乳類のことが多いが、眠っている人間のときもある。A、B二匹がペアになり、ある晩コウモリAが運良く血を吸うことができると、共同のねぐらに戻り、コウモリBに血を吐き与える。次の晩、コウモリBが運良く血を吸うことができると、コウモリAに吐き与える。チスイコウモリは血がなければ一日たりとも生きることができないので、こうしてリスクを分散するのだ。[16]

だが、チンパンジーはさらにその上を行く。オスのチンパンジーはサルを狩る。これは、三次元空間での非常に難しい仕事だ。獲物を追うには単独よりもチームのほうが成功率が高いので、彼らはシカ狩りのパターンをとる。かつて私は実際にその光景を目撃して魅了された。ただし、チンパンジーは興奮するとおびただしく排便をするため、いわゆる「フィールドワーカーのシャワー」をたっぷりと浴びせられてしまったが。それまではチンパンジーのフーティングや叫び声と、それに入り交じるおびえたサルの甲高い悲鳴から、狩りの様子を窺い知るだけだった。だがこのときは、頭上の木に数多くのチンパンジーの大人のオスが、好物の獲物である赤コロブスザルの死骸の周りに集まっていた。私は「シャワー」のせいでひどい悪臭に包まれていたが、それについて不平を言うつもりはない。ほんとうにぞくぞくしながらすべてをこの目で眺め、肉を分配するところまで見届けたのだから。オスはみんなで肉を分け、さらに、数頭の発情期のメスにも分け与えた。

獲物を捕まえるのは普通一頭だけで、全員が肉にありつけるとはかぎらない。オスが分け前に与る可能性は、狩りで果たした役割に応じているようだ。そこには互恵性が窺える。最上位のオスでさえ、狩りに加わりそこねれば、分け前をねだってももらえないことがある。(17)

互恵性を飼育環境下で観察するには、葉の付いた枝やスイカのような量の多い食べ物を一頭のチンパンジーに手渡して、何が起きるかを観察するといい。レーガノミクスにおけるトリクルダウン理論を例証するかのように、食べ物を獲得したチンパンジーを中心にして、その周りに他の多くのチンパンジーが群がる。ほどなく、分け前をたくさんもらったチンパンジーの周りに第二、第三の群れができ、最後には食べ物は全員に少しずつ行き渡る。食べ物をねだるチンパンジーが鼻を鳴らして哀れっぽく鳴くことはあるが、暴力的な衝突はめったにない。ごく稀に、そうした騒ぎが起きるのは、食べ物の所有者が誰かを輪から外そうとするときだ。自分が獲得した枝で相手の頭を打ち据えたり、甲高い声で吠えかかったりして、追い払ってしまう。群れの中での序列がどうであれ、食べ物の所有者が食べ物の流れを支配する。チンパンジーがいったん互恵性モードに入ると、社会的な階級など関係なくなる。(18)

八〇年代のジャネット・ジャクソンのヒットソング、「恋するティーンエイジャー」(訳注　原題を直訳すると、「最近、何かしてくれたっけ?」)のように、チンパンジーはグルーミングのような、以前にしてもらった親切な行為を思い起こすようだ。私たちは、食べ物の所有者へのアプローチを七〇〇〇例も分析して、どのアプローチが成功に結び付いたかを調べた。まず、餌やりの前の午前中に起きた自発的なグルーミングの様子を記録しておいた。それから、グルーミングと食べ物という両方の「通貨」の流れを比較した。たとえば最上位のオスのソッコがメイをグルーミングしたら、午後にメイから枝を何本かもらえる確率は大幅に高まった。同じ観察結果はコロニー中で見られた。恩を施せば恩で報いられるということらしい。こうした交換は、以前の出来事の記憶と、いわゆる「感謝」という心理的メカニズム（親切な行為をしてもらった記憶がある相手に対して温かい感情を抱くこと）との組み合わせに基づいているに違いない。興味深いことに、恩返しの仕方は相手との関係次第だった。しじゅういっしょに過ごす仲の良い友達の間では、一回のグルーミング行為はそれほど重要ではない。互いにグルーミングし合い、食べ物をたくさん分け合っても、いちいち記憶にとどめることはないのだろう。ささやかな好意にも重みがあって、きっちり恩返しがなされたのは、もっと遠い関係においてだけだ。ソッコとメイはとくに近い関係になかったので、ソッコのグルーミングは律儀に報いられたのだ。(19)

同じ区別は人間社会でも見られる。互恵性をテーマにした会議で、一人の高齢の科学者が、自分が妻にしてあげたことと妻が自分にしてくれたことを、コンピューターに表にして記録していると述べたとき、私たちは驚いて言葉が出なかった。とんでもない話だと思った。じつは、これは三人目の妻との話で、彼は今、五人目の妻と暮らしている。ということは、互恵関係を細大漏らさず記録するのは親密な関係には向かないのかもしれない。配偶者どうしにはたしかに多少の互恵性があるが、互いの利益というのは長い間に帳尻が合うのであって、いちいちお返しをし合うものではない。私たちは親密な関係では、愛着や信頼に基づいて行動することを好み、互恵関係の収支を計算する秀でた能力は、もっぱら同僚や隣人や、友人の友人などとの関係で使うのだ。

遠い関係でいちいちお返しをし合っているのを強く意識するのは、「お返し」がなされなかったときだろう。これは義弟のJに実際にあった話だ。Jはフランスの小さな海辺の町に住んでいて、そこでは何でも屋として知られている。大工仕事や配管工事、レンガ工事、屋根作りなどに長けていて、自分の手で家をまるごと建てられるのだ。日頃自分の家でこの才能を発揮しているので、町の人たちは当然、彼に助けを求める。Jはとても気の良い人なので、いつもアドバイスをしたり手を貸したりする。さて、ここで一人の隣人、といってもJとほとんど面識のない人が、屋根に天窓を作る方法を何度も訊いてきた。Jは梯子《はしご》を貸してやったが、それでもまたやってくるので、今度見にいくよと約束した。

Jは朝から夕方遅くまで隣人といっしょに過ごしたが、じつのところ仕事はほぼ一人でやった（そいつはハンマーさえろくに使えなかったんだとJは言った）。途中、隣人の妻が顔を出し、料理をして昼食（フランスでは一日の中心となる食事）を夫といっしょに食べたが、Jには何も出さなかった。Jはその日の終わりには天窓を完成させた。普通だったら六〇〇ユーロ以上かかる、専門技能が必要な労働を提供したことになる。Jは見返りに何も求めなかったが、その隣人が数日後にスキューバ・ダイビングの講習の話を持ち出し、いっしょにやれたら楽しいだろうなと言うので、Jは、ちょうど良い機会だ、一五〇ユーロほどのこの講習でお返しをしてもらおうと思った。それで、ぜひやりたいけれど、残念なことに今、それだけのお金がないと言った。もうおわかりだと思うが、その男は一人で講習に参加した。

こうした話を聞くと、私たちは不愉快になり、怒りさえ覚えるかもしれない。私たちは互恵性に細心の注意を払う。互恵性が社会の中心原理であることを考えれば、当然だろう。互恵的行為のほとんどは、口に出さずに行なわれる。過去に施した恩恵の話を持ち出すのは、無礼と見なされるからだ。互恵性をテーマにした学術論文は、Ｊの隣人のように与えるものよりも多くをもらう「ずるい人」に仕返しをする人間の傾向を強調するが、現実の世界では仕返しなどめったにない。Ｊに何ができただろうか？　天窓に石を投げて割ってしまえばよかったのか？　見知らぬ人どうしが心理学の実験室でゲームをするときには、たしかに仕返しがある。だが、誰もが顔見知りで、長年、あるいは、ときとして何世代にもわたって住み続けている小さな町では、どんな仕返しをするか、よくよく考えなければならない。Ｊに許される、いかにも人間らしい選択肢と言えば、事の経緯についての噂を流すぐらいのものだ。

だが、もっと単純な解決策がある。感謝の念が足りない人とはかかわらなければいいのだ。パートナーを多くの人の中から選べるのなら、いないほうがありがたい、不愉快なたかり屋ではなく、過去のやりとりを尊重してくれるのが見込める善良な人と組めばいいに決まっている。私たちは市場の買い物客のようなものだ。フランス人がメロンを指で押したり匂いを嗅いだりして選ぶように、よく吟味してパートナーを選び取ればいい。ほしいのは最良のパートナーだ。そうすれば、Ｊの隣人のような人間はうまい汁を吸えなくなる。

これと関連するのが、ずっと以前に私がチンパンジーに関して提起した「サービス市場」の考え方だ。需要と供給の原理は、花とミツバチの関係（花とミツバチの割合によって、ミツバチに受粉してもらうためには花がどれほど魅力的でなければならないかが決まる）からヒヒと赤ん坊の興味深い事例に至るまで、あらゆるものを支配している。[20] メスのヒヒは、わが子だけでなく、よその子でも、とにかく赤ん坊というものが好きでたまらないので、親しげな鳴き声を発して触りたがる。もっとも、母親は生まれたばかりの大切なわが子を守りたいから、他のヒヒに触らせたがらない。そこで、赤ん坊に触りたいメスは、母親をグルーミングしながら、その肩越しに、あるいは腕の下から赤ん坊を覗き見る。母親は、グルーミングされてリラックスすると、相手に赤ん坊をもっとよく見せてやることもある。グルーミングしたヒヒは、こうして赤ん坊との時間を「買う」。市場理論に従えば、赤ん坊の価値はその近辺にいる数が少ないほど上がることになる。ピーター・ヘンツィとルイーズ・バレットは、南アフリカの野生のチャクマヒヒを研究し、母親がグルーミングされる時間は現に群れの赤ん坊の数が少なくなるほど増えることを発見した。稀少価値のある子供を持つ母親は、群れがベビーブームに湧いたばかりのときの母親よりも、かなり高い「代価」を得たのだった。

霊長類が物を交換する方法は、人間の経済に驚くほど似ている。そこで私たちは、オマキザルの間で「労働市場」の縮小版を設定することさえできた。これには、オマキザルが持って生まれた狩猟行動がヒントになった。チンパンジーにとってサルが捕まえにくいのと同じように、サルにとってオオリスを捕まえるのは大変だ。こうしたリス狩りの場合などに、オマキザルは一生懸命、力を合わせる。そして、リスを捕まえると、肉を分け合う。[21]

これをモデルにして、仲間の協力が必要だが報酬を得るのは一匹だけという設定が考えられる。そこで、サミーとバイアスが協力してトレイを引く実験を少し変え、トレイを引いたうちの一匹だけがリンゴのスライスがいっぱい入ったカップを受け取れるという実験を準備した。受け取るほうを「CEO（最高経営責任者）」と呼ぶことにした。相棒の前には空のカップが置かれた。つまり相棒は、CEOのために引き寄せることになる。この相棒を「労働者」と呼ぶことにした。二匹のサルは金網で仕切られた状態で並んで座り、両方のカップを見ることができた。以前の実験から、食べ物を手にしたサルは、それをしばしば金網の所へ持っていって隣のサルが取れるようにしてやることがわかっていた。たまにリンゴを隣のサルに押しつけたりすることもあった。

実験の結果、CEOは、共同で食べ物を引き寄せた場合は自分だけで食べ物を手に入れた場合よりも、金網越しに隣のサルに分けてやる量が多かった。つまり、協力してもらったあとは、お裾分けする量が多かったのだ。また、お裾分けによって協力関係が強まることもわかった。CEOがけちだと、共同で引き寄せる成功率は劇的に下がったからだ。十分な報酬がもらえなければ、「労働者」はさっさとストライキに入ったというわけだ。

ようするに、サルは努力と報酬を結び付けているように思える。野生で協力して獲物を狩っているために、努力を共有したら報酬も共有されるというシカ狩りの第一の決まり事を把握しているのかもしれない。

動物不在の進化論

サルが恩恵をどれだけの期間覚えているのかは、わかっていない。彼らの互恵性は、ただの「態度」にすぎず、経験したばかりの相手の態度を真似ているだけかもしれない。敵意を示されると、敵意を返す。優しくされると、優しくする。したがって、重いトレイを引き寄せるのを助けてもらうと、お返しに食べ物を分けてやるのだ。

クリシュナ教の信者は、この原理を当て込んで通行人に花を手渡し、受け取ってもらうやいなや、お金を求める。たんに施しを乞う代わりに、人間が他者の行為を模倣する性質を利用しているのだ。私たちも毎日、電車やパーティやスポーツの試合などで出会うような、ほんの一時かかわり合う人にそうすることがある。「態度」の互恵関係はいちいち記憶しておく必要はないので、精神的に負担にならない。

だが、人間のようにもっと複雑な手順を踏み、恩恵を長期記憶に保存する動物もいる。グルーミングのお礼に食べ物を分ける様子を調べた私たちの実験では、チンパンジーは少なくとも数時間は恩恵を覚えていたし、感謝の念を長年忘れなかった類人猿も私は知っている。そのうちの一頭は、他のチンパンジーの子を引き取って育てることになったメスのチンパンジーだ。このメスは、母乳の出が悪かったためにそれまでに自分の子を何頭も死なせていたので、哺乳瓶でミルクを与えるように私は辛抱強く教え込んだ。チンパンジーは道具を使うのが得意だから、彼女は苦もなく哺乳瓶を扱えるようになり、その後は、自分の子供たちも哺乳瓶で育てた。それから数十年たっても、私が彼女のいる動物園に立ち寄ると、彼女は興奮して、夢中で歯をカチカチと鳴らして私をグルーミングし、私が自分にとってヒーローだということを示した。動物園の飼育係のほとんどは、私たちのいきさつを知らなかったので、彼女が私をもてはやすのを驚きの目で見ていた。私のおかげで、想像を超える悲しみをもたらした問題を克服することができたからだと私は思っている。[22]

サルよりもチンパンジーのほうが、遠い過去まで振り返ることができて、以前の出来事をより鮮明に覚えているのなら、その互恵性はより周到で計算ずくになるはずだ。たとえば野生のチンパンジーが、密猟者の仕掛けた罠が手首に食い込んで痛さのあまり悲鳴を上げていたとする。この罠を他のチンパンジーが取り外したとしたら、助けてやったことは覚えておいてもらえると考えて間違いない。[23]チンパンジーは過去を思い起こすだけでなく先のことを考え、他のチンパンジーに優しくして機嫌を取ることさえある。これは立証済みとまでは言えないが、証拠は着々と集まっている。たとえばオスのチンパンジーは、高い地位を巡って張り合うとき、味方になってくれそうなチンパンジーとできるだけ多く仲良しになろうとする。そして、メスの所を回ってグルーミングし、その子たちをくすぐって喜ばす。ふだんならオスのチンパンジーは子供にはろくに興味を示さないものだが、群れの支持を必要とするときは、子供に近寄らないわけにはいかない。いちばん弱い者に対する接し方を確かめるために、どのメスの目も自分に注がれていることを知っているのだろうか?

この戦術は不気味なほど人間のものに似ている。私は、アメリカ人の政治家が赤ん坊を親の目の前で抱き上げている画像を、よくダウンロードする。親たちは喜びと不安の入り混じった目でその様子を見ている。お気づきかもしれないが、政治家はしばしば赤ん坊を集まった人たちよりも高く上げる。赤ん坊を扱うにしては奇妙なやり方だし、注目を浴びる赤ん坊自身も喜んでいるとはかぎらない。だが、人に気づかれないようなディスプレイに何の意味があるだろう?

また、売り出し中のオスのチンパンジーのような政治的な挑戦者がリーダーの座を窺い始める頃に、メスに対して非常に気前が良くなる場合もある。何か月もかかるかもしれないこのプロセスの間、挑戦者は日に何回も現役のボスをいらだたせ、その反応を見る。それと並行して、自分の野望の実現を手助けしてくれそうなチンパンジーには、食べ物を分け与える。私はアーネムの動物園で、そうしたオスが、無理をしてまでもご馳走を手に入れるのを見た。生い茂った木の周りに張り巡らした電線をものともせずに跳び越えると、葉の部分までよじ登り、枝を折り取って、下に集まった多くの仲間に与えたのだ。そうした行動によって人気は高まったようだ。

野生の世界では、高位のオスのチンパンジーは仲間を買収すると言われている。味方になりそうな相手を入念に選んで肉を分け与えるのだ。むろん、ライバルには分けてやらない。ギニアのボッソウでは、オスのチンパンジーは危険を冒して付近のパパイヤ農園にしばしば侵入し、メスの歓心を買って交尾をするために美味しい果実を持ち帰る。そして、発情期のメスにだけ分け与える。イギリスの科学者キンバリー・ホッキングズは、次のように述べる。「そうした大胆な行動はたしかに魅力的な特性のように見えるし、パパイヤのような人気のある食べ物を手に入れると、メスの注目を浴びるようだ[24]」

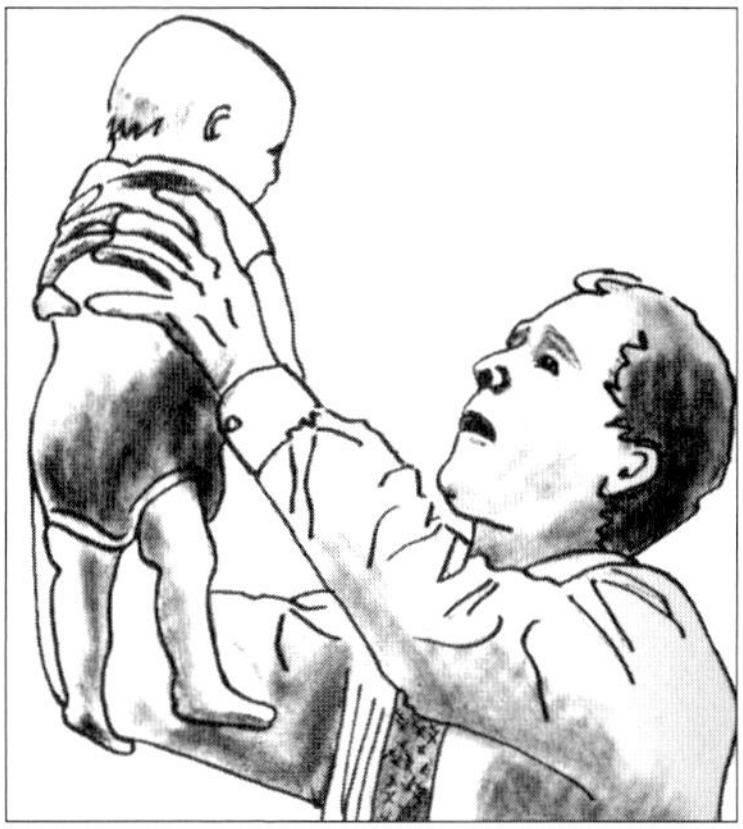

選挙に立候補した政治家は、赤ん坊を高々と持ち上げるのが大好きだ。

犬は骨を交換しないとアダム・スミスは言った。このチンパンジーの例も、純粋な交換とは言えないが、かなりそれに近づいてはいる。チンパンジーには「相手のためにこれをしたら、あれが見返りに得られるかもしれない」というように先を考える能力が備わっているのかもしれない。そんなふうに計算できると考えれば、イギリスのチェスター動物園で観察された出来事も説明がつく。この動物園で飼われているチンパンジーの大きなコロニーで喧嘩が起きると、当事者はそれぞれ前日にグルーミングをした仲間に加勢してもらえた。それだけでなく、彼らは誰に喧嘩を売るか計画し、味方になってくれそうな仲間を何日も前からグルーミングしておき、勝負が自分に有利になるように計らうようだった。[25]

私たちの近縁種が、計画や予測さえ伴うかもしれないような、手の込んだ取引をすることを考えてみれば、人間の互恵性を研究する者の中に、自らの研究分野を、動物の行動の対極にあるものとして定義したがる人がいるのが不思議でならない。彼らは人間どうしが協力することを、自然界の「大いなる例外」と呼ぶ。この学派に属する人たちは反進化論者というわけではない（それどころか、彼らはダーウィン信奉者をもって任じている）が、毛むくじゃらの生物を仲間外れにしたがる。私は彼らのアプローチを冗談半分に「動物不在の進化論」と呼んでいる。彼らは、チンパンジーの間の協力を遺伝的なつながりの産物と見なしてさっさと退け、それをアリやミツバチの共同体生活と同じカテゴリーに含めた。彼らによると、人間だけが血縁とは無関係に大規模に協力をするという。[26]

動物園での研究で、チンパンジーが血縁関係になくても緊密な共同作業をすることが明らかになると、これは自然状態に即したものではないとして退けられた。そして野生の類人猿も血縁でない相手と頻繁に協力することが示されたときも、その事実には疑いの目が向けられた。誰と誰が実際に血縁関係なのか見極めるのは難しいのではないか？　もし二頭のオスが手を組んでいたら、彼らが兄弟やいとこである可能性を完全に排除できるだろうか？　何をもってしてもこれらの懐疑論者たちを納得させることはできなかった。けっきょく、この不毛な論争は、新たなテクノロジーによって解決された。最近では、慎重にレッテルを貼って分類した糞のサンプルを、霊長類学者がフィールドから大量に持ち帰ることは珍しくない。これらのサンプルから抽出したＤＮＡから、かつてないほど正確な遺伝的関係が判明し、それぞれ何親等の関係か、どのオスがどの子供の父親か、誰が外部からその共同体に移ってきたかなどを突き止められる。

じつに複雑なフィールド・プロジェクトが、ウガンダのキバレ国立公園で行なわれ、チンパンジーの社会行動に関する何年にもわたるデータと、林床で採取された排泄物が照合された。このような遺伝子型を特定するプロジェクトでは、どれほど汗を流し、臭い思いをすることになるのか想像もできないが、そんな苦労も十二分に報われる結果が得られた。調査にあたったドイツとアメリカの混成チームは、まず、血縁関係の重要性を証明した。兄弟どうしは、血のつながっていないオスどうしよりも、多くの時間をともに過ごし、助け合い、食物を分け合う。もちろんこれは完全に予想の範囲内で、チンパンジーの間だけでなく人間のどんな小規模社会でも見られることだ。だがこの研究では、血縁関係以外でも、広く協力行動がとられていることが立証されたのだ。じつのところ、キバレの共同体で観察された緊密な協力関係の大半は、親族関係にないオスどうしのものだった。[27]

以上から、協力の基本には相利共生と互恵性があるのがわかり、チンパンジーは、アリなどの社会性昆虫よりもずっと人間に近いことになる。別段驚くまでもないが、これは人間の互恵性の心理を理解する上で、類人猿がりっぱな比較対象となるということでもある。これは、人間の協力行動との間にいくつか違いがあるのを否定するものではない。たとえば、協力が不十分な者を罰するという、人間特有のより発達した傾向もその一つだろう。しかしこの違いさえ、見かけほど絶対的なものではない。チンパンジーは自分たちに背いた者に仕返しをすることが知られている。地位の高いオスは、他のチンパンジーが結託して自分に対抗するという事態が発生すると、何時間もしてから、自分を困らせた者たちが単独でいるところを狙い、彼らが二度と忘れられないような懲罰を下す。チンパンジーは、恩恵に報いるのと同じぐらいすぐに仕返しをするので、他のチンパンジーに制裁を加えることぐらいやりかねないと思う。(28)

私が思うに、こうした傾向はすべて人間のほうが顕著に示すし、そのため、より複雑で大規模な協力行動が可能だろう。大勢の作業員が互いに頼り合いながらジェット機を製造したり、多くの異なる階層の従業員が会社を構成したりできるのは、ものを組織したり、分業したり、過去のやりとりを蓄積したり、努力と報酬を結び付けたり、信頼を築いたり、ただ乗りをやめさせたりする高度な能力があるからにほかならない。人間の心理は、ますます大規模で複雑なシカ狩りができるほどにまで進化し、動物界では他の追随をまったく許さない。大きな獲物を仕留める実際の狩りが、この進化を促したのかもしれないが、私たちの祖先は、子供たちの面倒をいっしょにみることや戦闘行為、橋の建造、捕食動物から身を守ることなど、他の共同事業にも従事した。彼らは数知れぬほど多様なかたちで協力行動の恩恵に与った。

私たちの祖先がこれほどチームプレイが得意になったのは、見知らぬ人に対処しなければならなかったからだという考え方がある。そういう状況では、一度も会ったことがなく、二度と会うこともないようなよそ者にでも通用する賞罰の仕組みを創り出さざるをえなかった。面識のない人を心理学の実験室に集めると、協力行動に関する厳格なルールを採用し、従わない者と敵対することがよく知られている。これを「強い互恵性」と言う。こちらが一生懸命努力しているのに、力を合わせているかのように振る舞いながらそのじつただ乗りしている人がいると、非常に腹が立つ。私たちはあらゆる手段を使ってそうした輩を排除したり罰したりする。だが、ずるい人を私たちが非難することに異論はないにせよ、そうした感情がどう進化したのかについては意見が分かれる。見知らぬ人にも私たちが規範を当てはめるからといって、そうした規範がそのために進化したとはかぎらない。見知らぬ人たちは、人間の進化にとってほんとうにそれほど重要だったのだろうか？　互恵的利他主義の理論を考案したロバート・トリヴァーズは、疑問を呈している。

たとえ人間が、見知らぬ人との一回限りの出会いにおいて公平性を求める強い傾向を示したとしても、その傾向が見知らぬ人との一回限りの出会いにおいて機能するために進化したとはとうてい言えない。子供たちが漫画に対して強い感情的反応を示すからといって、そうした反応が漫画という文脈の中で進化したと論ずることができないのと同じだ。[29]

「動機の独立性」の話はご記憶だろうか？　ある行動がXという理由で進化したものの、現実にはXとYとZという理由で採用されることがあるのだ。私が示したのは親による子供の養育の例だった。養育という行動は、もともと血を分けた子のために進化したのだが、養子や、ペットにさえ採用されることがしばしばある。同様に、取引の規範は、いっしょに暮らし、互いに知っている者どうしの間で生まれ、それがやがて見知らぬ人にも当てはめられるようになったとトリヴァーズは考える。したがって、見知らぬ人との出会いにばかり目を向けてはならない。なぜなら、協力行動の真の起源は、共同体にあるからだ。(30) もちろんこれは、チンパンジーが社会的やりとりを行なう文脈でもある。というわけで、チンパンジーと人間との違いは、おそらく、最初考えられていたほど劇的なものではないのだろう。

実際、進化は「大いなる例外」などけっして生み出さない。キリンの首でさえ、首であることに変わりはない。自然にはテーマごとに多様性があるだけだ。同じことが協力行動にも当てはまる。類人猿やサルやチスイコウモリや掃除魚を含む自然界の協力行動の大きな枠組みから人間を切り離そうとするのは、進化論のアプローチとしておよそ適切とは言えない。

公平性の行動規範

金持ちが自分たちは稼ぎすぎだと叫びながら通りを行進するのを見たことがあるだろうか？　あるいは、証券会社のディーラーが「ボーナスが多すぎる！」と不満を言うのを聞いたことがあるだろうか？　富裕階層はむしろ、「人はフェアプレイに反対し、すべてを独り占めにして何でも思いどおりにしたがる」というボブ・ディランの言葉を地で行くようだ。(31) 逆に、抗議するのはたいていブルーカラーで、彼らは、最低賃金を上げろとか、私たちの仕事を海外へ移すなとか叫ぶ。もう少し変わったところでは、二〇〇八年にスワジランドの首都で何百人もの女性が行なったデモ行進がある。経済が逼迫する中、国王の妻たちが飛行機をチャーターしてヨーロッパに飛び、ショッピングで派手に散財したのは、特権の濫用もはなはだしいと感じたのだ(32)。

公平さは、持てる者と持たざる者によって捉え方が異なる。こんなわかり切ったことを言うのは、私たちの公平さに対する感覚は利己主義を超越する、私たち一人ひとりを超えるものにかかわると一般に言われているからだ。たしかに、ほとんどの人がこの理想に賛同するし、私たちの制度の多くにしても同じだ。とはいえ、公平さがそこから生まれたのではないこともはっきりしている。その土台を成す感情と願望は、この理想自体の半分も高尚ではない。最も認識しやすい感情は憤りだ。兄弟姉妹の間でピザの分け前にほんのわずかの差があるだけで、子供たちがどんな反応を示すか見るといい。彼らは「ずるいよ！」と叫ぶが、それは自分の願望を超越したものとはおよそ言い難い。じつを言うと、私も若い頃には、妻とそんな喧嘩をしたものだ。そのうち、どちらか一方が切り分けてもう一方が選ぶという素晴らしい解決策が見つかった。おかげで、完璧に切り分ける技をあっという間に身に付けられた。

私たちは、フェアプレイに大賛成だ——それが自分にプラスになるかぎりは。これについては聖書の寓話さえある。ブドウ園の主人が同じ日の異なる時間に労働者を集める。彼は朝早く出かけて、一デナリオンの賃金で働き手を募る。昼間に再び同じ条件で人を集める。午後も遅くなってからさらに数人、同じ条件で雇う。その日の終わりに彼は全員に賃金を払う。まず、最後に雇われた人たちが、それぞれ一デナリオンを受け取る。これを見て、昼間の暑さの中で働いた労働者たちは、それ以上もらえるものと思う。ところが、彼らも一デナリオンしかもらえない。主人は約束した額以上払う義務は感じない。この一節は、あの有名な言葉で締めくくられる。「このように、後にいる者が先になり、先にいる者が後になる」(33)（日本聖書協会『聖書』新共同訳）。

ここでもまた、不満を言うのは一方の側、つまり、早い時間に雇われた人たちだけだった。彼らは主人に悪意のこもった目を向けたが、最も労働時間が短かった人たちは一瞥もくれなかった。もし後者が不満を抱く理由が一つあるとすれば、明らかに残りの人たちに良く思われない状況に立たされた点だろう。こんなときは、悦に入ったり浮かれ騒いだりしないにかぎる。自分が有利な立場にあるときでさえ私たちが公平さを追い求めるのは、何をおいても、他人から嫉妬されないためだ。我ながら意外ではあるが、私もここでは「マームズベリーの怪物」の異名をとるトマス・ホッブズの肩を持ちたい。私たちは平和のためだけに正義に興味を持つと彼は主張しているのだ。

私は柄にもなくシニカルなのだろうか？　私は人間が、信じられないほど共感的で、利他的で、協力的であるとさんざん説明してきたのに、こと公平さに関しては、なぜ利己主義しか眼中にないのか？この矛盾は見た目ほど大きくはない。なぜなら、すべての人間（や動物）の行動は、けっきょく、その行動をとる者の役に立つはずだからだ。共感と同情の領域では、私たちの直接の利益がかかっていようがいまいが働く独立型のメカニズムが、進化によって創り出された。私たちは自動的に、しばしば無条件に、他者に共感するようにできている。私たちは心から他者のことを気にかける。自分への直接の利害とは関係なく、彼らに幸せで健康であってほしいと願う。私たちはこのように進化してきた。長い目で見れば、概して、それが私たちの祖先の役に立ったからだ。だが、同じことが公平さの感覚にも当てはまるとは思えない。他者志向性はそのほんの一部にしか見えず、おもな感情は自己中心的なものであり、私たちは他者と自分の得るものの比較ばかりをし、他者の目に自分がどう映るかしか念頭にない（公平な人間と思われたがる）。次の段階でようやく、他者への気遣いが生まれる。それはおもに、私たちが居心地が良く協調的な社会を望むからだ。[34] この願望は、他の霊長類にも見られる。仲間内での喧嘩をやめさせたり、争っている者どうしを和解させたりする場合だ。だが私たちは、資源の分配が周りの人々にどれほどの影響を与えるかについて敏感になることで、さらに一歩先まで進んだ。

子供たちが不公平を感じたときの反応を見れば、こうした心情がどんなに根深いかがわかるし、狩猟採集生活者の平等主義は、その長い歴史を物語っている。文化によっては、狩りをする者は、自分が仕留めた獲物を切り分けることすら許されない。自分の家族を依怙贔屓《えこひいき》させないためだ。公平さの歴史は古いが、それを、フランス啓蒙思想の頃の賢人たちが考案した、近代を起源とする高貴な行動規範と見なす人たちからは、正しく理解されていない[35]。何百万年もではなくほんの数世紀を振り返ることによって人間というものを正しく認識できるとは、私にはとうてい思えない。賢人たちが何か新しいものを考案するなどということがあるだろうか？　それとも、彼らは誰もが知ることを焼き直すのが得意なだけなのだろうか？　彼らはしばしば見事な手際で焼き直しをやってのけるが、おおもとの概念自体が彼らの手に成るものであるとするのは、民主主義はギリシア人の発明であると言うようなものだ。文字を持たない多くの部族の長老たちは、何か重要な決定を下すときには、あらかじめ何時間も、ときには何日も、部族全員の意見を聴く。彼らは民主的ではないのだろうか？　公平性の行動規範も同様に、私たちの祖先が初めて共同行動の成果を分け合わなければならなかったときから存在していた。

最後通牒ゲーム

ある研究で、二人の被験者にお金を分けさせることによって、この行動規範を試した。被験者たちは一度だけ機会を与えられる。一方がそのお金を自分の分と相手の分に分けて、相手にその額を提示する。これは「最後通牒ゲーム」という名で知られている。なぜなら、金額が提示されるやいなや、主導権は相手に移るからだ。相手がその申し出を拒絶すれば、お金は回収され、二人とももらえない。

もし人間が利益の最大化を追求するのだとしたら、彼らはもちろんどんな申し出も、たとえ最低額でも受け入れるだろう。仮に一方の被験者が、たとえば相手に一ドル与え、自分には九ドル残すことを提案しても、相手の被験者はあっさりと従うはずだ。なにしろ、たとえ一ドルでも何ももらえないよりはましだから。分け前を拒否するのは不合理だが、分け前が九対一の場合は、拒否が典型的な反応だ。アメリカの人類学者ジョーゼフ・ヘンリッチらが一五の小規模社会を比較すると、文化によって公平さに差が出た。これらの遠隔地では、一方の被験者の提示額は、自分に八ドル、相手に二ドルから、自分に四ドル、相手に六ドルまでの範囲に及んだ（ただし、現地通貨や、ときにはお金の代わりにタバコを使うこともあった）。自分に四ドル、相手に六ドルという非常に気前の良い提案でさえ、過剰な贈り物は相手に劣等感を持たせることになるという文化では拒否された。だが、ほとんどの文化では提示額は平等に近く、たいてい六ドル対四ドルのように、提示者にとってわずかな得にしかならないものだった。これは、大学生が最後通牒ゲームをする場合のように、現代社会でも典型的な提示額だ。

公平さは、フランス啓蒙思想の影響を受けていない場所も含めて世界中で理解されている。被験者は、あまりにも不公平な提案は避ける。貪欲に見られたくないというのはもっともだ。不公平な額を提示されたときの被験者の脳をスキャンすると、軽蔑や怒りのようなネガティブな感情が認められる。最後通牒ゲームが優れているのは、もちろん、そのような感情のはけ口を提供する点だ。軽んじられたと感じた人は、提案者を懲らしめることができる。たとえ自分自身も罰することになっても、だ。[36]

ラマレラのクジラ漁は危険だが、見返りも大きい。公平な分配を奨励する類の集団行動だ。

私たちは進んでそうするのだから、特定の目標が収入よりも優先することがわかる。私たちは不公平な分配にはひと目で気づき、それを妨げようとする。これはおもに良い関係を結ぶためになされるのであり、先に述べた多文化にわたる研究で、なぜ協力のレベルが最も高い社会で最も公平な提案がなされたのかも、これで説明がつく。恰好の例として挙げられるのが、インドネシアのラマレラ村のクジラ漁師たちだ。彼らはほとんど素手でクジラを捕る。[37]一艘の大型のカヌーに乗った一〇人余りの男たちが行なう外海での危険極まりない活動を中心に、いくつもの家族が結び付いている。男たちはまさに一蓮托生なので、全員、巨大な獲物の公平な分配のことが片時も頭を離れない。対照的に、どの家庭も自分で自分の面倒を見ているような自給自足に近い社会の場合、最後通牒ゲームでは不公平な提案がなされる。シカを狩るかウサギを狩るかという対比がたやすく見て取れる。人間の公平さは明らかに、共同体の存続と深くかかわっている。

この関係がじつに古くから存在するらしいことははっきりしている。サラ・ブロスナンという学生と私が、サルの間にもこの関係を発見したからだ。オマキザルをペアにして実験しているときに、彼らは相棒が自分より良い報酬をもらうのをどんなに嫌うかに、サラが気づいた。最初は、彼らが私たちの実験に参加するのを拒否するので、そういう印象を持っただけで、それほど驚いたりしなかった。だがその後、経済学者がこうした反応を「不公平嫌悪」というしゃれた名前で呼んでいるのを知った。彼らはこれを、まじめな学問的論争のトピックにしていたのだ。[38] この論争は、明らかに人間の行動にまつわるものだったが、サルが同じ嫌悪を示したらどうなるのだろうか？

私たちは一度に二匹のサルで実験をした。一匹に小石を渡すと、サラは手を差し出して、キュウリのスライスひと切れと引き換えに小石を返してもらう。二匹とも喜んで、代わるがわる物々交換を二五回も続けた。だが、私たちが扱いを不公平にした途端、雰囲気が悪くなった。一匹には相変わらずキュウリを与えたが、もう一匹には大好物のブドウを与えたのだ。どう見ても、待遇の良いほうのサルに不満はなかったが、キュウリしかもらえないほうはあっという間に興味を失った。それどころか、パートナーが美味しそうなブドウをもらっているのを見ると、いらだって、小石や、ときには小さなキュウリさえ実験部屋の外へ放り出した。ふだんはがつがつと貪り食う食べ物が、忌まわしいものになったのだ。

他者のほうが美味しい餌をもらったからというだけで、十分食べられる物を捨てるのは、私たちが不公平なお金の分配を拒否したり、約束を交わしていた一デナリオンという額に不平を言ったりするのと似ている。これらの反応は何に由来するのか？　おそらく協力行動から発達したのだろう。他人が得るものを気にかけるのは、さもしくて不合理に思えるかもしれないが、長い目で見ると、他者につけ込まれないようにするのに役立つ。搾取やただ乗りを思いとどまらせ、各自の利害が真剣に受け止められるようにするのは、みんなの利益につながる。不公平を嫌う反応が、動物がいちいちお返しをし合うようになって以来存在してきたのかもしれないことを示したのは、私たちの研究が最初だ。

サラと私がたんに「憤り」や「嫉妬」について語っただけなら、私たちの発見は見過ごされていたかもしれない。だが私たちは、実験したサルたちが不公平嫌悪を示していないと考える理由はないと判断したので、哲学者や人類学者や経済学者の鋭い、そして多少困惑気味の関心を呼んだ。私たちがサルと人間を同列に論じたことに、彼らはほとんど息が止まる思いをしたようだ。憤慨した批評が著名な学術誌に次々に載る一方で、私たちには講演の依頼が殺到した。偶然にも、私たちの研究が公表された日に、ニューヨーク証券取引所の会長リチャード・グラッソが、二億ドル近い報酬を受け取ったことに対する国民からの激しい抗議を受けて辞任に追い込まれた。コメンテーターたちは、私たちのサルと、人間社会における際限ない強欲とを対比する誘惑に勝てず、サルたちから学ぶものがあると述べた[39]。

私は、二〇〇八年、アメリカ政府が金融業界への多額の救済措置を議会に提出したとき、この対比を思い起こさずにはいられなかった。想像を絶する額の税金投入と、無謀な投機で膨大な損失を出した大金持ちのCEOたちへの強い憤りが結び付き、メディアで国民の怒りが爆発した。あるビジネス誌にはこうあった。「富裕層に対する国民の根元的な不信と、七〇〇〇億ドルにおよぶ住宅ローンの救済措置は、大手銀行と金持ちのＣＥＯを救うことになるという見方が、救済法案の通過にとって、相変わらず最大の障害となっている」。なかには、この救済措置を自由放任主義経済《レッセフェール》の終焉と見て、資本主義への打撃を、ベルリンの壁崩壊が共産主義に与えた影響になぞらえる者もいた(40)。だが私にとって、もっと興味深かったのは人々の反応で、たとえば彼らは、ＣＥＯたちが贅を尽くした見晴らしの良いオフィスから地味な部屋へと転落するのを見て、明らかにシャーデンフロイデを覚えていた。リーマン・ブラザーズのＣＥＯ、リチャード・ファルドがそんな目に遭ったとき、画家のジェフリー・レイモンドは「注釈付きのファルド」を制作した。解雇された従業員が別れの言葉を書き込めるという肖像画だ。言うまでもないが、彼らは、大金持ちのボスに対して敬愛の念などろくに示さず、「吸血鬼！」や「強欲！」や「別荘の無事を祈る！」といったコメントを残した。

なんとも辛辣な話だが、政府に支援を仰いでいる最中に、経営陣が豪華な休暇を楽しんでいた企業もあったことが明るみに出ると、風当たりはますます強くなった。ある企業は、重役たちを高級保養地に送り込み、マッサージをはじめ至れり尽くせりの休暇を過ごさせた。別の企業は、イングランドでのウズラ猟を企画し、重役たちはツイードのニッカーボッカーをはいて歩き回り、贅沢な宴会で高価なワインをあおった。ある重役は、覆面記者にこう語った。「不景気は二〇一一年頃まで続くだろうが、今日の猟は最高だったし、みんなすっかりリラックスしてるよ」。一か月後、デトロイトの自動車大手三社のＣＥＯが、経営の思わしくない自社の財政支援を嘆願するためワシントンに出向いたのだが、それぞれが自家用ジェットに乗ってきたのが知れ渡ると、激しい非難の声が上がった。企業幹部が過剰な待遇を受けていることに国民がどれだけ腹を立てているか、彼らは気づいていなかったのだろうか？　日頃から辛口のコメントをするコラムニスト、モーリーン・ダウドは、「首を飛ばせ！」と言い放った(41)。

この憤りと霊長類の行動の間には明らかに類似性があるものの、私たちが実験したサルの反応が意味していない点を指摘しておくと有益だろう。最も単純な解釈と最も複雑な解釈を除外できる。最も単純な解釈は、ブドウを見るとキュウリの魅力が減るというもので、ほとんどの男性が、隣にビールがあれば水の入ったコップには触れようとしないのと同じというわけだ。言い換えれば、サルは、パートナーが何をもらっているかを気にしていたというより、たんにもっと良いものをあくまで要求していたという解釈だ。その真偽を試すために、私たちは実験にひと工夫加えた。両方のサルにキュウリを与えて食べさせる実験の前に、私たちはブドウをちらつかせた。ただ持っていることを見せるためだ。これは残酷に見えるかもしれないが、サルたちは気にも留めなかった。彼らは相変わらず満足そうに小石をキュウリと交換をした。ブドウが相棒に渡ったときだけ、手に入らなかったほうが抗議の態度を示した。やはり不公平が嫌なのだ(42)。

最も複雑な解釈は、私たちのサルは公平性の規範に従っているようには見えないというものだ。規範は誰にでも同じように当てはまる。それに従えば、私たちの実験では、サルたちは自分がもらうものが見劣りするときばかりでなく、優っているときにも気にすることになる。ところが、相棒より良い食べ物をもらったことを気にする様子は見られなかった。たとえば待遇が良いほうのサルは、ブドウを相棒に与えて分配を平等にすることはけっしてなかった。したがって「公平さ」と言うときには、幼い子供に涙をこぼさせるような扱いに似た、最も自己中心的な類のものとして理解されるべきだろう。

これはサルに当てはまる。一方、類人猿の場合は公平性の規範がないとは言い切れない。類人猿は、自分たちのやりとりをもっと綿密に監視し、共通の目標に対するそれぞれの貢献度をきちんと把握しているようだ。たとえば、チンパンジーは食べ物を巡る喧嘩をやめさせることがよくあるが、そのとき、仲裁者が少しでもその食べ物を横取りすることはない。私は一度、葉っぱがたくさん付いた木の枝を巡って、チンパンジーの子供が起こした争いを若いメスが仲裁している場面を見たことがある。メスは枝を取り上げ、二つに折って、分け与えた。メスはただたんに喧嘩を終わらせたかったのだろうか？　それとも分配とは何か、多少なりともわかっていたのだろうか？　自分の取り分が多すぎてしまうことを心配するボノボについての観察さえある。認知試験の最中に、メスのボノボは大量の牛乳と干しブドウをもらったが、仲間たちの視線が自分に注がれるのを感じた。仲間たちは離れた所からこのメスを眺めていた。しばらくして、メスはそれ以上報酬を受け取ることを拒んだ。実験者を見て、仲間たちの方をしきりに指し示し、彼らもお裾分けに与ってから、ようやく自分がもらった分を平らげた。[43]

このボノボのやり方は利口だった。類人猿は先まで見越して考える。このメスがもらったものを仲間たちの目の前で腹いっぱいになるまで食べたら、その日、あとで仲間たちの所に戻ったときにひと波乱あったかもしれない。特権を享受すれば必ず嫌われるものだ。人間の歴史は「パンがなければケーキを食べればいいのに」といった発言の類に満ちている。それが怒りを呼び、ときには血生臭い反乱に発展する。私はチンパンジーが人間を襲ったぞっとする事件を、どうしても同じレンズを通して見てしまう。偶然ながら、この事件も、ケーキがカギになっている。主役はチンパンジーのモウだ。彼はペットとして過ごした長い歳月の間に起こした一連の出来事のせいで、メディアでは有名だった。最後にニュースに登場したのは、二〇〇八年、木が生い茂る山に囲まれたカリフォルニア州のサンクチュアリから脱走したときだった。そこからほど近いヌーディスト・キャンプで「サル」を見かけたという未確認情報が一件あったが、ヘリコプター、警察犬、監視カメラを総動員した徹底的な捜索も空しく、モウは永遠に姿を消した。

　モウは赤ん坊のときにアフリカから連れてこられ、アメリカ人夫婦に愛情をたっぷり注がれて育った。夫妻はモウをわが子のように可愛がった。だが、類人猿は従順なペットになるには力が強すぎるし、悪賢すぎる。やがて、モウが女性と警察官を襲ったため、夫妻はモウをサンクチュアリに移さざるをえなくなった。それでも二人は定期的に「息子」に会いにサンクチュアリに足を運んだ。脱走する数年前、モウの三九歳の誕生日に、夫妻はお祝いをたくさん持っていった。モウはラズベリーが入った豪華なケーキにさまざまな飲み物、新しいおもちゃをもらった。周りに他のチンパンジーがいなかったら、何の問題もなかっただろう。あいにくこのサンクチュアリは、虐待家庭やハリウッドの動物トレーナーからもチンパンジーを受け入れていた。育ての親が見守る中、モウがもらったケーキを堪能している間、別の囲いにいたオスのチンパンジー二頭が囲いを脱出することに成功した。二頭は夫に向かって突進した。モウが囲いの中にいなかったら、きっと彼を襲っていただろう。この事件は、動物が人間を襲った事件の中でもとりわけ陰惨な例として伝わっているが、そのやり口はオスのチンパンジーが別のチンパンジーを襲う方法と変わらない。二頭は、夫の鼻、顔、臀部《でんぶ》の大部分を食いちぎり、片足をむしり取り、両方の睾丸を噛み切った。夫はすんでのところで命拾いしたが、それは彼を襲ったチンパンジーが射殺されたからだ[44]。

襲撃の動機は、縄張りを荒らされた（チンパンジーは見知らぬ相手を親切に受け入れたりしない）からなのか、それともモウばかりがちやほやされ、たっぷり贈り物をもらっていたからなのかはわからない。この思いがけぬ実験で見られたほどの不公平は、私たちも実験で試したことがない。サルは、自分はキュウリを食べているのに別のサルがブドウを食べていると怒るのだから、仲間が店を開けるほど大量のお菓子を持っているのを目にしたチンパンジーの反応は容易に想像がつく。モウの飼い主は、チンパンジーが不公平な扱いにどれほど敏感か、おそらく知らなかったのだろう。良い思いをしているのが仲間でさえないときには、なおさら敏感になるものだ。

人間が公平さを求めるのは、このようなネガティブな反応を防ぐためだと私は思っている。例の「マームズベリーの怪物」ですらそう思っていたし、「ボルティモアの賢人」ことH・L・メンケンもそうだ。彼はこう言っている。「平和を望むなら、正義のために骨を折れ[45]」。これは、他者を思いやる気持ちの役割を否定するものではない。黄金律はあまねく認識されており、私たちの大多数は、自分が受けたいと願う扱いを他者も受けるべきだと素直に思える心境に達する。私たちはこうして、いとも簡単に公平さを合理化できるし、そうすることで公平性はさらに強力になるが、私たちは同時に、心の奥底で問題の核心を理解している。公平さや正義にどれほど高尚な理由を与えるにせよ、両者は協調的で生産的な社会環境に対する私たち人間の必要性に深く根差しているのだ。

他の霊長類はもう少し視野が狭く、目先の利益に集中しているように思える。だからといって、人間以外の霊長類には公平さの規範がないと結論を下すのは尚早だ。動物の不公平嫌悪についての研究は始まったばかりなのだ(46)。サラと私が、ブドウとキュウリを使った取引でチンパンジーを試したところ、オマキザルのときと似たような反応が見られた。だが、私たちは、人間にお馴染みの別の傾向もあるかどうか試してみた。近しい間柄だと、ルールを緩くするという傾向だ。配偶者や家族や友人の間では、私たちは恩恵や不公平な仕打ちをいちいち覚えていない。細かく覚えておくのは、知り合い、隣人、同僚などが相手の場合だ。チンパンジーにも、この区別があることが確認できた。(先ほどのモウとサンクチュアリの他のチンパンジーのように)ほとんどいっしょに過ごしていないと、差をつけられたときに大騒ぎするが、三〇年前にできたコロニーのメンバーは少しも動じない。子供の頃にいっしょに遊び、いっしょに成長してきたので、不公平には免疫ができているに等しい。どうやら類人猿も人間と同じように、社会的に近ければ、不公平かどうかをあまり気にしないようだ。

不公平嫌悪は、今後間違いなく活発な研究が行なわれるだろう。霊長類特有の性質と見なす根拠が何もないのだから、なおさらだ。私は、社会性のある動物には一律に不公平嫌悪の傾向があると考えている。これまででいちばん面白かったのは、アメリカの動物認知研究の第一人者アイリーン・ペッパーバーグに聞いた話で、今はもう亡くなったアレックスと年下のグリフィンという、アフリカ産の口うるさいオウム二羽といっしょに食べる、いつもの夕食風景の描写だ。

そして私は夕食をとった。アレックスとグリフィンもいっしょだった。この二羽は正真正銘の夕食の相手なのだ。私が食べている料理をどうしても食べたがるのだから。彼らの好物はサヤインゲンとブロッコリー。私の仕事は、彼らの取り分が均等になるように分けること。そうしないと大声で文句を言われる。アレックスは、グリフィンのほうが一本でも多いと思うと、「サヤインゲン」と叫ぶ。グリフィンも同じだ。(47)

他にもこのような反応が見込める種としては、飼い犬が挙げられる。飼い犬は、協力して狩りをし、獲物を分け合うのに慣れた狩猟者の子孫だ。ウィーン大学の「賢い犬実験室」のフリーデリケ・ランゲは、犬たちが自分は何ももらえず、いっしょにいる犬がご褒美をもらえるという状況では、人間に「お手」をするのを拒むことを発見した。反抗的な犬は、爪で引っ掻いたり、顔を背けたりするなど、いらだっている様子を見せた。報酬自体は問題ではなかった。犬たちは、いっしょにいる犬も餌をもらえなければ、喜んで命令に従ったからだ。このように、犬も不公平に敏感なのかもしれない。(48)

通貨の価値を知るサル

一九三〇年代、ヤーキーズ国立霊長類研究センターがまだフロリダ州オレンジパークにあった頃、研究者たちは、類人猿に通貨という素晴らしいものを紹介することにした。彼らは、報酬として「チンプマット」で使えるポーカーチップを与えた。「チンプマット」というのは、ポーカーチップを入れると食べ物が出てくる自動販売機だ。チップは約束手形で、ためてから交換しなければならないことを、あらかじめチンパンジーに理解させる必要があった。それをチンパンジーが学習してから、研究者たちは価値が異なるチップを導入した。白いチップはブドウ一粒、青いチップはブドウ二粒、といった具合だ。チンパンジーはすぐに、いちばん価値があるチップを好むようになった。(49)

私たちのオマキザルも、トークンと引き換えに品物を手に入れることを覚えた。ある研究で、サラはオマキザルに、お互いから方法を学ばせさえした。あるオマキザルは、二種類のトークンを品物と交換した。一方のトークンでパプリカを、もう一方のトークンで甘いシリアルの「フルーツループ」を手に入れた。パプリカは人気ランキングの下位で、「フルーツループ」は上位だ。オマキザルは、自動販売機の横に座って仲間がトークンで食べ物を手に入れる様子を眺めていただけで、最高の取引ができるトークンをほしがるようになるのだった。

　このように通貨を使う技能を利用した実験は、何章か前に取り上げた。この実験では、あるオマキザルは自分だけ報酬がもらえる「利己的な」トークンと、自分と相棒の両方が報酬をもらえる「向社会的な」トークンのどちらかを選ぶ。私たちが使ったオマキザルは、「向社会的な」トークンを圧倒的に好んだ。これで、オマキザルは互いに気遣うことが明らかになった。チンパンジーにもこの傾向があるのはよく知られている。チンパンジーは、ライバルを倒すために仲間どうしで協力したり、悲しんでいる仲間を慰めたり、ヒョウから互いを守ったりするし、実験では「対象に合わせた援助」もする。向社会性には長い進化の歴史があるのだ。

オマキザルの一匹が、別のオマキザルの見ている前で、腕の通る穴から手を伸ばして、違う模様のついたトークン（この場合はパイプ）を選ぶ。パイプは食べ物と交換できる。一方のパイプは二匹分の食べ物と交換できるが、もう一方のパイプは自分の分の食べ物としか交換できない。オマキザルはたいてい「向社会的な」パイプを選ぶ。

　とはいえ、利己主義はいつもすぐそばに潜んでいる。「利己的な」トークンと「向社会的な」トークンでオマキザルを実験しているときに、互いに親切にしようとするオマキザルの傾向を抑え込む方法が三つ見つかった。一つは見知らぬ相手と組ませる方法だ。それまで顔を見たこともない相手と組むと、オマキザルはずっと利己的になる。この現象は、内集団が協力行動を育むという考え方と合致する。

向社会性を減退させるのにもっと効果的なのは、サルの間に開口部のないパネルを差し込んで、相手の姿を見えなくすることだ。選択をするサルは、相手が向こう側にいるとわかっていて、小さい覗き穴からあらかじめ相手の姿を見ていても、依然として向社会的にならない。まるで相手がそこにいないかのように振る舞い、完全に利己的になる。明らかに、サルが他のサルと物を分かち合うには、相手の姿が見えている必要がある。人間は、良い行ないをすると気分が良くなると報告するし、脳の報酬中枢は、私たちが他者に何かを与えるときに活性化することが脳スキャンでわかっている。サルも気前の良い行為をして同じ満足感を味わっているのかもしれないが、どうやらそれは、結果をその目で確認できるときに限られるようだ。それで思い出したのが、非常に古くからある人間の同情の定義だ。それによると、人間は相手の幸運を見て喜びを感じるという(50)。

人間には素晴らしい想像力がある。地球の裏側で、私たちが送った服を貧しい家族が着ている様子や、私たちの援助で建てられた学校で子供たちが勉強している様子をありありと目に浮かべられる。このような状況を想像するだけで、私たちは気分が良くなる。一方、サルは時間や空間を超えて自らの行動の影響を想像するのは、たぶん無理だ。そのため、サルの場合、与えることによる「温情効果」は、受益者を実際にその目で確認できるときしか生じない。与えることにまつわる感情は人間もサルもそう違わないかもしれないが、サルはもっと限定的な状況でしかその感情を表さない。

向社会的な傾向を抑え込む三番目の方法は、ひょっとしたら最も興味を引くのではないだろうか。不公平と関係があるのだ。実験対象のサルは、相棒が自分よりも良い報酬をもらうと、向社会的な選択肢を選ばなくなる。サルは物を分かち合いたいのはやまやまだが、それは相棒が見えていて、相棒が自分と同じものを得るときだけの話だ。相棒のほうが良い待遇を受けたと知ると競争心が働き、気前の良い行為を妨げる。

だが、その競争心を利用すれば、霊長類からより多くの能力を引き出せる。人間の経済活動が競争心を利用して人間の能力をもっと引き出すのと同じだ。社会的地位や生活水準の点で周りの人間に引けをとらないようにするには、今よりもう少しだけ努力しなければならない。ペッパーバーグは飼っているオウムの競争心を利用したし、私たちも、チンパンジーは、別のチンパンジーに自分の報酬が渡ると成果が上がることに気づいた。たとえばチンパンジーがタッチスクリーンで画像を選ぶ場合、その動作を一〇〇回続けることもできる。だが、必ず注意力が散漫になり、間違えるので、最後には報酬の果物が減らされる。ところが、報酬をやらないだけでなく、その報酬をそばにいる別のチンパンジーに与えると、当のチンパンジーは急に作業に集中しだす。スクリーンを一心に見つめ、作業に没頭する。自分の報酬が他のチンパンジーに渡るのを阻止するためだ。私たちはこれを「競争的報酬」パラダイムと呼んでいる。

そうした競争に関心を寄せている私たちが、ある日突然、あなた方は「共産主義者」に違いないという電子メールを受け取ったときの困惑は、わかってもらえるだろう。「共産主義者」でなければ公平さが人間の本性の一部だなどと思うわけがないというのが相手の論法だ。たしかに、奇妙奇天烈な電子メールもときどき届く（最近では、ある男性が毛深い胸部を写した写真を送ってきた。彼は自分の祖先は類人猿だと思っていた。もちろん私たちはそれを否定できなかった）が、この電子メールの主はかなり怒っている様子だった。当人が明らかに人間にすら認めない社会的な傾向を、私たちが正当化していると非難していた。公平さと正義とは、なんたる戯言だ、と。面白いことに、私たちがサルから受ける印象は公正で正義感あふれる性格とは正反対だった。私たちはオマキザルを、物に巻きつけやすい尾を持った小さな資本主義者だと思っている。オマキザルは、それぞれの労働に対して対価を払い、いちいちお返しをし合い、通貨の価値を理解し、不公平な扱いに腹を立てる。あらゆるものの値段を知っているかのようだ。

公平性の二つの面

混乱する人間が出てくるのは、公正さには二面性があるせいだ。平等な収入がその一面だとすれば、努力と報酬とのつながりがもう一面だ。私たちが実験したサルは両面に敏感だったし、それは私たちも同様だ。ここでヨーロッパとアメリカを比べて両者の違いを説明しよう。ヨーロッパとアメリカは、公正さという名の同じコインの違う面を、昔から強調している。(51)

初めてアメリカにやってきたとき、私は複雑な思いを抱いた。母国オランダよりもアメリカは公平でないと感じる一方で、アメリカのほうが公平だとも思ったのだ。私は第三世界でしか見られないような貧しい暮らしをしている人を目の当たりにした。世界で最も裕福な国が、どうしてこんな事態を許しているのか？　家が貧しい子供はお粗末な学校にしか行けず、豊かな家庭の子供はりっぱな学校に行けると知り、その思いはさらに募った。公立校はおもに州税と地方税で運営されているため、州や都市や地区の間に途方もない格差が出る。これは母国での経験とは大きく違う。オランダでは、どんな家庭環境の子供もみな同じ学校に通った。どこで生まれるかで受けられる教育の質が決まるような社会が、どうして機会の平等を謳えるだろう？

だが、一生懸命に努力すれば（もちろん私もそうするつもりだった）、そうとうの所まで行けるということにも気づいた。障害物は何もない。嫉妬がないわけではないし、学者の世界では嫉妬がジョークの種になっているほどだ（「学者がしょっちゅう喧嘩する理由は？　失うものがほとんどないからだ！」）が、普通は、人が成功すれば周りは喜び、祝い、賞を与え、給料を上げてくれる。成功は誇るべきものだ。なんとありがたいことか。「出る杭は打たれる」文化とは大違いだ。オランダにもこんなうまい表現がある。「普通に振る舞え。それ自体かなり常軌を逸しているのだから」

横並びという重しを人々の首に巻きつけて成功させまいとすれば、努力と報酬の結び付きが断ち切られる。努力、やる気、創造性、能力に差のある人が同じ給料をもらうというのは、はたして公平なのか？　勤勉な働き手のほうが多く稼ぐべきではないだろうか？　自由意志論に基づく公平を理想とするのがアメリカの真髄であり、それがすべての移民に夢と希望を与えている。

一方、ほとんどのヨーロッパ人にとっては、この理想よりドーリー・レヴィのアドバイスが優先する。一九六九年の映画『ハロー・ドーリー！』でバーブラ・ストライサンドが演じたドーリーは、声を大にして言う。「お金は、汚い表現で悪いけれど、肥やしのようなもの。何の価値もありません、隅々までばらまかなければ」。テレビのパーソナリティは国家元首より多く稼いではならないとか、CEOの報酬の上昇率は社員の昇給率を上回ってはならないなどと訴えているヨーロッパの新聞の論説を読んだことがある。おかげでヨーロッパは住みやすい場所だ。ヨーロッパには、アメリカのようにろくに読み書きができない下層階級の厚い層は存在しない。この層の人間は、フードスタンプ（訳注　低所得者に支給される食料購入券）で生活し、具合が悪くなると病院の救急処置室に頼る。だが、ヨーロッパには、人々のやる気をかき立てるような仕組みも少ない。だから、失業者が仕事を探したり、人々が新しいビジネスを始めたりする動機が乏しい。したがって、若い起業家が続々とフランスを離れ、ロンドンなど、他の場所へと向かう。

アメリカ企業のCEOの収入は、平均的な労働者の収入の優に数百倍に達し、アメリカのジニ係数（国家の所得格差の物差し）はかつてないほどに上昇している。アメリカ人の上位一パーセントの所得が国民全体の所得に占める割合は、最近、一九二九年の大恐慌時のレベルに戻った[52]。アメリカは、ロバート・フランクの言うように、「勝者独り占め」社会になり、所得格差はアメリカの社会機構を脅かしている。貧しい人が豊かな人に憤りを感じれば感じるほど、豊かな人は貧しい人を恐れ、警備が厳重な高級住宅街に閉じこもる。だが、さらに深刻なのは健康の問題で、アメリカ人の平均余命は世界で四〇位以下だ。原理上は、最近の移民や、健康保険制度の欠如、貧しい食生活が原因かもしれないが、じつは健康と所得分配の関係は、このどれでも説明できない。同じ現象が国内でも見受けられるのだ。所得格差が大きい州ほど死亡率が高い[53]。

イギリスの疫学者で健康問題の専門家リチャード・ウィルキンソンは、最初にこの統計をまとめた人物で、その結果をひと言で言い表した。曰く「格差は人を殺す」。彼は収入格差が社会格差を生むと考えている。収入格差が相互の信頼関係を損なって、社会をずたずたにするため、暴力が増えて不安を招き、豊かな人も貧しい人も免疫が落ちる。マイナスの影響は社会全体に及ぶ。

収入格差が健康と結び付いている何よりの理由は、収入格差が社会における階級差の尺度の代用品として機能していることのようだ。それは、社会的な隔たりの大きさとそれに伴う優越感と劣等感あるいは軽蔑を反映しているのだろう。(54)

早合点してもらいたくないのだが、まともな頭の持ち主なら収入は一律同額にすべきだなどと間違っても言わないし、貧者に対しての責任などないと思っているのは、極端に頑固な保守派だけだ。競争条件の平等を求める公平さと、報酬を努力にきちんと結び付ける公平さという、二つの公平さのどちらも必要だ。ヨーロッパもアメリカも、一方の公平さを犠牲にしてもう一方の公平さを重視しているために、つけを払わされている。つけの種類は違うが、莫大なものであることに変わりはない。アメリカに長いこと住んでいるうちに、どちらのシステムが良いかは一概に言えなくなった。両方の長所と短所がわかるからだ。だが、それが二者択一の問題ではないこともわかる。両方の公正さの理想を組み合わせられないわけではないのだ。個々の政治家や彼らが属する政党は、頑なにこの方程式の右か左かに肩入れしているかもしれないが、どの社会も、自国の性格に合わせながら、最善の経済展望を提示してくれるバランスを探して両極の間を行ったり来たりするものだ。フランス革命で掲げられた三つの理想である自由、平等、同胞愛のうち、アメリカは自由を、ヨーロッパ諸国は平等を強調し続けているが、三つ目の同胞愛だけが包含、信頼、共同体について語っている。道徳上、同胞愛はおそらく三つの理想の中で最も気高く、残る二つへの気配りなしには達成できないだろう。

霊長類という立場からも同胞愛が最も理解しやすい。生存はひとえに愛着、絆、集団の団結にかかっているからだ。霊長類は共同体を築く動物に進化した。それでも、霊長類は平等を求める傾向と、努力と報酬との結び付きに無縁ではない。サミーがレバーを放したために食べ物に手が届かなくなったバイアスが金切り声を上げたのは、自分が得るために努力した報酬を失ったことに抗議していたのだ。これはたんに不平等だけの問題ではない。ブドウ園の労働者のように、バイアスは努力を勘定に入れていたふしがある。実際、私たちの研究の一つから、霊長類は、報酬を得るために必要な努力が大きいほど、相手が自分より良い物を手に入れたのを見ると敏感に反応することがわかっている。「これだけ働いたのに、あいつが手に入れたものすら自分はもらえないのか?」と言っているかのようだ。

このような反応は平等主義の傾向がある霊長類の典型的な特徴だが、ヒヒのように厳密な序列がある種には必ずしも当てはまらない。ヒヒは社会的な寛容と共感の度合いが低いことで知られている。アメリカの霊長類学者ベンジャミン・ベックが、シカゴ近くのブルックフィールド動物園でメスのヒヒがオスを手助けしているところを観察した。ベックの説明は優位性に関する興味深い考察を提供してくれる。[55] オスのヒヒは、体の大きさがメスの倍で、短剣のような犬歯を持っている。だから、どちらが優位かは言うまでもない。パットという名前のメスは、檻の中でオスのピーウィーには届かない所にある長い棒を取ることを覚えた。一方、ピーウィーは棒を使って食べ物を引き寄せる方法を知っていた。以前、ピーウィーはその棒を自分で取ることができたときには、パットには、ほんのおこぼれ程度しか食べ物を分け与えなかった。だが、二匹がひとしきりグルーミングしたあとで、初めてパットが自発的にピーウィーに棒を取ってあげたときは、ピーウィーは生まれ変わったかのように振舞った。食べ物を手に入れるとパットと山分けにしたのだ。パットの貢献を認識したようだった。ところが、協力が続くとパットの取り分が減っていった。最後には、パットはわずか一五パーセントの取り分で我慢しなければならなかった。それでも全然もらえないよりはましだ。だからパットは相変わらず棒を取ってきたのだろうが、この配分は人間なら最後通牒ゲームできっぱりと断るだろう。じつは、そうするのは人間だけではない。パットがオマキザルかチンパンジーだったら、与えられた分け前に癇癪を起こしていたはずだ。

『フランス組曲』にあるような、貴族が庶民と交じり合う様子が描かれた一節を読んでいると、序列、平等と不平等、相応の報酬と不相応な報酬の間にある、こうした細かい違いのいっさいについて、つい考えてしまう。工業化が進んだ複層的な社会という文脈は新しいが、このような出会いの根底に流れる感情は霊長類に普遍的なものだ。近代社会は階級構造の長い歴史に連なっている。下層部にいる人間は上流階級に対して恐れだけでなく憤りも抱いている。私たちは、いつでも社会の梯子を揺さぶる用意がある。これは少数の平等主義の仲間どうしでサバンナをうろついていた祖先から受け継いだ傾向だ。彼らは、不公平に対する偏った反応を私たちに遺した。この反応は、持てる者よりも持たざる者のほうが強く示す。持てる者も完全に無関心というわけではないのだが、かんかんに腹を立て、怒りにまかせて食べ物を投げ捨ててしまうのは、自分は水気の多い野菜を手にしながら、ひと握りの幸せ者が甘い果物を堪能している姿を目の当たりにした者たちと相場が決まっている。
ロビン・フッドは正しかった。人間の心からの願いは、富を行き渡らせることなのだ。

第七章
Crooked Timber

歪んだ材木

人間という歪んだ材木から真っ直ぐなものができたためしがない。

――イマヌエル・カント（一七八四年）(1)

思慮のない利己主義が不道徳であることは以前から知られていたが、今やそれが不経済であることも判明した。

――フランクリン・D・ルーズベルト（一九三七年）(2)

ある宗教誌に、もしあなたが神だったら、人間という種のどこを変えるかと訊かれて考え込んだ。生物学者なら誰でも、マーフィーの法則によく似た、「意図せざる結果の法則」を知っている。私たちが新しい種を導入して生態系に干渉するたびに、厄介なことになる。ナイルパーチをヴィクトリア湖に放ったときも、オーストラリアにウサギを持ち込んだときも、アメリカ南東部に葛《くず》を移植したときも、改善がもたらされたかどうか、怪しいところだ。(3)

私たちの種を含めて、どんな生物もそれ自体が一つの複雑な系なのだから、生態系と比べて意図せざる結果を避けるのが少しでも楽だなどということがあるはずもない。B・F・スキナーは、ユートピア小説『ウォールデン・ツー』（誠信書房）の中でこう考えた。もし親が子供と余計な時間を過ごすのをやめ、人々がお互いに感謝し合うのを思いとどまれば、人間はより大きな幸福と生産性を達成できる。自分の所属する共同体に恩を感じるのはかまわないが、お互いに対して恩を感じるのは許されない。スキナーは他にも奇妙な行動規範を提案したが、この二つは、あらゆる社会を支える柱、すなわち家族の絆と互恵性に対する打撃に思えて、私はとりわけ強烈な衝撃を覚えた。スキナーは自分が人間の本性を改善できると考えていたに違いない。人為的な改善と言えば、以前、ある心理学者が、日に何度かお互いに抱擁《ハグ》し合うように子供たちを仕込むべきだと真剣に提案するのを聞いたことがある。なぜなら、ハグは文句なしに良好な関係を育むポジティブな行動ではないのか、と。たしかにそうだが、命じられるままに抱き締め合っても、同じ効果があると誰に保証できるだろう？　非の打ち所のないほど有意義な仕草を、もはや信用できないものにしてしまう危険はないのだろうか？

　行動主義心理学の「ベビー・ファーム」の考え方に沿って育てられた子供たちがどうなるかは、ルーマニアの孤児院の例ですでに見た。私は、人間の本性の「改造」は、どんなものであれ今なお強く疑問視しているが、この「改造」という考え方は、長年にわたって人々の心をつかんできた。一九二二年、レオン・トロツキーは未来の輝かしい「新しい人間」の姿を描いている。

> これはまったく疑いの余地のないことだが、コミューンの市民たる未来の人間は、非常に興味深く魅力的で、その心理は我々のものとは大幅に異なるだろう。[4]

マルクス主義は、文化的に操作した人間という幻想に足を取られた。人間は白紙状態で生まれ、条件付けあるいは教育、洗脳（その他、何と呼ぼうとかまわないのだが）による書き込みを受ける、したがって、我々は素晴らしく協力的な社会を築く用意があるという幻想だ。アメリカのフェミニスト運動も同じような幻想に毒されていた。この運動は（男女の違いを称賛するヨーロッパのフェミニスト運動とは異なり）、性別の役割は全面的な改修が可能だとした。同じ頃、有名な性科学者が、性器の一部を失った男の子を手術で去勢して女の子として育てられると主張し、その子は完全に満足するだろうと予測した。この「実験」の結果、その子はすっかり困惑してしまい、ずっと後年、自ら命を絶った。[5] 自己の性別認識の生物学的特質をあっさり無視するわけにはいかないのだ。同様に、私たちの種には、これまでどんな文化も排除できなかった行動傾向が備わっている。イマヌエル・カントも気づいていたように、人間の本性はこの上なく硬い木の根と同じで、簡単に削ったり曲げたりすることなどできない。

ある人間の性格の最悪の部分が、しばしば最善の部分でもあるという事実に気づいたことがおありだろうか？　神経質でやたらに細かい会計士をご存知かもしれない。冗談など間違っても口にしないし、そもそもジョークが通じないのだが、だからこそ会計士に打ってつけでもある。あるいは、おしゃべりが過ぎていつも周囲の人をまごつかせはするものの、どんなパーティに行っても花形になるような派手なおばさんがいないだろうか？　それと同じ二重性が私たちの種にも当てはまる。私たちは自分の攻撃性をけっして好ましく思っていない（少なくとも、たいていの日はそうだ）が、攻撃性抜きの社会を創るのは、ほんとうに素晴らしいアイディアなのか？　みんな子ヒツジのように従順になってしまわないだろうか？　スポーツチームは勝敗を気にせず、起業家は見つからず、歌手は挑発的な歌の代わりに退屈な子守唄しか歌わないかもしれない。攻撃性が良いと言うわけではないが、殺人や傷害ばかりでなく、どんな行為にも攻撃性はつきものなのだ。だから、人間から攻撃性を取り除くことには、慎重を期さなければならない。

人間はいわば、正反対の性質を兼ね備えたサルだ。一方で、優しくてセックス好きのボノボのような面を持っている。ボノボをお手本にしたいが、やりすぎは禁物だ。そうでないと、世界は愛と平和《フラワーパワー》と自由恋愛を旨とするヒッピーの一大祭典になってしまう。幸せかもしれないが、生産的ではないかもしれない。その一方で、私たちの種は、残忍で傲慢なチンパンジーのような面も持っている。この面は抑え込みたいが、完全にそうするのは良くない。そんなことをしたら、どうして新たなフロンティアを征服し、国境を守れるだろう？(6) 全人類が一挙に平和的になれば、何の問題もないと言えなくもないが、突然変異を起こした敵に侵入される可能性があるかぎり、どんな個体群も安定は望めない。頭のおかしい人間が現れて軍を組織し、残る人々の弱点につけ込みはしないかと、やはり心配だ。

というわけで、奇妙に聞こえるかもしれないが、私は人間というものを根本から変えるようなことをするのは気が進まない。だが、もし一つだけ変えられるとしたら、仲間意識の及ぶ範囲を広げたい。今日、狭い地球でこれほど多くの異なる集団がいっしょに暮らしている中で私たちが抱える最大の問題は、自分の国や集団や宗教に対する過剰な忠誠心だ。人間は誰であれ外見や考え方の違う者には強い軽蔑を抱きうる。イスラエルとパレスティナの人々のように、ほとんど同一のＤＮＡを持った近隣集団どうしでさえそうだ。国民は自国が隣国よりも優れていると思い、宗教は真理は自らの手中にありと考える。いざとなれば、人々は互いの足を引っ張り合い、殺し合いさえする。近年私たちは、飛行機に意図的に体当たりされて二棟の巨大なオフィスタワーが倒されるところも、一国の首都が大規模な爆撃を受けるところも目にした。いずれの折にも、何千という罪なき人の死が、悪に対する善の勝利として祝われた。見ず知らずの人の命は無価値と見なされることが多い。なぜイラク戦争で亡くなった一般市民の数について語らないのかと訊かれたアメリカのドナルド・ラムズフェルド国防長官（当時）はこう答えた。「よその人たちの死者は数えないから」[7]

「よその人たち」への共感は、石油以上に世界で不足している唯一のものだ。せめてわずかの共感でも生み出せれば素晴らしいだろう。それがどんな変化をもたらしうるか、手掛かりを与えてくれる事例がある。二〇〇四年、イスラエルのヨセフ・ラピド法相（当時）は夜のニュースでパレスティナ人女性の映像に胸を打たれた。「高齢の女性が瓦礫と化した自宅で手足をつき、自分の薬がないかと床のタイルの下を捜している映像をテレビで見たときに、『これが私の祖母だったら、私はいったい何と言うだろう？』と思った」。ラピドの感想はイスラエルの強硬派を激怒させたが、この例は、共感が広がればどうなるかを示してくれた。一瞬ではあったが人間愛を覚えた法相は、パレスティナ人を、自分の気遣う人々の輪の中に取り込んだのだ。[8]

もし私が神だったら、共感の及ぶ範囲を広げにかかるだろう。

入れ子細工のロシア人形

共感を育むのは容易ではない。ロースクールやビジネススクールや政治の世界では、私たちは本来、競争的な動物であるという見解がしっかりと根を張っているから、なおさらだ。社会ダーウィン主義は、時代後れのヴィクトリア朝の遺物として退ける向きもあるかもしれないが、相変わらず私たちにぴったりとつきまとっている。二〇〇七年にデイヴィッド・ブルックスが『ニューヨークタイムズ』

紙に書いたコラムは、政府の社会事業を嘲っていた。「私たちの遺伝子の中身や、ニューロンの特質や、進化生物学の教訓から、自然は競争と利害の対立に満ちていることがはっきりした」(9)。保守派はこういう考え方が大好きだ。

彼らの見解には実体がないというわけではないが、社会を組み立てる理論的根拠を探し求める者は誰もが、これが真理の半面でしかないことに気づかなくてはいけない。この見解は、私たちの種が持つきわめて社会的な特質を大幅に見過ごしている。共感は人間の進化の歴史上、不可欠の要素であり、しかもそれは進化の新しい段階で加わったものではなく、はるか昔からある生得的な能力なのだ。人間は、顔や体や声に対して自動的に発揮される感受性を頼りに、生まれたときから共感する。共感は、他者が特定の心的状態にあると考えることや、自分自身の経験を意識的に思い起こす能力にかかっているといった具合に、複雑な技能であるかのように言われてきたが、じつはそれほどのものではない。年齢とともに発達する、このような共感の高度な次元の重要性を否定する者はいないが、それにばかり注目するのは、壮麗な大聖堂を眺めながら、それが煉瓦《れんが》と漆喰《しっくい》でできていることをすっかり忘れているようなものだ。

このテーマについて幅広く書いてきたマーティン・ホフマンがいみじくも特筆しているように、他者との関係は、私たちが思っている以上に基本的だ。「人間は多くの社会的状況で、認知的プロセスに過度に依存することなく効果的に機能する能力を生物として備えている」(10)。たしかに私たちは想像力を駆使して他者の頭の中に入っていくことができるが、普通はそういうやり方はとらない。泣きじゃくる子供を膝に抱き上げたり、配偶者と気持ちを察し合って笑みを交わしたりするときには、心と同じぐらい体にも根差した日常的な共感をしているのだ。

私は共感を核心まで突き詰めることを試みる中で、人間以外の生き物を議論に明確に取り込んできた。もちろん、誰もがそれに賛成してくれるわけではない。他の動物の心理状態に話が及ぶと、途端に「聞かザル、言わザル」に変身して、耳と口を手でふさぐ科学者もいる。感情を示すレッテルを人間の行動に貼るのはかまわないが、動物たちの行動となると、この習慣を抑え込むのが当たり前とされている。私たちのほとんどにとって、これがほぼ不可能に思えるのは、人間が自動的に「心理状態への翻訳」をするからだ。[11]「心理状態への翻訳」は、身の回りの行動を理解するための近道を提供してくれる。たとえば、私たちが遅刻したときの上司の反応（眉をひそめる、顔を紅潮させる、テーブルを叩く、など）をばらばらに観察する代わりに、それらの情報をすべて一つの評価（かんかんに腹を立てている）にまとめる。私たちは他者の行動を目にすると、他者の目標や願望、欲求、感情を読み取って、それに即してその行動を理解する。これは上司が相手だとじつにうまくいくし（ただし、私たちの立場が少しでも良くなるわけではないが）、しっぽを振りながら飛びついてくる犬にも、頭を低くし、毛を逆立ててこちらに向かって唸る犬にも、同じぐらい効果的だ。[12]私たちは一頭目は「嬉しそう」、二頭目は「怒っている」と言うが、多くの科学者は心理状態を示唆しているとして、これを嘲る。彼らは「じゃれている」とか「攻撃的だ」といった言葉を好む。かわいそうに、犬たちは自分の気持ちを伝えようと、できるかぎりのことをしているのに、科学はそれを口にするのを避けようとして、言葉遣いに神経を尖らせている。

明らかに、私はそんなふうに目くじらを立てることには賛成しかねる。進化論の信奉者にすれば、感情は種の間で連続しているという仮定ほど理にかなったものはない。動物の感情について語りたがらないのは、最終的には、科学よりも宗教に原因があると思う。ただし、あらゆる宗教ではなく、私たちに似た動物とは隔絶した環境で誕生した宗教に限る。サルや類人猿がいたるところにいる熱帯多雨林の文化では、人間を自然の外に置くような宗教は生まれたためしがない。同様に、インドや中国、日本など、原産の霊長類に囲まれた東洋では、宗教は人間と他の動物との間に明快な線を引かない。輪廻はさまざまなかたちで起き、人間が魚になることもあれば、魚が神になることもある。ハヌマーンのようなサルの神も広く見られる。ユダヤ教・キリスト教信仰だけが、人間を台座の上に祭り上げ、魂を持つ唯一の種と見なす。砂漠の遊牧民がどのようにしてこの見方にたどり着いたかは、想像に難くない。自分に似た生き物がいない以上、私たちは無類の存在だという考えは、ごく自然に生まれたのだろう。彼らは自らを、神の姿に似せて創られた、地上でただ一つの知的生き物と見なした。今日でも私たちは固くそう信じているので、他の知的生命体を探すのに、強力な望遠鏡をはるか彼方の星雲に向ける。

そうした考え方に疑問を差し挟みうる動物を初めて目にした西洋人の反応は、きわめて印象的だった。初めて生きた類人猿が披露されると、人々は目を疑った。一八三五年、オスのチンパンジーがロンドン動物園に連れてこられ、水夫の服を着せられた。メスのオランウータンがそれに続き、ドレスを着せられた。展示を見にきたヴィクトリア女王は肝を潰した。そして、二頭のことを、「ぞっとするし、痛ましいまでに、そして不快なまでに人間に似ている」と語った。これが一般的な感想だったし、今日でさえ、類人猿のことを「おぞましい」と言う人に私はときどき出くわす。自分に関して聞きたくないことを類人猿が語っているのでなければ、彼らがそんなふうに感じるはずがあるだろうか？　若き日のチャールズ・ダーウィンは、ロンドン動物園のその二頭を注意深く観察したとき、女王と同じく、人間と似ているという結論に達したが、女王のような嫌悪感は抱かなかった。人間の優越性を確信している者は誰もがこの二頭を見にいくべきだと彼は感じた[13]。

これはみな、そう遠くない昔の出来事で、欧米の宗教が人間例外論という教義を学問の分野の隅々にまで広めたはるかあとのことだった。哲学は神学と融合したときにこの教義を受け継ぎ、社会科学は哲学から現れ出てくるときにそれを継承した。なにしろ、心理学（psychology）はギリシア神話に出てくる霊魂の化身プシュケ（Psyche）にちなんで命名されているほどだ。こうした宗教的なルーツは、進化論の第二のメッセージに対して今なお続く抵抗に反映されている。進化論の第一のメッセージは、私たちも含め、あらゆる動植物は単一のプロセスの産物であるというものだ。これは今では生物学の外でも広く受け入れられている。だが、私たちは体ばかりか心の面でも、他のあらゆる生命形態と連続しているという第二のメッセージは、そうはいかない。これはまだ、受け入れるのが難しい。人間が進化の産物であることを認める人でさえ、一回限りの決定的な神性の輝きを、私たちを際立たせる「途方もない変則性」を、いつまでも追い求める。宗教とのつながりはとうの昔に意識下に押しやられてしまったが、科学は人間という種が誇れるような何か特別のものを探し求め続ける。

自らの好ましくない特徴の話になると、連続性が問題にされることはめったにない。人間が人間を殺したり、遺棄したり、レイプしたり、他のかたちで虐待したりすると、私たちはたちまち自分の遺伝子を責める。戦争や暴力は生物学的な特性として広く認識されているし、誰もがアリやチンパンジーとの類似性をためらうことなく指摘する。気高い特徴に限って、連続性が問題にされる。共感はその最たる例だ。多くの科学者が長いキャリアも終わりに近づくと、人間を獣と分けるものについての概要がどうしても書きたくなるようだ。アメリカの心理学者デイヴィッド・プレマックは、因果推論と文化と他者の視点取得に焦点を合わせ、同輩科学者のジェローム・ケイガンは言語と道徳と、そう、共感に触れた。ケイガンは、傷ついた母親を子供が抱き締めるような慰めの行動をこれに含めた。[14]これは実際、素晴らしい例だが、もちろん、私たちの種に限られてはいない。とはいえ、私がいちばん言いたいのは、提唱された区別が本物か、それとも空想にすぎないのかではなく、なぜすべてが私たちに好都合なものでなければならないのかということだ。人間は拷問や大量殺戮、ごまかし、搾取、洗脳、環境破壊に関しても、少なくとも同じ程度に特殊なのではないか？　なぜ、人間特有のものを並べたリストはどれも、自己満足の気を漂わせる必要があるのか？

だが、じつはもっと深い問題があり、社会の中で私たちが共感に割り当てる地位に話が戻る。もし、他者に敏感であるのがほんとうに私たちの種だけならば、それは最近になって私たちがようやく進化させた、まだ新しい特性ということになる。ところが、新しい特性には問題がある。それが「実験的」なものでありがちな点だ。人間の背中について考えてみよう。私たちの祖先は、二足歩行を始めたとき、背中が真っ直ぐに伸びて、垂直になった。その結果、背骨には余計な重みが加わった。背骨はもともとそんなふうにはできていなかったので、私たちの種は慢性的な腰痛によって普遍的に悩まされる羽目になった。

もし共感がほんとうに、きのう頭に被せたばかりのかつらのようなものだったら、明日にでも吹き飛ばされてしまいかねないではないか。私はそれを何よりも恐れる。過去わずか二〇〇万年ほどの間に途方もない大きさを獲得した前頭葉に共感を結び付ければ、それは、人間と共感は不可分一体だという事実を否定することになる。明らかに、私は正反対の見方をしている。つまり、共感は哺乳類の系統と同じぐらい古い起源を持つものの重要な部分だと私は思っている。共感は一億年以上も前からある脳の領域を働かせる。この能力は、運動の模倣や情動伝染とともに、遠い昔に発達し、その後の進化によって次々に新たな層が加えられ、ついに私たちの祖先は他者が感じることを感じるばかりか、他者が何を望んだり必要としたりしているかを理解するまでになったのだ。この能力全体は、ロシアの入れ子細工の人形マトリョーシカのような造りになっているように思える。その核となるいちばん内側には、多数の生き物と共有する、自動化されたプロセスがあり、その外側を幾重にも層が取り巻き、このプロセスの照準や及ぶ範囲を調整している。ただし、すべての種がすべての層を備えているわけではない。他者の視点を獲得する種は数えるほどしかない。私たちはその達人だ。だが、この人形の最も精巧な層でさえ、原始的な核の部分と今なおしっかり結び付いている。

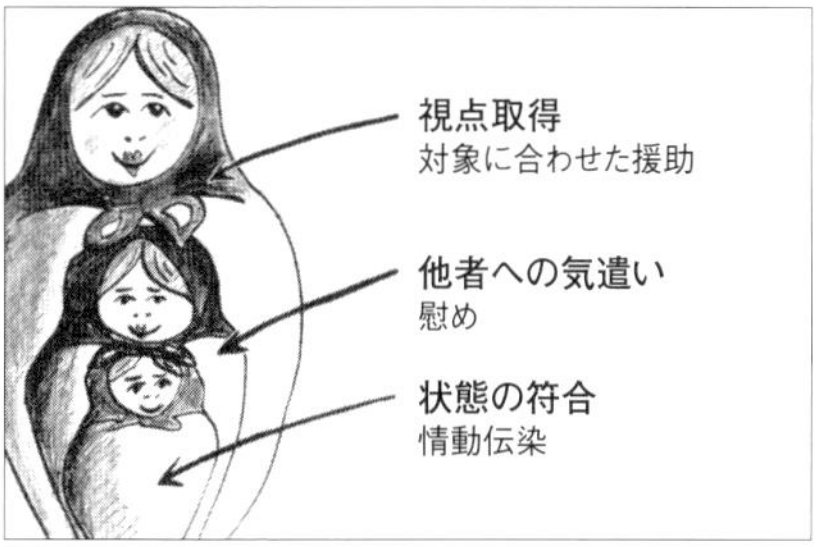

共感はロシアの入れ子細工の人形のように、多くの層から成り、その核には、他者の感情の状態とぴったり符合するという、大昔からの傾向がある。進化によって、この核の周りに、たとえば、他者への気遣いを感じたり、他者の視点を取得したりといった、より精巧な能力が次から次へと加わった。

進化が何かを捨て去ることなどめったにない。構造は変化したり、修正されたり、他の機能に転用されたり、別方向に調節されたりする。たとえば、魚の胸びれは陸上動物の前肢になり、それがやがて蹄や鉤爪の付いた脚や翼や手に変わった。そして、水に戻った哺乳類のひれ足にもなった。だからこそ、マトリョーシカはまさに生物学者の心にかなうおもちゃなのであり、そこに歴史的な側面が加われば、なおさら好ましい。私はロシアの前大統領ウラジーミル・プーチンの人形を持っている。外側にはプーチンの絵が描かれていて、その中には順番にエリツィン、ゴルバチョフ、ブレジネフ、フルシチョフ、スターリン、レーニンの人形が入っている。プーチンの中からとても小さなレーニンやスターリンが出てきたところで、驚く政治アナリストはほとんどいないだろう。だが、生物学的な特性についても同じで、古い特性は新しいものの中にも残っている。なぜこれが共感の話に重要かと言えば、それは、他者に対する私たちのいちばん思いやりに満ちた反応でさえも、幼い子供や他の霊長類、ゾウ、犬、齧歯類《げっしるい》の反応と、核になるプロセスを共有していることを意味するからだ。

私は共感が進化の歴史上とても古いものであることを思うと、なんとも楽観的な気分になる。共感は確固たる特性ということであり、事実上すべての人間の中で発達するから、社会はそれを当てにして、育み、伸ばしていくことができる。共感は人類に普遍的な特性だ。この点で、共感は社会的階級を形成する私たちの傾向に似ている。人間はこの傾向を多くの動物と共有しており、子供たちに教えたり説明したりするまでもない。子供は何も言われなくても、あっという間に序列を作り上げる。だから社会がやることと言えば、教会組織や軍隊などの男性の牙城でなされるように、この傾向を強めるか、小規模な平等社会でなされるように、それを無効にするかのどちらかだ。同様に、共感は人間にしっかり根づいているので、ほぼどんなときにも現れ出てくるから、私たちはそれに取り組まざるをえない。敵の人間性を奪うときにはそれを無効にし、おもちゃを独り占めしている子供に、遊び仲間にもっと思いやりを見せなさいと促すときには、それを高めるという具合に。

私たちは「新しい人間」は創り出せないかも知れないが、古い人間を修正することには驚くほど長けている。

スーツを着たヘビ

共感の欠如と闘うために共感に訴える組織について聞いたことがあるだろうか？　アムネスティ・インターナショナルと呼ばれるそのような組織がこの世界で必要とされているという事実は、私たちの種の暗い側面を雄弁に物語っている。イギリスの作家J・K・ローリングは、ロンドンにあるアムネスティ・インターナショナルの本部で働いていた頃の経験を次のように語っている。

あのときのことは死ぬまで忘れないだろう。人気《ひとけ》のない廊下を歩いていると、閉ざされたドアの向こうから突然、苦痛と恐怖の悲鳴が聞こえた。そんな声を耳にしたことは、後にも先にもない。ドアが開き、調査員が顔を覗かせ、中にいる青年のために急いで熱い飲み物を作ってくるように言われた。彼女は今まさに、青年の母親が捕らえられ、処刑されたことを告げたところだった。青年が祖国の政権に対して歯に衣着せぬ発言をしたことに対する報復だった。(15)

もし共感が、前部前頭葉皮質の産物で、純粋に知的なものだったなら、『ハリー・ポッター』の著者は、青年の悲鳴を聞いても特別、何も感じなかっただろうし、それをずっと記憶にとどめておくこともなかっただろう。だが、共感はそれよりもはるかに深くまで及ぶ。それは、悲鳴がたんに音声として受け止められるだけでなく恐れと強い嫌悪感を引き起こす脳の部位だ。私たちは文字どおり、悲鳴を感じる。これには感謝すべきだろう。なぜなら、このように感じられないのなら、共感がためになるかたちで使われる理由がなくなってしまうからだ。他者の視点を獲得する能力自体は、善いものでも悪いものでもなく、建設的な目的にも有害な目的にも使われうる。人道に対する罪は、ほかならぬこの能力に依存していることがよくある。

拷問を行なうには、他者が何を考えたり感じたりするかを十分に理解していなければならない。囚人の局部に電極を取り付けたり、彼らを長時間逆さ吊りにしたり、水攻めで溺れかけさせたり、聖書やコーランに排尿したりするのには、相手の立場に立って、何が最も大きな苦痛を与えたり怒りをかき立てたりするかを認識する能力が必要とされる。絞首刑用の鉄環や、釘がびっしり植わった椅子や、頭蓋骨を粉砕する機械や、親指をねじで締めつける道具を展示した、中世の拷問をテーマとする博物館をどれでもいいから訪れ、人間の想像力が苦痛を与えるために生み出した道具の数々を眺めてみるといい。私たちの種は、身代わりの拷問さえ行なう。女性を夫の目の前でレイプするのは、その女性にとって残酷であるばかりか、夫をひどく苦しめる手段でもある。それは、人間が別の人間との間に感じる絆を悪用する行為だ。このように、残虐な行為もまた、視点取得に基づいている。

視点取得と、共感にかかわる深層の部位との間の結び付きが完全に絶たれていることが特徴の精神障害がある。「精神病質者」というレッテルは、連続殺人犯のテッド・バンディやハロルド・シップマン、大量殺人者のヨシフ・スターリンやベニート・ムッソリーニやサダム・フセインといった暴力的な人間としばしば結び付けられる。だが、精神病質者にもいろいろある。その症状は、自己以外の誰にも忠誠心を持たない反社会的な態度と定義される。たとえばこんな男だ。ガールフレンドの銀行口座を空にした挙句、彼女のもとを去っておきながら、何か月もしてからバラの花束を手に舞い戻って涙の再会をするが、それはまた越してきて同じことを繰り返すためだ。あるいは、こんなCEOだ。他人を踏み台にして莫大なお金を稼ぎ、そのうえ、疑うことを知らない従業員たちを丸め込んで会社の株を持ち続けさせ、その最中に自分はさっさと売り払う。二〇〇一年にエンロン社が破綻したときのCEO、ケネス・レイのような人間だ。情けも道徳も持ち合わせていない人間は、私たちの周り中にいて、目立つ地位に就いていることも多い。ある本のタイトルが「スーツを着たヘビ」というレッテルを貼るこうした輩は、人口のごく一部を占めるだけかもしれないが、冷酷さが報われるような経済システムの中では成功するものだ。[16]

ヘビという比喩はふさわしい。なぜなら精神病質者は、例のロシア人形の古くからある哺乳類特有の核を欠いているようだからだ。外側の認知的な層はすべて持っていて、他者が何を望み、何を必要としているかや、彼らの弱点が何かは理解できるが、自分の行動が彼らにどんな影響を与えるかはまったく気にしない。ある説によると、彼らは発達障害を抱えていて、そのせいで幼い頃に学習の方向が常軌を逸してしまうという。[17] 正常な子供が弟や妹を泣かせたら、相手の苦しみや悲しみに気を揉む。これは結果的に嫌悪の条件付けとなり、子供は他者を苦しめたり叩いたりしてはいけないことを学ぶ。社会的な動物がみなそうであるように、子供も楽しみたければ遊び相手を苦しみで泣きわめかせたりするのは良くないことを発見する。年齢とともに、彼らは年下の弱い子に対してしだいに優しさを増し、自分の力を制御するようになる。ちょうど、大きな犬が小さな犬や猫と遊ぶときと同じだ。体重五〇〇キログラムを超えるホッキョクグマがハスキー犬と遊ぶことさえある。(18) これとは対照的に、幼い精神病質者はこの感受性なしで人生のスタートを切る。弱い者との出会いで何が起きても、たとえ涙ながらに不満を訴えられても、意地悪をやめろというメッセージは伝わらない。それどころか、精神病質者が学べることと言えば、他者を痛めつければ利益が生じるということぐらいのようだ。それこそ、おもちゃを手に入れたり、ゲームで勝ったりするための素晴らしい方法ではないか？　幼い精神病質者は、他者を打ちのめして得をすることしか目に入らない。その結果、人とは異なる学習曲線をたどり、やがて、どんな痛みを引き起こすかなど微塵も気にかけることなく他者を操ったり脅したりする行動に行き着く。

世の中の厄介事の多くは、自分のロシア人形が空《うつ》ろな人間に元をたどれる。彼らはよその星から来た宇宙人さながら、他者の視点を、それに伴う気持ちを抜きに取得することができるだけの知性を持っている。彼らは巧みに共感を装う。権力を手にすると（実際、権謀術数に長けているから、しばしば権力を手にする）、真理や道徳を蔑んでいるので、他者を操り、自分の邪悪な計画を実行させることができる。彼らの権威によって下の者のまっとうな判断力が踏みにじられるため、前世紀のドイツのように、一国全体がカリスマ的な精神病質者の残酷な夢想を信じ込んでしまうことすらある。(19)

この精神障害を理解するのが非常に難しいのは、他者の苦しみを感じないということが想像できないからだ。マーク・ローランズは『哲学者とオオカミ』の中で、ペットのオオカミを扱うのにどれだ

弱い相手に優しくすることを、すべての子供や動物が遊びの間に学ぶ。ホッキョクグマがそり犬に優しくしているところ。

け苦労したかを書き綴っている。ブレニンという名の彼のオオカミは肛門の近辺が感染症にやられていたので、頻繁に清め、抗生物質を塗ってやらなければならなかったが、それが激痛を引き起こす。そのせいで、ローランズまでなんともつらい思いをする羽目になる。これこそ共感のなせる業《わざ》だ。たとえ正当な理由があるときでさえ、他者に痛い思いをさせるのはつらいものだ。ローランズは哲学者だけあって、カルタゴのテルトゥリアヌスという初期のキリスト教神学者について考える。この真理の熱狂的な擁護者は、じつに風変わりな天国を思い描いていた。地獄が拷問の場所であるのに対して、天国は救われた人々が地獄を眺め、他者が苦しむ光景を楽しむバルコニーだというのだ。永遠の苦しみを眺めるのが幸せな状態だと考えるような人間は、まさに精神病質に近いに違いない。私たちの大半にとって、他者が苦しむのを見るのは自分が苦しむ以上につらいほどだ。だからローランズはこう付け加えている。「ブレニンが死にかけていたあの頃、よく思ったものだ。これこそ地獄だ、自分が愛するオオカミを苦しめざるをえないのだから、と[20]」

共感のスイッチ

あれこれ書いたのは、共感する人間と共感しない人間を対比させるためだ。ただし、共感する人間はいつも共感するというわけではない。世の中のあらゆるかたちの苦しみを分かち合っていたら、私たちの人生はどうなってしまうのか？　共感には、何に反応するかを私たちに選ばせるようなフィルターと、オフにするスイッチの両方が必要だ。どの感情的反応とも同じで、共感には「入口」、つまり、たいてい共感を引き起こしたり、私たちが共感を引き起こすのを許したりする状況がある。共感の最大の入口は同一化だ。私たちは自分が同一化した相手の気持ちなら、分かち合う気になる。だから、内輪の人間とは心を通い合わせやすい。彼らに対しては、入口がいつも半開きになっているのだ。輪の外に対しては選択的になる。影響を受ける余裕があるか、あるいは、影響を受けたいと思うかにかかってくる。通りで物乞いに気づいたら、そちらを見遣ることもできる。すると、哀れみをかき立てられるかもしれない。あるいは、目をそらすこともできる。通りの反対側に渡り、顔を合わせるのを避けることすらできる。私たちはさまざまなかたちでこの入口を開けたり閉じたりできるのだ。[21]

私たちは映画館の入場券を買った瞬間、主役と同一化することを選んだわけで、共感の影響を免れなくなる。ヒロインが恋に落ちると無我夢中になり、彼女が若くして亡くなると、涙を流しながら映画館をあとにする。彼女は、直接知りもしない人が演じる登場人物にすぎないというのに。一方、意図的にこの入口を閉ざすこともある。たとえば、公然と敵対する集団と同一化するのを避けるときがそうだ。相手から人格を取り除き、彼らを、異なる奇妙な集団に属する、不快で劣った名もない輩と見なす。あんな汚らしい「ゴキブリども」（トゥティ族に対するフトゥ族の言葉）、あるいは、病気持ちの「ドブネズミども」（ユダヤ人に対するナチスの言葉）に、我々はなぜ我慢しなければならないのか？「黙示録の第五の騎手」と称される人間性剥奪は、遠い昔から残虐行為の弁解として使われてきた。[22]

男性のほうが女性より縄張りにこだわるし、全体に対立的・暴力的なので、より効率的なオフのスイッチを持っていることが予想される。男性も共感する能力を明らかに持っているが、使い方が女性より選択的なのかもしれない。どこでも女性のほうが男性よりも共感的だと考えられていることが、異文化間の研究でわかっている。この傾向があまりに顕著なので、女性の脳には共感能力が生まれつき備わっている（男性はそうではない）という主張まであるほどだ。[23] 私にはこの違いがそこまで絶対的なものとは思えないが、誕生時に、女の子のほうが男の子よりも長く人の顔を見つめ、男の子は頭上に吊るされた機械仕掛けのモビールを長く見つめることも確かだ。成長する間、女の子は男の子よりも向社会的で、感情表現を読むのが得意で、声に敏感で、誰かを傷つけると深く後悔し、他者の視点に立つのが上手だ。キャロリン・ツァーン＝ワクスラーが、苦しんだり悲しんだりしている家族に対する反応を測定すると、女の子のほうが相手の顔をよく見るし、身体的な慰めを多く与えるし、「大丈夫？」と尋ねたりして気遣いを表すことが多い。男の子は他者の気持ちにそれほど注意を払わず、行動志向・物志向で、荒々しい遊び方をし、社会的な空想ゲームはあまりしない。そして、いっしょに何かを組み立てるような、集団行動を好む。

男性は共感に対してとても否定的になりうる。共感を認めるのはあまり男らしいことではないし、この分野の研究が本格的に始まるまでにあれほど時間がかかったのは、一つには学者が共感を、女性と結び付いた、やたらに感傷的なトピックと見なしていたからに間違いない。これが伝統的な受け止め方であることは、一八世紀オランダの哲学者で風刺作家のバーナード・デ・マンデヴィルを見るとわかる。彼は「哀れみ」を性格上の欠点と見ていた。

哀れみは私たちの情念のうちで最も優しく、害の少ないものだが、怒りや思い上がり、恐れと並ぶ、私たちの性格の弱さでもある。たいてい、最も心の弱い者が最も多く哀れみを持っており、それゆえ、女性や子供以上に思いやり深い者はいない。これは認めなければならないが、私たちのあらゆる弱点のうちでも、哀れみは最も感じの良いものであり、美徳にこの上なく似ている。それどころか、そうとう哀れみがなければ、社会の存続はおぼつかないだろう。[24]

このひねくれた見方は、この世に初めて強欲の教義をもたらした冷笑家のものと考えれば納得がいく。マンデヴィルはこの優しい感情をどう位置付けたらいいか知らなかったが、少なくとも、それなしでは社会が苦境に陥ることを認めるだけの公正さは持ち合わせていた。

共感は男性よりも女性と結び付けられるが、もっと複雑な構図を描き出す研究もある。それらによると、この面での男女差は「誇張されて」いる、それどころか「実在しない」という。[25]だが、男の子と女の子の間の違いは十分に立証されているので、そうした主張は不可解だ。男女は年齢が上がると同じになるなどということがあるのだろうか？　私に言わせれば、そんなことはないし、この誤解は心理学者が大人の男女を試験する方法に問題があるのだ。たいていの男性は、親や妻や子供や親友など、愛する人々について訊かれると、たっぷり共感を示す。馴染みのない、中立的な立場の相手に対しても、同じことが言える。そういう人が相手の場合には、男性も完全に自発的に共感する。ロマンティックな映画や悲劇的な映画を見て涙を浮かべずにはいられないことが多いのと同じだ。「入口」が開いているときには、男性も女性に劣らず共感的になれる。

だが、利益を追求したり出世を目指したりしているときのように、競争的なモードに入ると、男性はがらりと変わる。優しい気持ちが入り込む余地は忽然と消える。男性は、ライバル候補には残酷になれる。邪魔をする者はすべて排除しなければならないのだ。身体的な攻撃性が図らずもあらわになることもある。たとえば、長年アフリカ系アメリカ人の「アルファオス」だったジェシー・ジャクソンが、二〇〇八年に、新参のバラク・オバマに対する気持ちを表したときがそうだ。あるテレビ番組で、声が密かに録音されているとは知らずに、ジャクソンはオバマについて、「奴のタマを切り取ってやりたい」と言った。また、文字どおり身体的な行動に発展することもある。たとえば、マイクロソフトのCEO、スティーヴ・ボールマーが、会社の上席エンジニアが競争相手のグーグルに移ると聞いたときがそうだ。ボールマーは椅子を持ち上げると、部屋の向こうへ力まかせに放り投げ、テーブルにぶつけたという。このチンパンジーのようなディスプレイのあと、彼はグーグルの奴らをぶち殺してやるということを、滔々と述べ立てた。(26)

多くの男性がアクション映画を好む。もし敵役たちに少しでも同情していたら、映画鑑賞は散々な経験になるだろう。悪漢どもは木っ端微塵になったり、銃弾でハチの巣にされたり、サメがうようよしている生簀《いけす》に放り込まれたり、飛んでいる飛行機から突き落とされたりする。だが、観客はまったく気に留めない。それどころか、彼らはお金を払ってまでそうした虐殺場面を見る。ときには主人公自身が捕まり、鎖で吊るされ、火のついた石炭で責め苛まれる。すると観客はぞっとする。だが、もちろんただの映画だから、主人公は必ず危地を脱して復讐する。復讐は厳しいほど胸がすく。

他の霊長類のオスも同様かもしれない。ロバート・サポルスキーは、ときおり野生のヒヒに麻酔をかける。彼はライバルたちの目の前でオスのヒヒに麻酔をかけるのがどれほど危険なことか、苦い経験から学んだ。麻酔薬を塗った矢が当たったオスの足取りが怪しくなり始めた途端、彼を倒す絶好の機会だとばかりに他のヒヒたちが集まってきたのだ。メスの場合にはまったく問題はないが、オスのヒヒは他のオスが弱みを見せればいつでもそれにつけ込もうとする。だから、彼らは弱みを隠す。オスのチンパンジーが、病気のときやけがをしているときに、いつになく力強い威嚇ディスプレイをするのを、私は何度も見てきた。今、傷を舐め、惨めな風情でいたかと思えば、次の瞬間、最大のライバルが姿を見せると急に筋力を誇示する。少なくとも、相手が見ている、肝心の数分間はそうする。

同様に、人間の祖先も集団の中で、足や目の衰え、スタミナの減退をできるかぎり長い間、他者に悟らせまいとして隠したのだろうと思う。かつてクレムリンが病める指導者たちを支えてしゃきっと立たせたのも、アップル社がスティーヴ・ジョブズに関してしたように、企業がときにはCEOの健康問題を公表するのをためらうのも、同じ理由からだ。現代社会では、男性はタフに振る舞うように社会から教え込まれているので、女性ほど医師に診てもらいにいかないことが多いと言われているが、それよりずっと根深い理由があるのではないだろうか？　ことによると、男性は自分がつまずくのを望んでいる人間たちに囲まれていると、いつも感じているのかもしれない。

信頼できる相手といるときには、これとは正反対のことが起きる。その相手は妻や恋人であることが多いが、同性の親友の場合もある。男性は忠誠を何よりも重んじるから、相手が信頼できれば弱みもさらけ出し、それが同情を引き出す。スポーツや軍隊などで、同じチームや部隊の男性の間では、それがたっぷり見られるし、私はチンパンジーの間でも、それが興味深いかたちで表れるのを目にしたことがある。歳をとったオスが、自分よりたくましくて元気旺盛な若いオスと手を組んだ。若いオスは、この年長のオスの後押しでトップの座に就くことができたが、それにもかかわらず、ある日、メスを巡る争いで年長のオスを噛んだ。これはあまり利口な行動ではなかった。彼の地位は老いたオスの支えにかかっていたからだ。当然、若いオスは相手の怒りを鎮めるためにすいぶんグルーミングをしてやったが、私が知っているチンパンジーのうちでもいちばんずる賢いかもしれないこの老獪なオスは、どれほど傷ついたかを相手に思い知らせてやらなければ気が済まなかった。そこで、それから何日も、若いボスに見える所では必ず足を引きずって歩いた。それ以外の場所では普通に歩いていたが。もし、オスどうしの関係で同情が何の役割も果たさないとしたら、なぜわざわざこんな演技をしてみせる必要があるだろう?

つまり、他者に対する男性の感受性は条件付きのもので、おもに身内や友人によって引き起こされるという可能性がある。このような内輪の人間ではない者、とりわけライバルのように振る舞う者には、「入口」は閉ざされ、共感のスイッチはオフのままになる。人間の場合、この見解は神経科学の研究によって裏付けられている。ドイツの研究者タニア・シンガーは、他者が苦しんでいるのが見える状況で男女の脳をスキャンした。すると、男女ともにその人に同情した。他者の手に軽い電気ショックが与えられるのを被験者が目にすると、彼らの脳の痛みにかかわる領域が活性化した。まるで自分が痛みを感じたかのようだった。だが、それは衝撃を受けるのが好感の持てる人で、彼らが事前に和やかにゲームをした相手に限られた。相手がそのゲームで不正なプレイをしたときには、結果はがらっと変わった。被験者には騙されたという気持ちがあり、相手が痛みを感じるところを見ても、あまり影響を受けなかった。それでも女性は多少は共感を示したが、男性には共感はまったく残っていなかった。それどころか、不正なプレイをした者が衝撃を受けるところを目にした男性は、脳の快楽中枢が活性化した。彼らは共感から公正へとスイッチが入れ替わり、他者が罰を受けるのを楽しんでいるようだった。けっきょく、少なくとも男性には、敵が火あぶりにされるのを眺めるような、テルトゥリアヌスの天国が存在するのかもしれない。

とはいえ、男性も共感のスイッチを完全にゼロにすることはできないようだ。近年読んだ本のうちでとりわけ参考になったのが、アメリカの陸軍で軍務に就いていたデイヴ・グロスマン中佐の『戦争における「人殺し」の心理学』だ。レフ・トルストイは私たちに『戦争と平和』を残し、自分は将軍たちが戦場でどう軍を配置するかよりも、兵士たちがなぜ、どのようにして敵を殺し、その間に何を感じるかのほうに興味があると述べたが、グロスマンはその先例に倣っている。もちろん、実際に人を殺すのは、映画で人を殺す場面を見るのとはまったく違うし、この点で、彼のデータはじつに意外なことを教えてくれる。ほとんどの男性には殺人本能がないのだ。

兵士は十分武装しているにもかかわらず、その大多数がけっして人を殺さないのだから不思議だ。第二次大戦中、アメリカ軍兵士の五人に一人しか実際に敵に向けて発砲していない。残る四人はとても勇敢で、非常な危険をものともせず、浜辺に上陸し、砲火を浴びる戦友を助け出し、仲間のために銃弾を取ってきたりしたが、自分の武器は使いそびれてしまった。ある将校は、次のように報告した。「軍曹や曹長が最前線を行き来して兵士たちをせっつき、発砲させなければならなかった。分隊当り二、三人発砲させられれば上出来に思えたものだ」。また、ヴェトナム戦争中、敵を一人殺すのにアメリカ軍兵士は五万発以上の銃弾を撃っていた計算になるという。ほとんどの銃弾は宙に向けて発射されたに違いない。

こうした事例からはスタンリー・ミルグラムの有名な実験が思い出される。人間の被験者が、他者に高電圧の電気ショックを与えるように依頼されるという実験だ。被験者は実験者の依頼に驚くほど応じたが、実験者が呼ばれて席を外すと、途端にごまかしを始めた。彼らは相変わらずショックを与えているかのように振る舞ったが、じつは厳しい罰を与えているふりをしつつ、はるかに軽いショックを与えているだけだった。グロスマン自身はニューギニアの部族を引き合いに出している。部族の男たちは狩猟のときには素晴らしい弓矢の腕を発揮するが、戦争に行くときには矢から矢羽根を取り去り、真っ直ぐ飛ばなくする。彼らは狙いの定まらない武器で戦うことを選ぶのだ。もちろん、敵も同じようにしただろうことを知っている。

他者を殺したり傷つけたりするのはあまりにも恐ろしいことなので、戦争は的を外す集団的な陰謀であり、無能を装う計略であり、ほんとうに敵対的な衝突をする代わりにポーズをとるだけのゲームであることが多い。もっとも、今日ではいつもそういう認識があるとはかぎらない。戦争はまるでコンピューター・ゲームのように遠距離から実施しうるので、こうした自然の抑制がほとんど働かないためだ。だが、近距離で実際に人を殺すことには何の栄誉も喜びもないし、典型的な兵士はどんな代償を払ってもそんな行為を避けようとする。男性のごく一部（一、二パーセントだろうか）が戦争中の殺人の大半を行なう。彼らは、先述の、他者の苦しみを感じない人間のカテゴリーに入るのかもしれない。ほとんどの兵士は強烈な嫌悪感を覚えると言っている。敵兵の死体を見ると嘔吐し、その記憶にいつまでもつきまとわれることになる。一生続く戦闘のトラウマは、すでに古代ギリシアでも知られており、「神授の狂気」についてのソポクレースの戯曲に反映されている。現代風に言えば、心的外傷後ストレス障害（PTSD）だ。[27]戦争から何十年も過ぎても、退役軍人は自分が目撃した殺戮について訊かれると相変わらず涙を抑え切れない。そのときの光景と結び付いた悲しみと嫌悪が、私たちの種には自然なボディランゲージによって引き起こされる。J・K・ローリングが頭から追い出すことのできなかった悲鳴も、そんなボディランゲージの一種だろう。至近距離で致命的な攻撃を加えるのがこれほど難しいのは、このせいでもある。「平均的な兵士は自分と同じ人間を銃剣で突き殺すことには強い抵抗を覚える。そして、その抵抗を凌ぐものは、自分が銃剣で突き殺されることへの抵抗しかない」

というわけで、戦争中の残虐行為を根拠に人間には共感がないと主張しようとする者はみな、考え直す必要がある。残虐行為と共感は相容れないものではないし、ほとんどの男性にとって銃の引き金を引くのがどれほど難しいかを考えることは重要だ。これが自分と同じ人間への共感のせいでないとしたら、いったい何のせいなのか？　戦争は心理的に複雑で、攻撃性や、情けの欠如の産物というより、序列と、命令への服従の産物のように思える。私たちは間違いなく戦争を起こせるし、祖国のためにはたしかに人も殺すが、そのような行為は最も根元的なレベルで私たちの人間性と対立する。南北戦争の北軍の将軍で、焦土戦術で有名なウィリアム・シャーマンは戦争について何一つ良いことを言っていない。

戦争にはもう辟易する。戦争の栄誉などすべて戯言にすぎない。血を、復讐を、破壊を、と声高に求めるのは、銃を撃ったことも、傷ついた者たちの悲鳴やうめきを聞いたこともない者だけだ。戦争は地獄である。(28)

見えざる救いの手

人間の生活における共感の役割について、今に伝わる議論のうちでもごく初期のものの一つは、二〇〇〇年以上前の中国の賢人で、孔子の流れを汲む孟子にさかのぼる。孟子は共感を人間の本性の重要な部分と見なし、誰もが他者の苦しみを見るのには耐えられない心を持って生まれてくるという趣旨の有名な言葉を残している。

孟子の語った話には、宮殿の前を牛が引かれていくのを王が見るというものがある。王が、その牛をどうするのかと問うと、殺してその血を儀式に使うために連れていくところだという。王は、牛のおびえた様子を見るに忍びなかった。牛はわが身に何が起きるかわかっているように思えたからだ。王は牛を助けるように命じた。だが、儀式を取りやめにはしたくなかったので、代わりにヒツジを使ってはどうかと言い添えた。

孟子は牛に対する王の哀れみには感心せず、王は牛の運命と同じだけ自分自身の感じやすい気持ちを気にしているようだと言う。

王は牛を目にされたが、ヒツジはご覧になってはいなかった。君子は動物に哀れみを持つので、いったん生きた姿を目にしてしまえば、死ぬところを見るのは忍びない。末期の悲鳴を耳にすれば、その肉を食べるのは忍びない。そこで君子は屠場や厨房には近寄らない。(29)

私たちは目に入らないものよりも直接目にするものを気にかける。耳にしたり、読んだり、考えたりした相手を思いやることもたしかにできるが、想像だけに基づく気遣いは力強さや切迫感に欠ける。親しい友が病に倒れ、病院で苦しんでいるという知らせを聞けば、私たちは同情する。だが、実際に友のベッドの傍らに立ち、どれほど顔色が悪いか、あるいは、息をするのにどれほど苦労しているかに気づけば、私たちの心配は一〇倍にもなる。

孟子の言葉を読むと、共感がどこから来たか、それが身体的つながりにどれだけ頼っているかを、否応なく考えさせられる。身体的なつながりを思えば、部外者に共感するのが難しい理由もわかる。共感は、近さや類似性や馴染み深さの上に成り立っており、それは共感が内輪の協力を促すために進化したことを考えれば、完全に筋が通っている。私たちは社会的な協調に関心があり、協調には資源の公平な分配が求められる。この社会的協調と共感が相まって、人間という種は平等と団結を重視する小規模な社会へ向かう道を歩み始めた。今日、私たちははるかに大きな社会に暮らしているため、平等と団結を維持するのが難しくなったが、平等と団結が得られたときに最も心地良く感じる心理を、今なお持ち合わせている。

利己的な動機と市場の力だけに基づいた社会は富を生むかもしれないが、人生を価値あるものにするまとまりや相互信頼は生み出せない。だからこそ、幸せの度合いを調べると、最も豊かな国々ではなく、国民の間の信頼感が最も高い国で、最高のレベルが記録されるのだ[30]。対照的に、信頼感に欠けた現代ビジネスの風土は問題の温床であり、最近では私たちの蓄えを消し去り、多くの人を不幸のどん底に陥れた。二〇〇八年、略奪的貸付や架空利益の計上、ネズミ講方式、他者の資金を使った無謀な投機などの重みに耐え切れずに世界の金融システムは破綻した。このシステムの構築者の一人で、連邦準備制度理事会前議長のアラン・グリーンスパンは、こんなことが起きようとは思いもしなかったと語った。下院委員会の厳しい尋問に対して、彼は自分の見通しが甘かったことを認めた。「だからこそ、ショックだった。非常にうまく機能しているという、じつに多くの裏付けを得ながら、四〇年以上やってきたのだから[31]」

グリーンスパンらの供給側重視の経済理論の誤りは、自由市場自体は道徳的事業ではないものの、すべての人の利害に最大限にかなうような状態に社会を向かわせると見込んだ点にある。彼らが神と崇めるミルトン・フリードマンは、社会的責任は自由と対立すると断言していたのではなかったのか？そして、さらにその上を行く権威アダム・スミスによって、どれほど利己的な動機もより大きな善を自動的に促進することを示唆する、「見えざる手」という比喩を与えられていたのではなかったか？自由市場は何が私たちにとって最善か知っている、パン屋は収入が必要で、客はパンが必要だから、両者ともに取引によって首尾よく利を得ることができる、道徳はいっさい無関係だ、と。

あいにく、アダム・スミスの参照の仕方には偏りがある。彼らはスミスの思想の本質的な部分を置き去りにしているのだ。それは、私が本書で一貫してとってきた立場にはるかによく適合するもの、すなわち、社会の原動力として強欲に頼れば、社会の機構を必ず損なうことになるという考え方だ。スミスは社会を巨大な機械と見なしていた。この機械の車輪は美徳によって磨かれ、悪徳はその車輪を軋ませる。この機械はすべての国民が強い共同体意識を持っていなければ滑らかに動かない。スミスは正直、道徳、同情、公正にしばしば言及し、それらは市場の見えざる手にとって不可欠の伴侶であると考えた。[32]

事実上、社会は第二の見えざる手に頼っている。それは他者へ差し伸べられる手だ。共同体という名に真にふさわしい社会を築き上げたければ、他者に無関心ではいられないという気持ちが、他者との関係を支える、もう一つの力なのだ。この力が進化史上どれほど古いものかを考えると、それが無視されることの多さがなおさら意外に思えてくる。ビジネススクールは、ビジネスを促進させるという文脈以外で倫理や共同体に対する義務を教えるのだろうか？　利害関係者や株主にも同等の注意を向けるのだろうか？　また、「陰鬱な科学」と揶揄される経済学に引きつけられる女子学生がこれほど少なく、この分野でノーベル賞を受賞した女性が一人もいないのはなぜなのか？　それは女性が、利益の最大化が人生の唯一の目標という合理的生き物のカリカチュアとは無縁に感じているから、ということがあるだろうか？[33]　そんな人生のどこに人間的な関係が入り込む余地があるだろう？

なにも、私たちの種に馴染みのないことをしろと言っているわけではない。何百万年にもわたって動物の社会を束ねてきた昔ながらの集団本能を発展させればいいだけの話だ。また、何も考えずに互いの後追いをしろと言っているわけでもない。団結しなくてはいけないということだ。私たちはただ四方八方に散らばることはできない。誰もが自己を超えるものにつながっている。このつながりを、人間が考え出したもの、人間の生物学的特質以外のものとして描こうとする人の手元には、最新の行動学や神経学のデータがないのだろう。このつながりはひしひしと感じられるものであり、マンデヴィルが認めざるをえなかったように、それなしではどんな社会も立ち行かない。

まず、他者が助けを必要とし、私たちが食糧銀行や災害救援、高齢者介護、貧しい子供の夏期キャンプなどのかたちで手を差し伸べることができる場合がある。ボランティアの地域奉仕で測ると、欧米の社会はじつに素晴らしい状態にあって、隅々にまで行き渡るだけの思いやりを持ち合わせているようだ。次に団結が重要なのは公共の利益の領域で、これには医療や教育、インフラ、交通・運輸、国防、自然災害対策などが含まれる。ここでは共感の役割はより直接的だ。これほど重要な社会の柱が親切心のもたらす温情効果だけに頼るような状況は、誰もが避けたいだろうから。

公共の利益に対する最も堅固な支援は、啓発された利己主義で、力を合わせればみんなの暮らし向きが良くなるという認識から得られる。自分の貢献から今、恩恵を得られなくても、少なくとも未来には恩恵を得られるだろうし、仮に個人的な見返りがなくても、少なくとも身の回りの状況が改善するというかたちの見返りはあるだろう。共感は人々を束ね、一人ひとりを他者の福利にかかわらせるから、「私の取り分は?」という直接的な利益の世界と、把握するのにもう少し考えを要する集団の利益の橋渡しをする。共感は、集団の利益に感情的な価値を付け加えることによって、集団の利益に私たちの目を開かせる力を持っている。具体的な例を二つ挙げよう。

二〇〇五年にハリケーン・カトリーナがルイジアナ州を襲ったとき、テレビの画面には途方もない人間の絶望が映し出された。事後処理を行なうはずの諸機関がまったく無能で、最上層の政治家たちが冷酷なまでに無関心だったために、この災害はいっそう深刻なものとなった。国中の人は、恐怖と哀れみと心配の入り混じった気持ちでその模様を見守った。その心配は利己主義と無縁のものではなかった。一つの巨大な災害の処理の仕方からは、将来、自分を襲うものも含めて、他の災害がどう扱われるかが明らかに読み取れるからだ。当局の精彩を欠く対応ぶりは二つの反応を引き起こした。国民が驚くべき気前の良さを見せると同時に、政府の責任についての認識が変わった。カトリーナの一件まで、アメリカの指導者たちは、自分のことは自分でという方針で済ませてきたが、この大惨事がその方針に重大な疑いを投げかけた。三年後にバラク・オバマが述べたように、「私たちは、退役軍人がホームレスになったり家庭が貧困に陥ったりするのを許すような政府よりも思いやりがある。アメリカの主要都市が私たちの目の前で水に浸かる中、手をこまぬいているような政府よりも」[34]。

共感が公共政策の討論で異彩を放ったもう一つの例は、黒人奴隷制度廃止論にまつわるものだ。この場合も、奴隷制度がどれほど悪いか想像するばかりではなく、その残酷さを直接目にすることで、弾みがついた。エイブラハム・リンカーンはネガティブな気持ちにつきまとわれており、ケンタッキー州で奴隷を所有している友人に書いた手紙でそれを説明している。

一八四一年、最低水位のときに、あなたと私はルイヴィルからセントルイスまで蒸気船でいっしょに退屈な旅をしたことがあった。あなたも覚えているかもしれないし、私ははっきり覚えているのだが、ルイヴィルからオハイオ川に出る場所まで、一〇人余りの奴隷が鉄の鎖でつながれて乗っていた。その光景が今でも私を苦しめる。そして、オハイオ川や他の奴隷州との境に行くたびに、同じような光景を目にする。［それは］私を惨めにさせる力を持っており、たびたびその力を振るう。[35]

このような心情を抱いたのは、もちろんリンカーンだけではなく、それが多くの人を奴隷制度に立ち向かわせた。奴隷制度廃止運動の有力な武器の一つは、奴隷船とそれに載せられた人間の積荷の絵で、それが共感と道徳的な憤りをかき立てるために広く配布された。このように、社会の中で思いやりが果たす役割は、他者の苦境を救うために時間やお金を犠牲にすることだけではなく、すべての人の尊厳を認めるという政治的指針を推進することでもある。そのような指針は、尊厳を最も必要とする人ばかりではなく社会全体をも助ける。桁外れの収入格差や不安、公民権を奪われた下層階級が存在する社会では、高いレベルの信頼は期待できない。そして、思い出してほしい。国民が社会でいちばん重視するのは、信頼なのだ。

動物の共同体を眺めていても、いや、小規模な人間の社会を眺めていてさえ、この目標をどう達成すべきかは簡単には見えてこない。私たちが暮らす世界ははるかに大きく複雑だからだ。高度に発達した知性を使わなければ、そのような規模で個人の利益と集団の利益のバランスをとる方法は見出せない。だが、私たちが使える道具が一つあり、それは私たちの思考をおおいに豊かにしてくれる。長い歳月の間に選択されたもので、それはつまり、生存する上でそれが持つ価値が幾度となく試されてきたということだ。その道具とは、他者とつながりを持ち、他者を理解し、相手の立場に立つ能力で、これこそ、アメリカの人々がカトリーナの犠牲者を見ているときに、また、リンカーンが鎖につながれた奴隷たちを目の当たりにしたときに使った能力だった。

この生まれながらの能力を活かせば、どんな社会も必ずやその恩恵に与るだろう。

謝辞

私はこの『共感の時代へ』を書くために、ここ一〇年ほど、共感と信頼が社会（人間の社会と動物の社会の両方）で果たす役割について、情報を集めてきた。その間、じつに多くの人に助けてもらった。とくに、アトランタにあるエモリー大学ヤーキーズ国立霊長類研究センターのリヴィング・リンクス・センターの、ときおりメンバーの入れ替わる最大で二〇人の学生・技術者・科学者から成るチームにはとくにお世話になった。原稿のさまざまな部分に関してフィードバックをしてくれたり、意見やアイディアを提供してくれたり、言葉を引用させてくれたりした協力者や研究者仲間、友人たちの名前をここで挙げて感謝したい。ジョン・オールマン、フィリップ・アウレリ、クリストフ・ブーシュ、ピーター・ボス、サラ・ブロスナン、デヴィン・カーター、マリエッタ・ディンド、ピエール・フランチェスコ・フェラーリ、ジェシカ・フラック、ロバート・フランク、エイミー・フルツ、ビアトリス・ドゥ・

ゲルダー、ミルトン・ハリス、服部裕子、ヴィクトリア・ホーナー、スコット・リリエンフェルド、チャールズ・メンゼル、アリソン・ナッシュ、マサイアス・オスヴァス、スーザン・ペリー、イング＝マリー・パーソン、ダイアナ・ライス、コリーン・シャフナー、アニンディヤ・シンハ、スーザン・スタニク、ベンジャミン・ドゥ・ヴァール、ポリー・ウィースナー、ティファニー・ヤング。みなさん、ありがとう。

さらに、タンザニアのマハレ山塊にあるキャンプに招いてくれた西田利貞、タイにゾウを見にいったときにもてなしてくれたジョシュア・プロトニクとリチャード・レア、モスクワの国立ダーウィン博物館の舞台裏見学を手配してくれたマリア・ブトフスカヤ、自分の先駆的な考えについてのインタビューに快く応じてくれたエミール・メンゼル、絵の描き方を教えてくれた故ウィム・スールモント、共感の仕組みについて核となる考え方を練り上げるのを手伝ってくれたステファニ・プレストンにもお礼を申し上げる。私たちの研究が実現したのは、全米科学財団、国立衛生研究所、エモリー大学の資金援助や個人の寄附があったからだ。また、たえず私を支えてくれたエージェントのミシェル・テスラー、私を励まし、原稿に隈《くま》なく目を通してくれたハーモニーブックス社のジョン・グラスマンにも感謝する。

いつものことながら、真っ先に原稿を読んでくれたのは妻のカトリーヌ・マーリンだ。彼女は文章が明快で読みやすいかどうか確認してくれる。そして、私の人生をいつも明るくしてくれている。

解説

日本モンキーセンター所長・京都大学名誉教授　西田利貞

オランダはニコ・ティンバーゲンを生んだ動物行動学のメッカである。野生チンパンジーを研究したアドリアーン・コルトラントは、アミノ酸配列やＤＮＡによる証明が出る遥か前の一九六〇年代初めに、チンパンジーがゴリラよりヒトに近いことを行動や分布からはっきり述べたパイオニアだ。ヤン・ファン・ホーフはそれほど一般に名前は知られていないが、飼育下でのマカクやチンパンジーの表情や行動の連鎖分析を開始したパイオニアで、ヒトの笑いの二起源説——smile はサルが恐怖を感じたときに出すグリマス的な表出を起源とし、laugh は格闘遊びでのオープン・マウス・ディスプレーを起源とする——は有名で、多くの支持者がいる。

このファン・ホーフには二人の傑出した弟子がいる。社会生態学のフィールドワーカー、カレル・ファン・シャイクと本書の著者、フランス・ドゥ・ヴァールである。ドゥ・ヴァールは、オランダのアーネム動物園での長期研究をもとに『チンパンジーの政治』（翻訳は、『チンパンジーの政治学』産経新聞出版、二〇〇六年）というベストセラーを書き、「一夜明けたら、有名になっていた」という人物である。

彼は、心理学との境界線をいくくユニークな動物行動学の分野を開拓した。一頭の個体の認知能力検査や、母子だけといった一対の動物を対象とした心理実験は多いが、彼のよって立つ根拠は心理学とは異なり、行動生物学（エソロジー）である。それゆえ、自然社会を模した集団飼育の霊長類を対象に研究してきた。行動の進化と適応を研究するには自然状態の動物を研究する以外に方法はない。しかし、自然状態では連続的に一個体、あるいは一グループを追跡観察するのはむずかしいので、何日も何ヶ月も続くような社会交渉や行動の機構を明らかにするのは困難である。研究場面をコントロールするのはもっとむずかしい。アーネム動物園は、チンパンジーの大人の雄を複数で、多数の雌や子供とともに、同じ集団で飼育するという世界初の画期的な飼育方法により、飼育下で「自然社会」をある程度再現して大きな成果を得た。米国へ移住してからもウイスコンシン大学やヤーキーズ国立霊長類研究センター、サン・ディエゴ動物園などで集団飼育されているマカク、チンパンジー、オマキザル、ボノボを対象として、準自然社会における社会交渉を研究してきた。

本書の伝えるメッセージとはなにか？　かいつまんでいうと、次のようになる。

「共感（エンパシー）」とは、同種の他の個体の感情や意図などを即座に感じ取り、同一化によって相手を慰めたり、相手と協調行動を取ったりする能力である。ヒト以外の動物にも、協力行動や慰めるような行動のあることは知られてきたが、これまでそれは共感とは別の機構によっておこなわれているとみなされてきた。「共感」というものは、「他者の見方や視点を読み取る」能力や「自己認識」能力、「模倣」能力を含むきわめて高い認知能力の持ち主、つまりヒトだけがもつ能力であって、他の動物にはないと考えられてきたからである。しかし、高い認知能力がなくても多くの動物がやすやすと共感能力をもち、それを生活に活かしている。多くの動物で「情動伝染」が知られている。「頭」でなくて「身体」で共感できるのである。つまり、「共感」は生物進化に深く根ざした能力であり、脳が爬虫類の脳、哺乳類の脳という具合に積み重ねが見られるように、入れ子構造のようになっているのだ。情動伝染のような能力は入れ子構造の基層にあるものと考えることができる。そうであれば、人類は厚い層からなる高度なゆるぎない共感能力をもっと活かすことによって、協調的な世界を築きあげることができよう。

このようにまとめてしまえば簡単だが、これは認知心理学で長らく激しい論争が続いてきた分野である。それは、一九七〇年代初期にエミール・メンゼルがチンパンジーの共感能力を指摘してから注目を浴び、一九七八年にデイヴィッド・プレマックが「心の理論（theory of mind）」（見方、視点、意図、動機など、他の個体の「心」を読み取る能力）として理論化しようとしてから、心理学の花形のテーマとなった。爾来三十年以上が経過し、現在心理学者の多くは、共感の存在には「心の理論」が不可欠と考えている。その中で、共感能力について、これほどはっきりヒトと他の動物の連続説を表明した人はドゥ・ヴァール以外にはいない。彼はプレマックとは訣別したのである。本書でこの議論を成立させるためにとった著者の方法は、いわばトップダウン式であった。『チンパンジーの政治』やその姉妹作『霊長類における和解』（翻訳は、『仲直り戦術』どうぶつ社、一九九三年）は、飼育下での集団観察にもとづくボトムアップ式の、帰納法的な方法で書かれているが、本書は異なる。共感について独自の広い定義をまず提示し、それを支持する膨大な証拠を挙げている。やや語弊があるが、演繹的な方式をとっている。

証拠の半分はさまざまな関連分野で他の研究者が発見した事実や著者自身の実験であり、半分は逸話や観察断片である。逸話は、よくぞこれだけ集めたと思われるほど豊富であり、彼が地道にエピソードを書きとめてきたことを窺わせる。また、情報は彼の旅行好きと多様な文化への関心からももたらされている。彼にメールを送っても二度に一度は、「旅行中であり、急ぎの場合は秘書の某嬢にメールするように」という自動返信が返ってくるほどだ。旅行のたびに彼は思いがけない情報を得て、著書のあちこちにその新知識を散りばめている。それが手際よく挿入されていて、読書の楽しみが倍加される。

彼はオランダ出身の移民であり、アメリカ文化とヨーロッパ文化の相違に敏感であるばかりか、日本や中国、インドなどの文化にも深い関心をもっている。日本の霊長類学に対する高い関心は偶然ではなく、彼は日本の霊長類学の擬人主義に、それこそ共感しているのである。ドゥ・ヴァールはジェーン・グドール博士とともに、日本の研究者と最も波長の合う霊長類研究者であると私は思う。

本書は、移民としての彼の政治経済に対する敏感さも反映している。ソ連型社会主義の崩壊、グローバルな市場経済の拡大、規制緩和の結果として起こった、国際的な投機、金融資本主義の隆盛、会社のCEOの強欲、それらに伴う格差拡大などに、やっとマスコミや識者の関心が高まってきた。ハリケーン・カトリーナの被害者に対する米政府の無関心も批判された。著者は、機を見るに敏である。オバマ大統領の当選、そして社会民主主義的な政策へのある程度の回帰が現実味を帯びてきたその時期に本書は書かれた。霊長類学は「役に立たない学問」の典型のように思われるかもしれないが、本書は、霊長類学が社会に根本的な提案をすることもできることを示した重要な書物の一冊といえる。

さて、私は著者の共感についての考え方には賛成するが、社会問題の解決については楽観的過ぎる、という気もする。ヒトが進化の結果もっている能力を発揮しただけでは、この益々人口過密になっていく世界をうまく統御できないであろう。進化の結果としてヒトがもっている能力と矛盾しない形で、社会政策を導入する必要があるという意味で著者が書いているなら（おそらくそうであろうが）、諸手《もろて》を挙げて賛成したい。

楽しみを与えつつ、さまざまな考えを触発してくれる書物として、多くの方々に本書を推薦したい。

ンデヴィル(1670-1733)は、利己主義を道徳的善として称えようとしたアイン・ランドと、歴史上最も近かったかもしれない。"Private Vices, Publick Benefits(個人の悪徳、公共の利益)"という、マンデヴィルの風刺的な寓話の副題がすべてを物語っている。彼は、貪欲さは繁栄を助けるとし、利己的な動機やその経済的結果を他の人間的価値よりも上に置いた。

25

Nancy Eisenberg (2000)とSara Jaffee and Janet Shibley Hyde (2000)は、共感に関して際立った男女差があるという見方を疑問視している。

26

"Ballmer 'vowed to kill Google'", Ina Fried (CNET News, September 5, 2005).

27

勇猛な戦士、大アイアースは、トロイ戦争のあと鬱《うつ》状態に陥って、自殺を遂げる。ソポクレースはアイアースの狂気について、こう書いている。「今や彼は孤独な考えに苦しみ……」。アメリカ軍はギリシアの戯曲を心的外傷後ストレス障害のカウンセリングの道具として使っている(http://www.MSNBC.com, August 14, 2008)。

28

殺戮と戦争に関するシャーマンらの引用は、Dave Grossman (1995)の*On Killing*[『戦争における「人殺し」の心理学』安原和見訳、筑摩書房、2004]より。

29

The Works of Mencius (Book I, Part I, Chapter VII)[『孟子』依田喜一郎訳、嵩山房、1913]より。

30

Paul Zak (2005)は、幸せの自己申告が国民の間の一般的な信頼感と正の相関を持つことを示している。

31

Jim Puzzanghera, *Los Angeles Times*, October 24, 2008による引用。

32

Jonathan Wight (2003).

33

経済学の分野の女性についてはJohn Kay, "A Little Empathy Would Be Good for Economics," *Financial Times*, June 12, 2003.を参照のこと。「stakeholder(利害関係者)」という用語(これには、企業の従業員や顧客、取引銀行、供給業者、地元の共同体が含まれる)は、たとえばEdward Freeman (1984)の利害関係者理論に見られるように、「shareholder(株主)」あるいは「stockholder(株主)」と対照的な要素としてしだいに使われるようになってきている。

34

コロラド州デンヴァーで開かれた民主党全国大会でのバラク・オバマの大統領候補指名受諾演説(August 28, 2008)より。

35

Joshua Speedに宛てた書簡 (August 24, 1855)の中の言葉。

たのなかのサル』]は、私たちに最も近い霊長類の親戚、ボノボとチンパンジーの両方と人間との類似性を取り上げている。

7

2001年にニューヨークの世界貿易センタービルが破壊されると、イスラム教世界がこぞってそれを祝い、バグダードが爆撃されるとアメリカでは大勢の人が国旗を振って支持し、ドナルド・シェパード退役少将に至っては、この爆撃を交響曲になぞらえた。「浮ついた気持ちで言うわけではないが、まさに、指揮者によって周到に調整されなければならない交響曲だ」(CNN News, March 21, 2003)。イラク人の死者に関するラムズフェルドの発言は、Fox News (November 2, 2003)でのもの。

8

ガザでのイスラエルによる破壊行為の映像を見たら、第二次大戦中に自分の家族が経験した状況を思い出したとラピド法相(当時)は語った。法相はユダヤ人大虐殺で家族を何人も失っている("Gaza Political Storm Hits Israel," BBC News, May 23, 2004)。

9

David Brooks, "Human Nature Redux," *New York Times*, February 17, 2007.

10

Hoffman (1981, p. 79).

11

他者の意図にかかわる心的状態(願望、欲求、感情、信念、目標、理由など)は観察不可能な複合概念で、観察した行動から推定される。「心理状態への翻訳」は私たちが身の回りの行動を理解するのを助ける(Allen et al., 2008)。

12

Patricia McConnell (2005)は犬の行動を感情の見地から解釈する。

13

Matt Ridley (2001)が、ロンドン動物園で類人猿が初めて展示されたときの模様を書き記している。

14

David Premack(2007)とJeremy Kagan(2004)。

15

J. K. Rowling (2008).

16

Paul Babiak and Robert Hare (2006)による、ビジネス界の精神病質者に関する本のタイトル。

17

James Blair (1995).

18

多くの動物が、年下の相手や自分より弱い相手と遊ぶときに、自らにハンディキャップを課す。オスのゴリラは、相手の胸に手を押し当てるだけで幼いゴリラを殺せるが、取っ組み合ったりくすぐったりして遊ぶときには、自分の驚異的な力を抑える。ホッキョクグマと、鎖につながれたそり犬が遊ぶ珍しい光景が、カナダのハドソン湾でドイツの写真家Norbert Rosingによって記録されている。

19

Robert Waite, *The Psychopathic God: Adolph Hitler* (1977). ヒトラーは妄想型統合失調症とも診断されている(Coolidge et al., 2007)。

20

Mark Rowlands (2008, p. 181). テルトゥリアヌスの性格研究は、実際彼が精神病質者に近かったと結論している(Nisters, 1950)。

21

これは「評価」メカニズムと呼ばれている。このシステムが、どの合図に共感的な反応を示すかを決めるのだ。共感を呼び起こすおもな合図は、本人と対象の間の馴染み深さと類似性だ(Preston and de Waal, 2002)。さらに詳しくは、Frederique de Vignemont and Tania Singer (2006)を参照のこと。

22

Ashley Montagu and Floyd Matson (1983).

23

イギリスの自閉症研究者Simon Baron-Cohen (2003)は、女性の脳は共感することに、男性の脳は体系化することに、それぞれ特化していると主張する。子供時代の性差についてはCarolyne Zahn-Waxler et al. (1992, 2006)を、女性のほうが男性よりも「思いやりがあり」、相手を育むことに長けているという、異文化間の研究結果についてはAlan Feingold (1994)を参照のこと。

24

Bernard de Mandevilleの "An Enquiry into the Origin of Moral Virtue" (*Fable of the Bees*, 2nd edition[『蜂の寓話——私悪すなわち公益』泉谷治訳、法政大学出版局、1985])より。マ

面で平等に扱ってもらいたがる。飼い主がこれを無視すると、犬たちは深刻なまでに落ち込んだり、優遇された犬に対して攻撃的になったりする」

49
John Wolfe (1936)によるトークンの交換に関する研究。

50
第1章冒頭のアダム・スミスの引用を参照している。オマキザルの利己的な選択と向社会的な選択の研究は、de Waal et al. (2008)によって行なわれた。William Harbaugh and co-workers (2007)は、慈善行為は人間の脳の報酬中枢を活性化させることを示した。

51
Joel Handler (2004). 起業家の流出については、"The French Exodus" (*Time*, April 5, 2007)でPeter Gumbelが説明している。

52
ジニ係数は所得分配を測る数値で、0%(完全に平等)から100%(最も不平等)まである。*CIA World Factbook*(2008)によると、アメリカのジニ係数は45%で、ウルグアイとカメルーンの間に位置するという。インド(37%)やインドネシア(36%)でさえ所得分配はもっと平等で、ヨーロッパのほとんどの国は25%から35%の範囲に収まっている。所得の不平等が経済に良くないことはLarry Bartels (2008)が実証している。

53
ユタ州とニューハンプシャー州(所得分配が最も平等な州)の住民は、ルイジアナ州とミシシッピ州(所得分配が最も不平等な州)の住民よりも健康だ。S. V. Subramanian and Ichiro Kawachi (2003)は、所得格差の影響が州ごとの人種構成で説明し切れるか検討したが、人種という要素を差し引いても、依然として差は残ることがわかった。

54
Wilkinson(2006, p. 712)からの引用。だが、根底にある感情は、彼が主張するよりもっと基本的なものかもしれない。ウサギを使ったFatemeh Heidary and co-workers (2008)の実験でも、やはり健康に対するマイナスの影響が見られた。8週間にわたり、ウサギたちは隔離され、餌を減らされる(通常の量の三分の一)という状況か、餌が同様に減らされるだけでなく、たっぷり餌をもらっているウサギを見たり、そのウサギが立てる音を聞いたり、彼らの匂いを嗅いだりできる状況に置かれた。後者の状況下のウサギは前者の状況下のウサギと比べて、ストレスによる心臓萎縮の徴候をはるかに多く示した。

55
Benjamin Beck (1973).

第七章　歪んだ材木

1
1784年にカントがドイツ語で記した言葉"Aus so krummem Holze, als woraus der Mensch gemacht ist, kann nichts ganz Gerades gezimmert werden"の訳。この「歪んだ材木」という言葉は、Isaiah Berlinの著書のタイトルに使われているし、人気のブログサイトの名前(http://Crookedtimber.org)にもなっている。

2
フランクリン・D・ルーズベルトの2度目の就任演説(January 20, 1937)での世界大恐慌への言及。

3
葛は日本の蔓《つる》植物で、浸蝕対策として1930年代に移植されたが、他の植物を覆うように成長して枯らしてしまうので、アメリカ南部の悩みの種と考えられている。1日で30センチメートル余り伸びることもあり、今ではすっかり手に負えなくなってしまっている。

4
Leon Trotsky (1922)からの引用。人間の本性の柔軟性に関する共産主義者の考えについてはSteven Pinker (2002)も参照のこと。

5
John Colapintoの*As Nature Made Him* (2000)[『ブレンダと呼ばれた少年——性が歪められた時、何が起きたのか』村井智之訳、扶桑社、2005]に実話が紹介されている。ある男の子が、割礼が失敗し、性差は環境によって構築されると考える性科学者の実験台にされた。その子は手術で睾丸を摘出され、女性ホルモンを注入され、あなたは女の子だと言われた。だが、この措置では、出生前にホルモンが彼の脳に与えた影響を無効にすることはできなかった。その子は男の子のような歩き方をし、女の子の服やおもちゃを荒々しく拒絶した。そして、38歳のときに自殺した。自己の性別の認識は今では生物学的に決まると広く認識されている。

6
Our Inner Ape (de Waal, 2005)[前掲『あな

34
公平性への願望の裏にある利己的な考え方は、Jason Dana and co-workers (2004)が独裁者ゲームを通して調査している。

35
Elisabetta Visalberghi and James Anderson (2008, p. 283)によれば、「他者に対する公平性を尊重することはごく最近確立された人間の道徳的行動規範であり、少なくとも欧米の文化においては、人間はみな平等であるという理論上のスタンス(フランス啓蒙思想の哲学者たちによって提示されたもの)に基づいている」という。

36
Werner Güthによって考案された最後通牒ゲームは、Daniel Kahneman and co-workers (1986)による有名な研究で使われた。Alan Sanfey and co-workers (2003)はこのゲームで少ない金額を提示された被験者の脳をスキャンして、ネガティブな感情と関連する脳の部位が活性化することを発見した。

37
漁師たちは生きていくために1年にほんの数頭だけクジラを捕る。彼らはカヌーを漕いでクジラに近づき、1人がクジラの背中に飛び乗って銛を突き刺す。彼らはクジラを何時間も追いかけ、逃げられることもあるが、失血や疲労で死に至らしめられることもある(Alvard, 2004)。

38
Ernst Fehr and Klaus Schmidt (1999).

39
James Surowieckiの"The Coup de Grasso," *New Yorker*, October 5, 2003.

40
Phenix Business Journal (September 30, 2008)のMike Sunnucksの記事からの引用。*The Huffington Post* (September 16, 2008)に掲載されたNathan Gardelsによるインタビューの中で、ノーベル経済学賞受賞者ジョセフ・スティグリッツは次のように主張した。「市場原理主義にとって、ウォール街の破綻は、共産主義にとってのベルリンの壁崩壊に等しい——それは、このような経済体制は維持できないものだったことを世に示している」

41
Maureen Dowd, "After W., Le Deluge," *New York Times*, October 19, 2008.

42
サラ・ブロスナンと私の最初のオマキザル研究は2003年に発表され、その後Megan van Wolkenten and co-workers (2007)が、より多くのサルを使い、より精密な対照実験を行なって研究を続けた。部分的な裏付けとなる反復実験がGrace Fletcher (2008)やJulie Neiworth and co-workers (2009)によって行なわれた。Brosnan (2008)は、類人猿が不公平な待遇に対して示す反応を、進化の観点から説明している。

43
Bonobo(de Waal, 1997, p. 41) [前掲『ヒトに最も近い類人猿ボノボ』)]で紹介したこの出来事は、スー・サヴェージ=ランボーが観察したもので、彼女によれば、ボノボは全員平等にもらったときがいちばん幸せなのだそうだ。ボノボは実際、他のどんな霊長類よりも不公平を嫌悪するのかもしれない(Bräuer et al., 2009)。

44
Amy Argetsingerの"The Animal Within" (*Washington Post*, May 24, 2005)より。野生のオスのチンパンジーの間では犠牲者を去勢するのは珍しいことではない。第2章で取り上げたとおり、アーネムの動物園でも同じような出来事が観察されている。

45
この引用は、アメリカの随筆家H・L・メンケン(1880-1956)の言葉ともローマ教皇パウロ六世(1897-1978)の言葉とも言われている。

46
Keith Jensen and co-workers (2007)は、チンパンジーに最後通牒ゲームの1タイプを使った実験を行なったが、チンパンジーは分け前ゼロという提案も含め、どんな提案も受け入れたから、ゲームのルールが理解できなかったのだろう(Brosnan, 2008)。

47
Irene Pepperbergの*Alex & Me*(2008, p. 153)より。

48
Friederike Range et al. (2009)による研究。Vilmos Csányi (2005, p. 69)は、犬を平等に扱う必要性を説明している。「犬たちは、誰が餌を与えられ、誰が撫でられたか、いちいち覚えていて、あらゆるの赤ん坊市場もその1つだ(Henzi and Barrett, 2002)。

21

オマキザルの狩りと肉の分配については、Susan Perry and Lisa Rose (1994)とRose (1997) を参照のこと。

22

ローシェの養子縁組と、養母カイフが感謝の念をずっと忘れなかったことについては、*Our Inner Ape* (de Waal, 2005, p. 202) [『あなたのなかのサル』藤井留美訳、早川書房、2005]に詳述してある。

23

Stephen Amati and co-workers (2008) は、罠によるけがを説明し、ときとして手や足の損失を招くとしている。あるオスのチンパンジーはメスの手に巻きついたナイロンの罠を、注意深く調べてから噛み切って取り除いてやった。

24

類人猿が先を見越して行なう政治的あるいは性的な取引は、de Waal (1982)と Nishida et al. (1992)とHockings et al. (2007) によって詳細に記録されている。キンバリー・ホッキングズの言葉は、*ScienceDaily* (September 14, 2007) による引用。

25

Nicola Koyama and co-workers (2006).

26

Ernst Fehr and Urs Fischbacher (2003)は、利他的行為に関する自らの論説を「人間社会は動物界における大いなる例外である」という文章で始めている。2人が挙げる理由は、人間は非血縁者と協力するのに対して、動物の協力行動は近縁の間に限られているというものだ。Robert Boyd (2006, p. 1555) も動物の協力行動を以下のように特徴づけている。「他の霊長類の行動は理解しやすい。自然淘汰は、特定の向社会的な行動の受益者たちがその行動と関連する遺伝子を共有する可能性が不釣合いなまでに高い場合にのみ、個体にとっては代償の大きい行動をも優遇する」

27

Kevin Langergraber and co-workers (2007, p. 7788)は、霊長類は血縁どうしでなければ助け合わないという見方を覆し、野生のチンパンジーについてこう結論づけている。「大多数の高度に親和的かつ協力的な二者関係にあるオスは、血縁関係にないか、あるいは遠戚にすぎない」。アーネムの動物園でも、血縁関係にないオスのチンパンジーどうしが、お互いのために重大な危険を冒してまで協力関係を構築した (de Waal, 1982)。やはり人間の近縁種であるボノボは、メスどうしが高度に団結しているのが特徴で、その結果、結束したメスたちはオスより優位に立つ。メスのボノボは成長すると別の群れに移るので、どんな共同体の中でも遺伝的な結び付きに欠ける。だから「二次的な姉妹関係」を結ぶと言われている(de Waal, 1997)。これも、血縁関係にない個体どうしの大規模な協力の例だ。

28

霊長類の懲罰と報復は、de Waal and Luttrell (1988)によって初めて統計的に立証され、*Good Natured*(de Waal, 1996) [前掲『利己的なサル、他人を思いやるサル』]でさらに詳しく説明されている。

29

Robert Trivers (2004, p. 964).

30

強い互恵性について次々に発表されている文献は、人間は向社会的傾向を持ち、協力しない者を罰するとしている。実際、そうした行動はしっかりと実証されている(Herbert Gintis and co-editors 2005)が、強い互恵性が見知らぬ人との出会いに対処するために進化したかどうかについては異論がある。見知らぬ人というのは、普通、進化論のモデルでは考慮しないカテゴリーだ。じつのところ、強い互恵性は、共同体の中で生まれ、その後、よそ者に対しても広く適用されるようになったと考えるほうが理解しやすい(Burnham and Johnson, 2005)。

31

1983年の歌"License to Kill"より。

32

国民の大方が食糧援助を受けているのにもかかわらず、国王の13人の妻のうち9人が外国にショッピングに出かけた(BBC News, August 21, 2008)。

33

ブドウ園の労働者の寓話(「マタイ伝」第20章1-16節)は、金銭的報酬についてというよりも天の国に行くことについての話だ。とはいえ、この話は、私たちがその公平性の側面に敏感なために寓話として成り立つ。

社会が、「平準化のメカニズム」を積極的に採用し、野望を抱く男性たちが支配権を得るのを防いでいる。この種の政治的機構は、有史以前の人間社会の大半ではごく普通だったかもしれない。

5

Totem and Taboo［『トーテムとタブー』須藤訓任責任編集、門脇健訳、岩波書店、2009、他］の中で、Freud (1913)は「ダーウィンの原始群族」について述べた。群族の中では、嫉妬深く横暴な父親が女性を独り占めし、息子たちが成長するとすぐに彼らを追い出したとしている。

6

Brian Knutson and co-workers (2008)の研究。引用は、"Men's Brains Link Sex and Money" (CNN International, April 12, 2008)でのKevin McCabeの見解より。

7

Robert Frankの*Passions within Reason* (1988, p. xi)［『オデッセウスの鎖』山岡俊男監訳、大坪庸介他訳、サイエンス社、1995］より。フランクは、従来の自己利益追求モデルでは人間の経済活動の多くの面の説明ができないと早くから主張していた人の1人。

8

Brian Skyrms (2004).

9

"The Descent of Men," by Maurice Isserman (*New York Times*, August 10, 2008).

10

「眼球突き」ゲームは、Susan Perry and co-authors (2003)によって記述されている。Perry (2008)も参照のこと。

11

Toh-Kyeong Ahn and co-authors (2003)によって記述された実験。経済における「合理的選択」モデルに疑問を呈する文献については、Herbert Gintis共編集の*Moral Sentiments and Material Interests* (2005)、Paul Zakの*Moral Markets* (2008)、Michael Shermerの*The Mind of the Market* (2008)、Pauline Rosenau (2006)を参照のこと。

12

Ursula Bellugi and co-workers (2000)。子供の言葉はDavid Dobbs, "The Gregarious Brain," *New York Times Magazine*, July 8, 2007より。

13

Ivan Chase (1988).

14

Adam Smith (1776)の*The Wealth of Nations*［『国富論』水田洋監訳、杉山忠平訳、岩波文庫、2000、他］より。

15

Petr Kropotkin (1906, p. 190), *The Conquest of Bread*［『クロポトキンII』所収「パンの略取」長谷川進訳、三一書房、1970］.

16

Gerald Wilkinson (1988).

17

チンパンジーの狩りへの貢献と肉の分け前の相関はChristophe and Hedwige Boesch (2000) が提唱している。

18

類人猿が食べ物を分配する段になると、集団内での序列がほとんど影響しないことは注目に値する。これについてはフィールドワーカーたちが触れており、飼育環境下での詳細な記録もある(de Waal, 1989)。霊長類学者は「所有権の尊重」という言葉を使う。いったん1頭の大人が物の所有者になると、その序列とは関係なく、他者は所有権を主張するのを諦めるのだ(たとえばKummer, 1991)。

19

グルーミングをしてもらったお礼に食べ物を与えるという行為を研究するにあたり、私たちは自発的なサービスについて膨大なコンピューターのデータベースを用意した。そして、逐次分析を行なうと、チンパンジーは記憶に基づいた互恵的な交換ができることがわかった(de Waal, 1997)。

20

Chimpanzee Politics (1982)［前掲『チンパンジーの政治学』］で、類人猿はグルーミングや支援から食べ物や交尾まで、幅広いサービスを取引すると私は主張した。Ronald Noë and Peter Hammerstein (1994) は、物やパートナーの価値はそれがどれだけ手に入りやすいかによって変わるという、生物学的市場理論を考案した。この理論は、取引の当事者が相手を選べるときはつねに当てはまる。それを裏付ける実例はどんどん増えており、ヒヒ

移動を自己概念に結び付ける試みを参照のこと。

38

霊長類を対象とした鏡の研究は、James Anderson and Gordon Gallup（1999）によって検討された。

39

すべての動物にとって不可欠な自己認識については、Emanuela Cenami Spada and co-workers（1995）やMark Bekoff and Paul Sherman（2003）によって論じられている。自己鏡映像を認知できない動物であっても、行動の主体者としての自己は理解している（Jorgensen et al., 1995; Toda and Watanabe, 2008）。

40

鏡に映った自己を認知する種としない種に二分する代わりに、理解度によってさまざまな中間的レベルを想定できる。セキセイインコや闘魚のように、鏡に映った自分の姿に求愛動作や戦いを仕掛けてやまない生き物もいる一方で、たいていの犬や猫は少なくとも徐々に鏡に興味を失う。オマキザルは理解度がもっと高く、鏡に映った自分の姿が本物のサルではないことをすぐさま見て取るようだ（de Waal et al., 2005）。また、鏡映像の理解に関してさまざまな中間的レベルを想定する漸進的視点は幼児の研究では一般的だ（Rochat, 2003）。

41

Brandon Keimが面白おかしく語っているように、「まず自己認識があって、それから罪が生まれる。エデンの園神話の鳥類版のようなものだ！」（*Wired*, August 19, 2008）。もちろん、カラス科の鳥は視点取得を騙しのためだけではなく、助けと慰め、あるいはそのいずれかのために使うこともあるようだ。現にその証拠もある（Seed et al., 2007）。さらに詳しくは、Nathan Emery and Nicky Claytonによる、この魅力的な鳥たちに関する研究（2001、2004）を参照のこと。カササギやカラス科の他の鳥が（自己鏡映像認知の能力を持った哺乳類のように）VEN細胞を持っているのかどうかという疑問が当然出てくるが、これは的外れなのかもしれない。鳥類の脳の構造は哺乳類とはあまりにも違っているため、哺乳類に見られるような能力は収斂《しゅうれん》進化（訳注　異なる系統の生物の外見・能力が環境によって類似して進化すること）によって生じた可能性が高い。したがって、同じ神経基盤を持っているとはかぎらない。

42

Susan Stanich（私信）の挙げた例。

43

未発表に終わった1974年のEmil Menzelの原稿からの引用。彼はチンパンジーが隠された物の性質と位置を、知っている者の振る舞いからどのように推測するのか、非常に詳しく描写し、チンパンジーは「手で合図するまでもない、非常に効果的な方向指示のコミュニケーション・システムを持っている」と結論した。

44

この例は、「指摘」が人間の模倣あるいは訓練に基づいているという説明に反する。ライザにブドウを取るために唾を吐くことなど誰も教えていなかったからだ。

45

Chimpanzee Politics（de Waal, 1982, p. 27）［前掲『チンパンジーの政治学』］より。

46

Joaquim Veà and Jordi Sabater-Pi（1998, p. 289）.

47

マイケル・トマセロは、「断定的な指摘」は人間に特有な、言語発達の一部だと考えている。「類人猿は情報や姿勢を他者とたんに共有するために指摘するように動機づけられてはいないし、そうした動機から他者がコミュニケーションをしようとしているときには理解できない」（Tomasello et al., 2007, p. 718）。本書で示されている例（隠れていた科学者たちを指し示したり、悪臭を放つ蛆虫を見せびらかしたりしたこと）はこの見解と矛盾するし、類人猿が進んで情報を提供しないわけではないことを示している。とはいえ、人間に比べるとそうした行動をとる傾向は明らかに弱い。

第六章　公平にやろう

1

Thomas Hobbesの*De Cive*（1651, p. 36）［『市民論』本田裕志訳、京都大学学術出版会］より。

2

Irène Némirovsky（2006, p. 35）.

3

オーストラリアの大物政治家ナイジェル・スカリオンは、ロシアのストリップクラブで逮捕された（*Skynews*, December 12, 2007）。

4

Christopher Boehm（1993）の研究から明らかなように、平等主義を実践するのは難しい。社会を階層化するのが基本的な人間の傾向だが、多くの小規模

22

この例は Cynthia Mossの*Elephant Memories* (1988, p. 73) からの抜粋。仲間に水を吹きかけるオスのゾウの話はDaryl and Sharna Balfourの*African Elephants, A Celebration of Majesty* (1998)に記されており、ぬかるみの穴での出来事は*National Geographic*の*Reflections on Elephants* (1994)という番組で放映された。共感にまつわるアフリカゾウの行動に対しての批評はLucy Bates and co-workers (2008)を参照のこと。

23

Daniel Povinelli (1989) が実験装置を描いたスケッチがある。

24

Esther Nimchinsky and co-workers (1999)が霊長類28種の比較研究を行なったところ、VEN細胞は4種類の大型類人猿と人間の脳でしか発見できなかった。ボノボの標本は1体しか入手できなかったが、脳内のVEN細胞の密度と分布状態は人間のものといちばん近かった。ボノボが最も共感的な類人猿だという仮説があるから、これは興味深い(de Waal, 1997)。

25

前頭側頭型認知症の患者は、William Seeley et al. (2006)が調べたところ、前帯状《ぜんたいじょう》皮質にある全VEN細胞の四分の三が失われていた。

26

今のところ、この関連性は確固たるもののようだ。自己鏡映像認知ができる哺乳類はすべてVEN細胞を持ち、VEN細胞を持つ哺乳類はすべて自己鏡映像認知ができる。だが、例外が見つかるかもしれないし、VEN細胞の厳密な機能は依然、謎だ。非霊長類のVEN細胞については、Atiya Hakeem and co-workers (2009)を参照のこと。

27

Dorothy Cheney and Robert Seyfarth (2008, p. 156)は、共感的な視点取得を伴わないヒヒの感情の覚醒を示唆している。

28

Joyce Pooleが*Coming of Age with Elephants* (1996, p. 163)で報告した事例。

29

"Baboons in Mourning Seek Comfort Among Friends" (http://www.ScienceDaily.com, January 31, 2006)で論じられているAnne Engh and co-workers (2005)の研究。

30

南アフリカの博物学者Eugène Maraisは1939年に*My Friends the Baboons*を出版した。

31

John Allman(私信)。たとえオマキザルに他者を慰める能力があるとしても、調査では必ずしもそれを立証できない。なぜなら私たちは争いのあとの平均的な様子を基本データと比較するからだ。だが、ピーター・ヴァービークは、攻撃の犠牲になったオマキザルが他者との接触を求め、特別に友好的な扱いを受けた証拠を見つけた(Verbeek and de Waal, 1997)。

32

Hans Kummerの*Social Organization of Hamadryas Baboons* (1968, p. 60)収録の写真に基づくイラスト。

33

Anindya Sinha(私信)。

34

Barbara Smuts (1985, p. 112)から引いた事例。さらに彼女は、子供が苦痛を訴えていなかったから、そのオスの唸り声はなおさら際立っていたと述べている。「アキレスはまるで、砂の斜面を滑り落ちるのは、普通なら女友達の赤ん坊が苦しみや悲しみの悲鳴を上げているときに自分が与えてやる励ましにも値するほどの経験だと思っているかのように振る舞った」。

35

Robert Sapolskyの*A Primate's Memoir* (2001, p. 240)より。

36

南アフリカでは、かつてヒヒはヤギ飼いとして使われていて、Walter von Hoesch (1961)が記しているように、しばしば大きなヤギの1頭に乗って群れを追い立てた。Cheney and Seyfarth (2008, p. 34)は、ヤギの親子関係のエキスパートになるのにヒヒは特別な訓練を必要としないという、かつての飼い主の言葉を引用している。

37

Filippo Aureli and Colleen Schaffnerによる野生のクモザルの観察(私信)。橋架け行動とその意味するところについての記述で最も古いものはRay Carpenter (1934)の手に成る。さらに詳しくは、Daniel Povinelli and John Cant (1995)による、樹上での的認知の共出現仮説は、個体発生と系統発生の間に必然的なつながりを想定することなしに、両者の類似性を示している。Gerhard Medicus (1992)も参照のこと。

10

ポール・マンガーはあるインタビューで次のように主張した。「動物を1匹箱に入れるとしよう。実験用のラットやスナネズミでもいいが、その動物は何より先に、箱をよじ登って出ようとするだろう。もし金魚鉢の上に蓋を被せておかなかったら、金魚はいずれ広い世界を求めて外に飛び出してしまうだろう。しかし、イルカはけっしてそうしようとはしない。海中公園でイルカたちを隔てている仕切りは、水面からほんの4、50センチメートルの高さしかない」(Reuters, August 18, 2006)。マンガーは、動物にとって、未知の世界に飛び出すより見知った環境にとどまるほうが、実際のところ賢明なのかもしれないとは考えなかった。

11

自己鏡映像認知は訓練された動物による芸当ではなく自然発生的な能力であり、それが備わっている動物もいれば備わっていない動物もいる。判断基準となる行動を教え込む(Epstein et al., 1981を参照のこと)のは、マークテストの目的をないがしろにすることになり、そんなことをしても、機械にもできる類の成果を生み出せるにすぎない。しかも、別の研究グループがハトを使ったこの実験を追試しようとしたところ、惨憺たる失敗に終わった。その結果は題名に「ピノキオ」という言葉を入れた論文に記されている(Thompson and Contie, 1994)。

12

人間の脳の重さは約1.3キログラムあり、バンドウイルカの脳は約1.8キログラム、チンパンジーの脳は約0.4キログラム、アジアゾウの脳は約5キログラムの重さがある。もし脳の大きさを体の大きさに合わせて補正すると、人間の脳は他のどの動物の脳より大きく、クジラ目の動物の脳は人間以外のどの霊長類の脳よりも大きい(Marino, 1998)。分析によっては脳の違う部分を重要視するものもあるが、この点では、人間の脳の独自性はいささか薄れるかもしれない。世間の常識とは裏腹に、脳の他の部分と比較した場合、人間の前頭葉の大きさは、大型類人猿と同じ程度でしかない(Semendeferi et al., 2002)。

13

Manger(2006)の記事は、世界中の多くのイルカ専門家たちから一斉に反駁を招いた。その反駁は、Lori Marino, et al. (2007)による"Cetaceans Have Complex Brains for Complex Cognition"と題された論文に収められている。

14

J. B. Siebenaler and David Caldwell (1956)によって報告された出来事。イラストもそれに基づく。

15

他にも、Melba Caldwell and David Caldwell (1966)やRichard Connor and Kenneth Norris (1982)が実例を紹介していている。

16

"Seal Saves Drowning Dog" (BBC News, June 19, 2002).

17

この出来事はPeter Fimriteによって*The San Francisco Chronicle* (December 14, 2005)に紹介された。記事には「クジラの専門家によると、クジラが自分を救ってくれたことに感謝していたと考えるのは素晴らしいが、クジラが何を思っていたか、ほんとうのところは誰にもわかりはしない、とのことだ」という、人を見下すような但し書きが添えられていたが、複雑な互恵性を持つ種に感謝の気持ちがあってもおかしくない点には留意すべきだ(Trivers, 1971; Bonnie and de Waal, 2004)。

18

"What Makes Us Human"の会議は2008年4月にロサンジェルスで開かれた。

19

Michael Gazzaniga, "Are Human Brains Unique?" (*Edge*, April 10, 2007)より。ガザニガは自らの問いに、次のように答えている。「人間が誕生するにあたって、位相変化のようなものが起きた。人間の目覚ましい能力を、何か1つで説明し切ることなど、金輪際考えられない」。この答えが曖昧なのは、人間の脳がじつはそれほどユニークではないことを認めているのに等しい。

20

1873年に発表されたJohn Godfrey Saxeの詩、"Blind Men and the Elephant"より。

21

この出来事は2003年10月10日に起き、Iain Douglas-Hamilton and co-workers (2006)によって克明に記録され、写真に撮られた。

に見えかねないが、じつは、統計的にランダムであるとするほうがふさわしい。

45

Felix Warneken and co-workers (2007)は報酬がある条件とない条件を取り入れた。これらの条件による違いは見られなかったため、チンパンジーの援助行動は見返りを期待して行なわれたのではないと思われる。

46

Dolf Zillmann and Joanne Cantor (1977, p. 161)からの引用。Lanzetta and Englis (1989)も参照のこと。

47

これは、人間の利他主義の背景にある、自己志向性と他者志向性のせめぎ合いについてのDaniel Batson (1991, 1997)の称賛すべき研究で、実験によって探究されている。だが、とくに共感がかかわる場合は、他者との関係から自己を抜き出すのは不可能なため、この問題についての議論にはきりがない(たとえばHornstein, 1991; Krebs, 1991; Cialdini et al., 1997)。

第五章　部屋の中のゾウ

1

Ladygina-Kohts (1935, p. 160).

2

大プリニウスの著書*Natural History* (Vol. 3, Loeb Classical Library, 1940) [『プリニウスの博物誌I』中野定雄他訳、雄山閣出版、1986]より。

3

1970年、ゴードン・ギャラップ・ジュニアは自己鏡映像認知に関する彼の最初の研究を発表し、その10年後に自己鏡映像認知が属性の付与や共感といった、他のいわゆる「心の指標」とどう相関するかについての考察を発表した。Gallup (1983) は、クジラ目の動物とゾウには洞察力に富んだ社会的行動が見られるので、おそらく自己鏡映像認知能力も持っていると、はっきり推測している。

4

学生時代、私は2頭の若いオスのチンパンジーを研究対象にしていた。私ともう1人の男子学生は、2頭がなぜ秘書や女子学生などの女性を目にするたびに必ず性的に興奮するのか、とりわけ、どうやって人間の性別を見分けるのかを知りたかった。そこで、私たちは女装して声の高さを変えてみた。だが、チンパンジーたちはまごつかなかった。そして、間違っても性別を取り違えることはなかった。

5

この仮説は、系統発生に関するゴードン・ギャラップの見方と人間の個体発生に関するドリス・ビショフ=ケーラーの見方という、別々の見方に端を発している。2人とも鏡に対する反応を社会的認知と結び付けている。2人の見方を1つの仮説にまとめたのが私の貢献だ。

6

人称代名詞の使用と「ごっこ遊び」と自己鏡映像認知の発達における同時創発は Michael Lewis and Douglas Ramsay (2004)によって実証された。ドリス・ビショフ=ケーラーは自己鏡映像認知と共感の共出現に関するきわめて綿密な研究を行ない、両者に間違いなく関連があることを示唆した。すなわち、共感的な子供たちはマークテストに合格し、非共感的な子供たちは落第したのだ。この相関関係は年齢の補正後も変わらず(Bischof-Köhler, 1988, 1991)、Johnson (1992)とZahn-Waxler et al.(1992)によっても裏付けられている。

7

共感における自己の役割に関する神経画像研究は、Jean Decety (Decety and Chaminade, 2003)の考えに沿って進められている。高度な共感は、知覚-行動メカニズムに基づいているらしく、しだいにはっきりしていく自他の区別(Preston and de Waal, 2002; de Waal, 2008)と結び付いている。人間では、側頭頭頂《そくとうとうちょう》接合部における右下頭頂皮質が、他者が起こした動作と自分が起こした動作の区別を助けている(Decety and Grèzes, 2006)。

8

Social Intelligence(2006, p. 54) [『SQ生きかたの知能指数——ほんとうの「頭の良さ」とは何か』土屋京子訳、日本経済新聞社、2007] の中のDaniel Golemanの言葉。

9

近代生物学ではエルンスト・ヘッケルの反復説は認められていないとはいえ、ある解剖学的特徴が別の特徴より先に進化した場合、前者は一般に胚でも先に現れること、また複数の種が祖先を共有している場合、胚の発生の初期段階でそれがしばしば反映されることは、相変わらず間違いない。自己鏡映像認知と社会

るサル』西田利貞・藤井留美訳、草思社、1998]や、*Bonobo* (1997) [『ヒトに最も近い類人猿ボノボ』藤井留美訳、ティビーエス・ブリタニカ、2000]で紹介した逸話などを重複して用いないようにしている。体系的な概観はSanjida O'Connell (1995)がまとめている。

36

チンパンジーのシーラとサラの関係について教えてくれたのは、ルイジアナ州シュリーヴポート近郊にあるチンプヘヴンの職員エイミー・フルツだ。エイミーは他にも、腎臓病のため体の自由が利かない仲間の所へ、わざわざ餌を届けるチンパンジーの話を教えてくれた。チンプヘヴン(私もかかわっている)についてさらに知りたい方、援助の方法が知りたい方はhttp://www.chimphaven.org を参照のこと。

37

類人猿は仲間のために命にかかわるような危険を冒すことはぜったいにないと明言したのは、Jeremy Kagan(2000)だ。ワショーが、知り合って数時間にしかならないメスのチンパンジーを助けた例を含め、類人猿が仲間を助けるために水に飛び込む例は、Jane Goodall (1990, p. 213) やRoger Fouts (1997, p. 180)に紹介されている。また、チンパンジーの母子が水死する事件が起きたのはアイルランドのダブリン動物園だ(*Belfast News Letter*, October 31, 2000)。

38

助けるという行為は、血縁関係や互恵性を背景に進化したのかもしれないが、チンパンジーが実際に見返りを期待していることを示す証拠はほとんどない(第6章)。見返りを期待する能力がある人間の場合でさえ、燃え盛る建物の中に飛び込んだり、水に飛び込んだりするときに、内心で見返りを期待しているとは思えない。そういう救出の衝動はおそらく感情的なものなのだろう。繰り返すが、ある行動をとる理由は、その行動が進化した理由と重なる必要はない。進化した理由は現に自己中心的なものであってもいいのだ(第2章)。

39

Christophe Boesch(私信)は、コートジボアールでヒョウが再三チンパンジーを襲うところを記録している。チンパンジーはヒョウの攻撃に対して互いに助け合い、そのためお互いに大きな危険も背負い合う。

40

子供たちは四歳前後で従来の、信念に重点を置く「心の理論」課題に合格する。だが、それよりずっと以前に、通常は二、三歳で他者の感情や欲求や願望を察知する(Wellman et al., 2000)。大きな子供が「赤頭巾」の物語に手を焼くのは感情的同一化のためと思われる。感情的に同一化していると、誰がどう思っているかを決める上で支障が出る(Bradmetz and Schneider, 1999)。

41

霊長類の社会的慣習や伝統(その研究を「文化霊長類学」という)は*The Ape and the Sushi Master* (de Waal, 2001) [『サルとすし職人――「文化」と動物の行動学』西田利貞・藤井留美訳、原書房、2002]の主題だ。マハレのチンパンジーに見られるソーシャル・スクラッチの詳細については、Michio Nakamura and co-workers (2000)を参照のこと。

42

サルが他者の知識や信念を十分に理解しているという証拠はほとんどないが、だからといって、他者の注意や意図や欲求を理解していないとは言えない。食べ物を分け合うかどうかの実験は服部裕子が指揮を執り、食べたばかりの相手と、そうでない相手への反応を調べ、対照実験も行なった。対照条件下では、相手は不透明なパネルの後ろにいたため、サルには相手が前に食べ物を食べたかどうかがわからなかった。

43

オマキザルの向社会的な選択は、相棒が見知らぬサルだったり、見えない状態だったりしたときは行なわれなかった(de Waal et al., 2008; 第6章)。サルに見られる似たような向社会的な好みは、Judith Burkart and co-workers (2007)やVenkat Lakshminarayanan and Laurie Santos (2008)によって実証されている。

44

これは科学誌に載ったJoan Silk and co-workers (2005)による記事の実際のタイトルだ。Keith Jensen and co-workers (2006)も同じような結果を報告している。だが、否定的な結果の解釈はほぼ不可能だ(de Waal, 2009)。よくある問題として、動物たちが課題を十分に理解していないことが挙げられる。たとえば、機械的にこなす癖がついてしまっていたり、互いに離れすぎていて相棒に何が起きているか気づかなかったりすると、彼らの反応は社会的に無関心

Thomas Bugnyarとのインタビューから。Bugnyar and Bernd Heinrich (2005)を参照のこと。鳥類の視点取得に関するこれ以外の証拠はJoanna Dally and co-workers (2006)に示されていた。

25

「心の理論」を持っているのは人間だけという主張に、実験によって最初に打撃を与えたのは、Brian Hare and co-workers (2001)が行なった、ヤーキーズ霊長類研究センターのチンパンジー研究だった。彼らは、劣位のチンパンジーが、優位のライバルが何を知っているかを計算に入れてから食べ物に近づくことを示した。霊長類を使って成功したその後の実験の数々を、Michael Tomasello and Josep Call (2006)が検討しているが、鳥類を対象にした研究(前掲)や、犬を対象としたもの(Virányi et al., 2005)、サルを対象としたもの(Kuroshima et al., 2003; Flombaum and Santos, 2005)も参照のこと。

26

Adam Smith (1759, p. 10)の古典的記述は、同情に言及したもの。これに対して、冷たい視点取得は、一般に「心の理論」として知られているものにより近いかもしれない。もっとも、「理論」という言葉は、ろくに証拠がないのにもかかわらず、抽象的な思考能力や、推論という手段を通して自己から他者を推測する能力の存在を、誤って暗示してしまうが(de Gelder, 1987; Hobson, 1991)。むしろ、視点取得は、第3章で論じた類の無意識の身体的な結び付きから発達する可能性が高い。

27

The Sydney Morning Herald (February 14, 2008)による報道。

28

チンパンジーの首にロープが絡まった事故は、スウェーデンのイェヴレにあるフルヴィック公園で起きた。詳細は、霊長類の責任者Ing-Marie Perssonが教えてくれた。

29

エミールは1929年生まれで、会って話を聞いたのは2000年のことだ。数年後、エミールのかつての教え子から次のような手紙をもらった。「私は現在、発達心理学の教授をしております。あるとき、私たちが飼育するマーモセットのコロニーがある温室へ向かう途中、メンゼル教授が檻から出したチンパンジーたちが徘徊する廊下を通り抜けなければならなくなりました。私は、チンパンジーたちの間を歩いていくのに、多少怖さを感じていました。すると、ケントンという年少のチンパンジーがそばに来て、そっと私の手を取り、他のチンパンジーの間を導いていってくれました。私はチンパンジーの共感力をこの目で見たのです!」(Alison Nashからの私信)。

30

この講演は、ウェスリアン・カレッジで行なわれた。高圧的な司会者はリチャード・ハーンスタイン(1930-1994)で、当時、スキナー派を代表する人物の1人だった。ハーンスタインは、ハトをチンパンジーの代わりにしても差し障りないと思っていた。なぜなら、B・F・スキナーが明言したように、「ハトとラットとサルの、どれがどうだと言うのだ?　どれだろうと関係ない」と考えていたからだ(Bailey, 1986)。

31

チンパンジーの脱走は"Spontaneous Invention of Ladders in a Group of Young Chimpanzees"という題でMenzel (1972)によって発表された。私も、非常によく似た共同脱走を、*Chimpanzee Politics*[『チンパンジーの政治学――猿の権力と性』西田利貞訳、産経新聞出版、2006]で紹介している。

32

"Officer Breast-Feeds Quake Orphans" (CNN International, May 22, 2008).

33

David Lordkipanidze and colleagues (2007)によって発見された180万年前の化石。

34

Jane Goodall (1986, p. 357).

35

いちばんよく知られているエピソードは、シカゴのブルックフィールド動物園で起きた人間の子供の救出劇で、その様子はビデオに撮影されている。1996年8月16日、8歳のメスゴリラ、ビンティ・ジュアが、約5・5メートル上からゴリラの囲いに転落した3歳の男の子を救った。ゴリラは小川に置かれた丸木の上に座って、男の子を膝の上に抱き、優しく背中を撫でてから去っていった。この同情の行動に、多くの人が感動し、ビンティは一躍有名になった(*Time*は、ビンティを1996年の「ベストピープル」の「1人」に選んだ)。同様のエピソードは増える一方だ。私は、*Good Natured* (1996)[『利己的なサル、他人を思いや証した。本文で触れた大規模な分析は、M・テレサ・ロメロが行なっているもので、私たちのコンピューターには、チンパンジーの間で自然に起きた社会的な出来事が、200万件以上入力されている。

10

Robert Yerkes (1925, p. 131)からの引用。プリンス・チムが死期の迫った友達のパンジーに示す気遣いに強く胸を打たれたヤーキーズは、次のように認めている。「パンジーに対する彼の利他的で明らかに同情的な行為について私が話そうとすれば、類人猿を理想化していると疑われるに違いないだろう」(p. 246)。

11

Peter Bos(私信)。

12

ベルギーの研究は、Anemieke Cools and co-workers (2008) によって行なわれた。

13

オオカミに関しては、犬と同じように慰める(苦しんだり悲しんだりしている仲間を、そばにいるオオカミが元気づける)という証拠はないが、オオカミの和解(敵対していた者どうしがまた仲良くなること)はGiada Cordoni and Elisabetta Palagi (2008)によって観察されている。

14

Anthony Swofford (2003, p. 303).

15

Al Changが1950年に撮影した写真。私の絵はこの写真に触発されたもの。

16

Kate MurphyによるPaul Rosenblattのインタビュー(*New York Times*, September 19, 2006).

17

"School Enforces Strict No-Touching Rule" (Associated Press, June 18, 2007).

18

私はウィスコンシン州マディソンにあるヴィラスパーク動物園で、アカゲザルの2つの大きな群れを10年にわたって研究した。アカゲザルは繁殖する季節が決まっている。毎年春になると、25匹ほどの赤ん坊がほぼ同時に誕生した。このため、遊びや眠り、苦しみ、悲しみなどで非常に同調性の高い同世代の集団が生まれた(de Waal, 1989)。

19

自然界は、種の構成員が不可欠の技能を発達させるのを助ける先天的な傾向に満ちている。たとえば、オマキザルは、小さな物を開けることができないと何かに叩きつけずにはいられないという先天的な傾向を持っており、何時間でも嬉々としてこれを行なう。猫には、飛びかかれるほど小さな物が動いていると、じっと見つめてしまう傾向がある。こうした傾向は、経験や知識と組み合わされて、野生のオマキザルがするような、石を使って木の実を割るといった技能(Ottoni and Mannu, 2001)や、すべての猫がするような、獲物をつけ狙い、狩りをするといった技能に徐々にまとめ上げられる。「前関心」も先天的な傾向で、さらなる学習を促す。

20

共感はロシアの入れ子式の人形に似ている。太古の「知覚 - 行動」メカニズムと情動伝染を核とし、徐々に複雑化した部分がそれを取り囲んでいる (de Waal, 2003; 第7章)。

21

Emil Menzel (1974, pp. 134-135).

22

Emil Menzelの研究(たとえば、Menzel, 1974; Menzel and Johnson, 1976)は、動物は「生まれながらの心理学者」である(つまり、他者の心をモデル化する)とするNicholas Humphreyの見解(1978)とともに、David Premack and Guy Woodruff (1978)が提唱して大きな影響を与えた「心の理論」(1978)概念に先行する。あるいは、それと同時だった。「心の理論」の概念は、メンゼルがプレマックとペンシルバニア大学で共同研究をするようになってから数年後に発表された。「心の理論」とは、他者の心理状況を認知する能力のことを言う。

23

マクシの思い込みは間違っているので、この手の課題は「虚偽の信念」課題と言う。とはいえ、この課題は言語に大きく依存するので、被験者の言語技能が結果に影響を及ぼす。言語の果たす役割を減らせば、さらに小さい子供も他者の信念を理解していることが窺えるので、これまで考えられていたものより、もっと単純なプロセスが存在することが示唆される(Perner and Ruffman, 2005)。

24

The Economist (May 13, 2004)に掲載された、

48
Jane Goodall (1986, p. 532).

49
アカゲザルは怖がっているような姿勢をしている仲間の写真を避ける。そうした写真は、回避するように条件付けをした刺激よりも強い応答を引き起こす(Miller et al., 1959)。

50
感情的に一貫した写真(顔と体が同じ感情を示しているもの)を見せられたときの反応時間は平均で774ミリ秒だったのに対して、感情的に一貫していない写真(顔と体が相反する感情を示しているもの)を見せられたときの反応時間は840ミリ秒だった。それでも、1秒未満であることに変わりはない(Meeren et al., 2005)。

51
Beatrice de Gelder (2006)は「身体先行説」(別名「ジェイムズ＝ランゲ説」)と「感情先行説」を比較している。後者は密接に統合された2つのレベルに依存している。その2つとは、「知覚 - 行動メカニズム」と似ていなくもない、迅速で反射のようなプロセスと、もっと遅くて認知的な、状況を考慮に入れた刺激の評価だ。

52
顔は個人のアイデンティティの座だ。自分が誰を相手にしているかで同一化の仕方が決まり、それが私たちの反応を左右する。

53
この気の利いた表現も、パーキンソン病患者の例も、Jonathan Cole (2001)より。

54
Maurice Merleau-Ponty (1964, p. 146).

55
移植してもらった顔を持つ匿名の女性の言葉。"Je suis revenue sur la planète des humains. Ceux qui ont un visage, un sourire, des expressions faciales qui leur permettent de communiquer" ("La Femme aux Deux Visages," *Le Monde*, June 7, 2007).

第四章　他者の身になる

1
Adam Smith (1759, p. 317).

2
Martin Hoffman (1981, p. 133).

3
ナディア・コーツのフルネームは、ナジェージダ・ニコラエヴナ・ラドウィギナ＝コーツ。1889年生まれ、1963年死去。モスクワの国立ダーウィン博物館の設立者で館長を務めたアレクサンドル・フィオドロヴィチ・コーツの妻だった。

4
2007年にモスクワの国立ダーウィン博物館は創立100周年を祝い、コーツが先駆的な研究をしている歴史的な写真を展示した。それは、職員がかつて私に見せてくれたものだった。チンパンジーのヨニなどの霊長類を対象とする研究の写真の他に、私は彼女が大型のオウムから何かを受け取っている写真と、コンゴウインコに向けて、3つのカップのどれかを選ぶようにトレイに載せて差し出している写真があった。彼女の実験は見るからに近代的で、彼女はしばしば笑みを浮かべているので、きっと研究が楽しかったのだろう。彼女はヴォルフガング・ケーラーと同時期に、類人猿の道具使用の実験をした。視覚認知の研究で今でも一般的に使われている、見本合わせの手法を発見したのは彼女かもしれない。コーツの著書(全部で7冊)のうち、唯一英語に翻訳されたのは、*Infant Chimpanzee and Human Child* (2002) で、原書は1935年にロシア語で出版された。

5
Ladygina-Kohts (1935, p. 121).

6
Lauren Wispé (1991, p. 68).

7
話によると、リンカーンはぬかるみにはまって動けなくなり悲鳴を上げているブタを助けるために馬車を止め、きれいなズボンが汚れるのもかまわず、引っ張り出してやったそうだ。『エイブ・リンカーンと泥だらけのブタ』(Krensky, 2002) という題の児童書さえある。

8
人間の同情の抑制に関するものとして有名になったこの実験は、John Darley and Daniel Batson (1973)が行なった。

9
慰めの行動は、類人猿ではごく普通に見られ(de Waal and van Roosmalen, 1979)、量的な詳細を示す研究は、現在少なくとも12ある。最近、Orlaith Fraser and co-workers (2008)は、慰めにはそれを受けた者のストレスを軽減する効果があることを立

とっては、最期を看取ってくれる大切な存在となった」(p. 329)

37

自己防衛的な利他主義は、他者が陥った状態が引き起こすネガティブな刺激を減らそうとするかぎりにおいて、共感に基づいている。ここで私は利他主義という言葉を生物学的な意味で使っている。つまり、自らの利益を犠牲にして他者に利益をもたらす行動ということだ。そのような行動が他者に与える影響を意図したものであるかどうかは問題ではない(第2章)。

38

Robert Miller (1967, p. 131)からの引用。

39

動物研究の倫理は、果てしない、しばしば苛烈な議論の対象となる。私自身の研究は、急を要する医学的問題の解決を目指してはいないので、対象を傷つけるような手順を正当化する理由はないに等しいと感じている。私は次の2つの大まかな原則を適用することにしている。1)単独で飼っているのではなく、集団生活をしている霊長類しか使わない。2)比較的ストレスのない手順(人間の志願者に適用するのが憚られない手順)を採用する。

40

アカゲザルを使ったこのプロジェクトは、Filippo Aureli and co-workers (1999)の指揮のもとで行なわれ、発表された。Claudia Wascher and co-workers (2008)はガチョウの心拍を研究し、送信機を埋め込んだガチョウが、つがいのもう一方が他のガチョウたちと揉め事を起こしているのを目にしただけで、情動的に刺激されることを突き止め、鳥の間でも情動伝染が起きることを示唆した。

41

特筆すべき例外としては、心理学者のWilliam McDougall (1908, p. 93)が挙げられる。彼は群居性の動物に共感を認め、洞察力ある見解を提供している。共感は「どの動物社会でも、その社会を1つにまとめ、すべての構成員の行動を調和させ、彼らが社会的生活の最高の恩恵に浴すのを許している」。

42

共感は神経系の属性に依存している。神経系は、1)他者の情動と行動を知覚するとすぐに、自分自身の情動と行動のための神経基盤を活性化し、2)自分自身の中で活性化したこれらの状態を使い、他者にアクセスし、他者を理解する。この考え方は、「*innere Nachahmung*(内なる模倣)」についての Lipps (1903)の記述にまでさかのぼる。ステファニと私は、これを共感の「知覚-行動メカニズム」として系統的に記述し直した(Preston and de Waal, 2002)。人間は他者の状況を想像しているだけのときでさえ、これらの神経基盤を自動的に活性化する。だから、他者の立場に立つように言われたときの被験者の脳の活動は、自分自身がかかわる同じような状況を想起しているときによく似ている(Preston et al., 2007)。

43

アルバム*Meddle* (1971)に収められた「Echoes」より。バンドのメンバー、ロジャー・ウォーターズは、インタビューでこう述べている。「[この曲の]歌詞は、通りを過ぎていく見知らぬ人たちについてのものだ。このテーマは、これまでに何度も使ってきた。他人の中に自分を見出し、共感と人類とのつながりを覚えるという発想だ」(*USA Today*, August 6, 1999)

44

ヴィラヤヌル・ラマチャンドランはこう述べている。「ミラーニューロンは、DNAが生物学に対してしたのと同じことを心理学にすると私は予測している。このニューロンは、すべてを統一する枠組みを提供し、これまで謎めいていて実験しようのなかった多くの心的能力の説明を助けてくれるだろう」(http://www.Edge.org, June 1, 2000)。だが、ミラーニューロンがどうやって模倣や共感を生み出すのか、厳密なところはいまだにまったく解明されていない。とはいえ、Vittorio Gallese and co-workers (2004)とMarco Iacoboni (2005)を参照してほしい。今や、ミラーニューロンは鳥でも見つかっているので、知覚-行動メカニズムは、哺乳類と鳥類の共通の祖先である太古の爬虫類にまでさかのぼるのだろう(Prather et al., 2008)。

45

Preston and de Waal (2002)に対する批評。

46

前述のサルの実験でも、親密さが共感的な応答を強めた(Miller at al., 1959; Masserman et al., 1964)。

47

自分の所属集団のメンバーに共感しやすい傾向についてはStefan Stürmer and co-workers (2005)を参照のこと。

似が他者の目標や手法や報酬を実際に理解する必要性を伴わないということだ。無意識に運動を模倣すると、認知的な評価を迂回し、お手本役との身体的親密さに基づく迅速な学習ができる（Bonding- and Identification-based Observational Learning, or BIOL; de Waal, 2001を参照のこと）。

23

Katy Payne（1998, p. 63）in *Silent Thunder*.

24

Andrew Meltzoff and Keith Moore（1995）による記述。マカクも自分が模倣されていると気づく（Paukner et al., 2005）し、類人猿は人間の子供と同様、相手が模倣するかどうか試してみさえする（Haun and Call, 2008）。

25

オランダのレストランの請求書にはサービス料が含まれているので、チップの額は少ない。それでも、研究者に注文を復唱するように指示されたウェイトレスのほうが多くもらえる（van Baaren et al., 2003）。

26

実際、人間の物真似の傾向は「カメレオン効果」と呼ばれる（Chartrand and Bargh, 1999）。

27

Joe Marshall and Jito Sugardjito（1986, p. 155）.

28

Thomas Geissmann and Mathias Orgeldinger（2000）.この引用は、*Spiegel Online*（February 6, 2006）より。同盟を結んだオスのバンドウイルカのペアも、同じように声を揃えるようになる。ペアの絆が強いほど、声が似てくる（Wells, 2003）。

29

もともとの用語は、さらに前のドイツの心理学者ローベルト・フィッシャーに由来する。リップスの言い回しでは、「Einfühlung」のおかげで私たちはもう1つの自己（*das andere Ich*）、あるいは他者の自己（*das fremde Ich*）についての知識が得られる、となる。Schloßberger（2005）とGallese（2005）も参照のこと。ドイツ語には、「他者に感情移入する」「他者とともに感じる」「他者とともに苦しむ」など、この用語のバリエーションが豊富で、それぞれのプロセスが一単語で示される。その反対語も同様で、たとえば、「Schadenfreude」は、直訳すれば「痛み-喜び」で、他者の痛みから喜びを得ることを意味する。

30

Ulf Dimberg and co-workers（2000）. Stephanie Preston and Brent Stansfield（2008）による最近の研究では、顔に関する情報の漏入は、概念的な意味のレベルでの情報に対してさえ起きることがわかった。

31

「情動伝染」とは、「自動的に模倣し、表情や発声、姿勢、動きを、他者のそれと同調させ、その結果、情動的に同一化する傾向」のこと（Hatfield et al., 1994, p. 5）。

32

泣くのが伝染することに関する研究によると、男の赤ん坊よりも女の赤ん坊のほうが反応が顕著だという。他のさまざまな音声について調べた研究もある。人間の赤ん坊は、自分の泣き声の録音や、他の年長の子供の泣き声や、チンパンジーの悲鳴や、コンピューターで合成した泣き声よりも、他の赤ん坊の生の泣き声に、いちばん強く反応する（Sagi and Hoffman, 1976; Martin and Clark, 1982）。

33

Tom Stoppard（2002）の戯曲*The Coast of Utopia*［『ユートピアの岸へ』］より。

34

Joseph Lucke and Daniel Batson（1980）は、ラットは自分がショックを与えている仲間についてほんとうに心配しているかどうかを調べ、心配していないと結論した。だが、これはもちろん、ラットが他者の苦しみに情動的影響を受けうることを否定するものではない。

35

National Public Radio（July 5, 2006）でJeffrey Mogilが示した見解。同情するマウスの研究は、Dale Langford et al.（2006）によって発表された。

36

老人病専門医のDavid Dosa（2007）は"A Day in the Life of Oscar the Cat"を発表し、こう述べている。「彼がベッド脇にいるだけで、医師も介護スタッフも患者の死期が迫っていることがほぼ確実にわかる。おかげで、スタッフは手抜かりなく家族に連絡できる。オスカーは、孤独な死を迎えていただろう人にお、対応問題は解決しない。なぜなら、対応が成立するためには、他者の体のどの部位が自分の体のどの部位に対応するかを、あらかじめ知っていなければならないからだ。

12

Louis Herman (2002) はイルカの模倣を、Bruce Moore (1992)はヨウム（訳注　アフリカ西海岸に棲息する大型のインコ）の模倣を、それぞれ記述している。ヨウムは声を真似るばかりか、体の動きまで真似た。ムーアがやって見せたとおりに、足や翼を振って別れの挨拶をしながら、「チャオ」と言ったり、舌を突き出しながら、「僕の舌を見て」と言ったりした。こうしてこの鳥は、まったく異なる種との対応問題を解決した。

13

ジョージ・W・ブッシュの「私を見て、気取った歩き方をすると言う人もいるが、テキサスではこれが普通の歩き方だ」という言葉を引用した、ホワイトハウスの新聞発表(September 2, 2004)。

14

Emotional Contagion by Elaine Hatfield, John Cacioppo, and Richard Rapson (1994, p. 83)による引用。この本は、模倣と情動の伝染の素晴らしい概観を提供してくれる。私が取り上げた人間の例のいくつかも、ここから引かせてもらった。

15

Anne Russon (1996)は、サンクチュアリのオランウータンが飼育係を真似てハンモックを吊ったり、食器を洗ったりする様子を記している。オランウータンは、ドラム缶からガソリンをポンプで吸い出すといった、望ましくない(つまり、報酬の得られない)活動も真似る。

16

類人猿は昔から、人間の子供と不公平な比較をされてきた。一例を挙げると、実験中、類人猿だけが種の壁を乗り越えることを求められる(たとえばTomasello, 1999; Povinelli, 2000; Hermann et al., 2007)。もういいかげん、類人猿対類人猿という実験手法に移行すべきだ。そのほうが生態学上、妥当性が高いし、このパラダイムでは、近年、画期的な進展が見られる(de Waal, 2001; Boesch, 2007; de Waal et al., 2008)。

17

行為がなされているところを見て、その行為を覚える、というのが模倣の伝統的な定義だ(Thorndike, 1898)。この定義には、模倣の一般的な意味(本文で紹介した、「私の指が引っかかった」という動作もその一例)も含まれるが、もっと限定的な定義のほうが、人気を集めている。それによれば、いわゆる「真の」模倣は、他者がある目標を達成するために使うテクニックを真似するだけでなく、その目標を認識することも含んでいる(Whiten and Ham, 1992)。だが、私は従来の、幅の広い定義のほうが好きで、それはたんに私が、あらゆる種類の模倣は進化の上でも神経学上もひと続きになっていると思っているからだ。

18

セント・アンドルーズ大学の心理学と霊長類学の教授であるホワイトゥンは、類人猿の模倣を試験するために「二動作」パラダイムを開発した。彼はアトランタにある私たちのリヴィング・リンクス・センターと提携し、集団生活をするチンパンジーたちに、このパラダイムを使った。結果は、類人猿は模倣ができることを強く支持しており（たとえばBonnie et al., 2006; Horner and Whiten, 2007; Horner et al., 2006; Whiten et al., 2005)、動物の「文化」について現在進んでいる議論にもかかわってくる（たとえばde Waal, 2001; McGrew, 2004; Whiten, 2005)。

19

まだ年少で比較的小さなチンパンジーでさえ、成人男性数人を束にしたよりも筋力が強い。大人のチンパンジーは、素手の人間ではまったく手に負えず、人間を殺す場合があることが知られている。

20

レディア・ホッパーは、透明な釣り糸で操作する「ゴーストボックス」で225回、食べ物を出して見せてから、糸を外して「ゴーストボックス」をチンパンジーたちに与えたが、彼らは途方に暮れてしまった(Hopper et al., 2007)。

21

心的プロセスが「体を通して」進むというのは、脳における体の神経的表象と、それに関連する固有受容性の感覚を通して進むということを、簡単に言い表したものだ。ここで示した例は、知覚にまつわるもの(Proffitt, 2006)とピアニストの自己認知にまつわるもの(Repp and Knoblich, 2004)。

22

Sarah Marshall-Pescini and Andrew Whiten (2008)によるビデオ。私は「模倣への近道」という言葉を使う。これが意味するのは、すべての模倣や真

の2つの間の緊張関係に焦点を合わせている。

第三章　体に語る体

1

Thomas Hobbes (*Leviathan*, 1651, p. 43)［『リヴァイアサン（国家論）』水田洋・田中浩訳、河出書房新社、2005、他］にはこうある。「突然訪れる得意な気分は、『笑い』と呼ばれる顔の歪みを生み出す情念であり、それは、満足のいく行為を思いがけず自ら行なったり、あるいは、他者の中に何か見苦しいものを認め、それと比較して自分自身を突然ほめそやしたりした結果、生じる」。これに似た見解は、Richard Alexander (1986)も表明している。

2

Robert Provineの*Laughter: A Scientific Investigation*（2000）では、ニューギニアの高地の人肉を食べる人々の間で見つかった、クールーという変性疾患が説明されている。過剰な笑いが特徴（自分がつまずいたり転んだりしたときにも笑う）だが、この病気にかかると、必ず死に至る。

3

マリーナ・ダヴィラ・ロスは、オランウータンのビデオをひとこまずつ分析し、不随意の表情の模倣を発見した。1匹が「プレイ・フェイス」を見せると、くすぐったり、取っ組み合ったり、飛び跳ねたりしなくても、相手のオランウータンは一瞬のうちに同じ表情を浮かべるのだった（Davila Ross et al., 2007）。

4

Oliver Walusinski and Bertrand Deputte（2004）より。チャールズ・ダーウィンも、普遍的な反射行動として、あくびについてすでに述べている。「犬や馬や人間があくびをするのを目にすると、あらゆる動物が同一の体制に基づいて作られていることを思い知らされる」（Darwin's Notebook M, 1838）。私たちのチンパンジー研究は、マシュー・キャンベルとデヴィン・カーターによって行なわれている。だが、他の形態の基本的情動と同様、あくびの伝染は霊長類に限られていない。人間があくびをすると犬もあくびをする（Joly-Mascheroni et al., 2008）。

5

厳密に言えば、私たちはあくびを模倣してはいない。なぜなら、あくびは不随意の反射行動だからだ。私たちに言えるのは、ある人のあくびが別の人のあくびを誘発するということだ。Steve Platekは、あるインタビューで、こう述べている。「共感的であればあるほど、あくびをしている人と同一化してあくびしやすくなる」（Rebecca Skloot, *New York Times*, December 11, 2005）。

6

この出来事は、2007年4月、オランダのエメン動物園で起きた。「集団ヒステリー」はサンフランシスコ動物園でも起きている。新入りのペンギン6羽がコロニーに奇妙な習慣を導入し、群れ全体が何週間にもわたって輪を描いて泳ぎ続けた。毎朝泳ぎ始めると、夕暮れどきになってようやく、くたくたの状態で水から上がることを繰り返した。「もう完全にお手上げだった」とペンギンの飼育係はこぼしている（Associated Press, January 16, 2003）。

7

この壮観な馬の救出劇は、インターネットで音楽付きで見ることができる（http://www.youtube.com/watch?v=i6vSvOw-4U4）。

8

視力を失ったあと、イゾベルはいったんチームから外されたが、餌を食べなくなったので、また戻された（*Canadian Press*, November 19, 2007）。イゾベルの話からは、「年老いて、すっかり目が見えないのに、丸々と肥えたペリカン」についてのダーウィンの話（1871, p. 77）が思い出される。ダーウィンは、他のペリカンたちが餌をやっていたのではないかと推測しているが、私はこのペリカンがイゾベルのように、聴覚と、緊密なことで有名なペリカンの編隊の中の空気の流れを頼りに、他のペリカンたちに伴われて餌場に行っていたのではないだろうかと思う。目の見えない鳥がどうやって魚を捕まえるのか、という疑問は残るが。

9

Jane Goodall (1990, p. 116).

10

11歳になる自閉症スペクトラム障害の子供たちは、同年齢の他の子供たちと同じぐらいあくびをするが、ビデオに撮ったあくびを見ても、あくびの回数は増えない。一方、普通に成長している子供は、あくびの回数が大幅に増える（Senju et al., 2007）。

11

口の動きの模倣や表情の模倣にミラーニューロンが何らかの役割を果たしている可能性があるのは明らかだ（たとえばFerrari et al., 2003）が、それでもな区別は、進化論の概念のなかでもとりわけ難解とされており、最も頻繁にないがしろにされている概念であることは間違いない。生物学者はしばしば直接的レベルを無視して本源的レベルに集中するのに対して、心理学者はその逆だ。私は心理学に関心を持つ生物学者だから、進化の枠組みによって導かれ、(情動や動機や認知に注目しながら)直接的レベルの視点を追求する。「動機の独立性」の背後には、ある行動の裏にある動機は、その存在を本源的な理由によって束縛されていないという考え方がある。たとえ、自分の利益を図るという理由で、ある行動が進化したとしても、その理由は行動主の動機の一部である必要はない。クモが巣を張る間、虫を捕ることに没頭している必要がないのと同じことだ。

21

リチャード・ドーキンスは自分のテレビのドキュメンタリー番組でこの問題に取り組み、「不発に終わった利己的な遺伝子」という言葉を口にした。人間の親切心は、それがもともと進化する目的だったものよりはるかに広い範囲の状況で使われていると言いたかったのだ。これもまた、親切心が「動機の独立性」を享受していることを言い換えたにすぎない。Matt Ridley (1996, p. 249)が*The Origins of Virtue*[『徳の起源——他人をおもいやる遺伝子』岸由二監修、古川奈々子訳、翔泳社、2000]で述べているように、「私たちの心は利己的な遺伝子によって作られたが、社会的で、信頼できて、協力的になるように作られている」

22

動物が大きな犠牲を伴う利他的行為をしたという証拠は、事例的なものが多いが、人間の場合にしても同じだ。ときおりメディアで報じられる話で我慢するしかない。以下に典型的な例を3つ挙げておく。

・50歳の建設労働者ウェズリ・オートリは近づいてくるニューヨークの地下鉄の前に落ちた男性を救出した。安全な場所まで引っ張っていく暇がなかったので、オートリ氏はレールの間に飛び下り、男性を押し倒して覆いかぶさった。その上を車両が5両通過した。のちに、彼は自分の勇気ある行動について、控えめにこう語った。「目を見張るようなことをしたとは思っていない」(*New York Times*, January 3, 2007)。

・カリフォルニア州ローズヴィルで、ジェットという名の黒いラブラドール・レトリーバーが、ガラガラヘビに襲われそうになっていた、仲良しのケヴィン・ハスケル君(6歳)の前に飛び出し、身代わりとなって毒牙に噛まれた。ケヴィン君の家族はペットのジェットを救うために、4000ドルをかけて輸血と獣医による治療を受けさせた(KCRA, April 6, 2004)。犬が大きな代償を払って利他的行為を見せた例は他にもある。交通量の多いチリの幹線道路で、ある犬がけがした仲間を引きずって救出する驚くべき映像が、http://www.youtube.com/watch?v=DgjyhKN_35gで見られる。

・ニュージーランドのノースアイランド沖で泳いでいたロブ・ハウズら4人は、イルカに導かれ、守ってもらった。イルカたちは4人のすぐ周りを泳ぎ回り、いっしょになって彼らを追い立てた。ハウズが抜け出そうとすると、イルカのうちでも大きな2頭によって戻るように誘導された。まさにそのとき、彼は3メートル近いホホジロザメが近づいてくるのを見つけた。イルカたちは40分にわたってそのまま4人の周りを取り巻き続けてから、ようやく解放した(New Zealand Press Association, November 22, 2004)。

23

Michael Ghiselin (1974, p. 247).

24

Robert Wright (1994, p. 344).

25

Monty Python's Flying Circus 1972の"The Merchant Banker"の寸劇。

26

アーネムの動物園での政治劇に関する拙著は、権力と攻撃性に焦点を合わせ、ニッコロ・マキアヴェリの著述との類似点を示している。とはいえ、有利な立場に立とうと手を尽くす状況でも、チンパンジーたちは社会的関係を維持し、喧嘩のあとに仲直りし、苦しんだり悲しんだりしている仲間を安心させてやりたいという強い欲求を持っていることに私は気づいた。そして、共感と協力について考えるようになった。争いの管理に失敗したときに動物たちがはまりかねない底知れぬ深みの存在を、ラウトの死は教えてくれた。

27

どの人間社会も、次の3つの極の間で独自の均衡を達成する必要がある。1)資源を巡る競争、2)社会的団結と連帯意識、3)持続可能な環境だ。3つの極の間にはすべて緊張関係があるが、本書はもっぱら最初論と誤って同一視する。だが、社会ダーウィン主義に異を唱える人たちもまた、ろくに考えもせずに進化論を非難する。この混乱状態は、今日でも相変わらずで、アメリカの俳優ベン・スタインによる次のような発言によく表れている。「帝国主義とでも混ざったのだろうか、ダーウィン主義から社会ダーウィン主義が生まれた。これは一種の人種差別で、あまりに悪辣であるために、進化のプロセスを促進するという名目で、ユダヤ人の大虐殺など、多くの集団の大量殺戮を容認した」(http://www.expelledthemovie.com, October 31, 2007)。

8
特定の性格型を持った人が自主選択によって形成するアメリカ国民については、Peter Whybrowの*American Mania* (2005)を参照のこと。

9
Alexis de Tocqueville (*Democracy in America*, 1835, p. 284) [『アメリカのデモクラシー』松本礼二訳、岩波書店、2005、他]

10
Randの*Atlas Shrugged* (1957, p. 1059) [『肩をすくめるアトラス』脇坂あゆみ訳、ビジネス社、2004]のいかにも特徴的な一節で、この小説の主人公のジョン・ゴールトは、次のように主張する。「自分の幸福の達成が人生で唯一の道徳的目的であり、幸福……は自分の道徳的高潔さの証だ。なぜなら幸福は、自分の価値観を達成することに忠実であることの証であり、また、結果だからだ」

11
Jessica Flack and co-workers (2005).

12
60歳になるスティーヴ・スクヴァラのように医療保険を失ったり、医療費が払えなくなって破産したりしたアメリカ人は過去10年間で何百万人にものぼる。スクヴァラは、アメリカ労働総同盟産業別労働組合会議がイリノイ州シカゴで開催した大統領選立候補者フォーラム(August 7, 2007)で投げかけた、真情を訴える質問でたちまち時の人となった。

13
アメリカ人1人当たりの医療費は、他のどの国よりも多いにもかかわらず、その見返りは少ない。アメリカの医療は、全体的な質の点で世界第37位で(World Health Organization: 2007)、最も重要な健康指標である平均余命では42位だ(National Center for Health Statistics: 2004)。Sharon Begleyの"The Myth of 'Best in the World'" (*Newsweek*, March 31, 2008)も参照のこと。

14
Capitalism and Freedom, 1962, p. 133[『資本主義と自由』村井章子訳、日経BP社、2008、他]より。

15
Business First of Columbus (March 29, 2002)でのMichael Millerの記述より。

16
Smartest Guys in the Room (2003)でのBethany McLean and Peter Elkindの記述より。

17
哲学者のMary Midgley (1979)は辛辣で、ドーキンスが利己的な遺伝子という自身のメタファーに対して発した警告を、マフィアの祈りになぞらえている。私は自著(de Waal, 1996)で、利己的な遺伝子のメタファーを過剰に当てはめることに異議を唱えている。たとえば、ドーキンスは次のような主張をしている。「寛大さと利他主義を教えるように試みよう。なぜなら、私たちは生まれつき利己的だから」。この主張は、遺伝子の利己性と、心理的な利己性が等しいとしている。*The Selfish Gene*刊行30周年版(2006, p. ix)[『利己的な遺伝子』増補新装版、日高敏隆他訳、紀伊國屋書店、2006]からは、この部分が取り下げられていたので、嬉しかった。

18
ソニー・パデュー知事は、2007年11月13日にアトランタで祈禱集会を開いた。

19
私たちはともに動物行動学者、つまり、動物の行動研究に熟達した動物学者だ。そのうえドーキンスは、オランダの動物行動学の父で1947年にオックスフォードに移ったニコ・ティンバーゲンのもとで学んでいる。ティンバーゲンは、オランダの私の恩師たちが薫陶を受けたのと同じ学問の伝統の継承者だ。

20
生物学者は、1)何百万年もの間に特定の種で特定の行動が進化した理由と、2)今日、その種の個体がどのようにその行動をとるかを区別する(「動機の独立性」)。前者はその行動が存在する本源的理由、後者はそれを生み出す直接的プロセスと呼ばれる(Mayr, 1961; Tinbergen, 1963)。直接的／本源的という

種が、全体でおよそ2000個体まで減り、絶滅しかけ、そこから盛り返したことが窺える(Behar et al., 2008)。イスラエルのハイファの遺伝学者ドロン・ベハールによれば、「私たちの種の歴史の半分ほどの間、初期の人類は小さな集団を形成しながら互いに孤立して生きていた」という(http://www.Breitbart.com, April 25, 2008)。

15

Douglas Fry (2006)は、戦争を政治的統一体どうしの武力闘争と定義し、戦争に関する人類学の文献を検討し、ウィンストン・チャーチルらの「戦争の仮定」に異議を唱えている。殺人の考古学的証拠はたっぷりある(し、ブッシュマンのような、今日の狩猟採集民の間でも殺人はよく起きる)のに対して、戦争の確固たる証拠は、1万5000年前までさかのぼるのがせいぜいだ。John Horganの"Has Science Found a Way to End All Wars?" (*Discover*, March, 2008)も参照のこと。

16

ボノボとチンパンジーは霊長類のうちでも私たちに最も近い。両者と人間は、500万~600万年前に共通の祖先から分かれたと推定される。「セックスをしよう、戦争ではなく」をモットーとする霊長類としても知られているボノボは、平和を格別好むという定評がある(de Waal, 1997)。縄張りの境界での性的「交わり」を最初に観察したのは、加納隆至が率いる日本の科学者たちだ。加納はコンゴ民主共和国でのフィールドワークに打ち込んだ(Kano, 1992)。飼育下にあるボノボの間でも、野生のボノボの間でも、相手の命を奪うような攻撃は、1度として観察されたことがないのに対して、チンパンジーの間では、そのような攻撃が何十件も記録されている(たとえばde Waal, 1986; Wrangham and Peterson, 1996)。最近、ボノボがサルを捕らえて殺すところが観察され、このイメージに反するものとして解釈されたが、捕食は攻撃とは異なる。捕食は攻撃性ではなく飢えが動機で、脳の異なる回路に依存している。草食動物が強い攻撃性を示すことがある理由も、これで説明がつく。さらに詳しくはde Waalの"Bonobos, Left & Right" in *eSkeptic* (August 8, 2007)を参照のこと。

17

Polly Wiessner (私信)。共同体間の結び付きによって原始的な戦争が制限されていることについて、さらに詳しくはLars Rodseth and co-workers (1991)とWiessner (2001)を参照のこと。

18

Elizabeth Marshall Thomas (2006, p. 213).

第二章　もう一つのダーウィン主義

1

チャールズ・ダーウィンは、ナポレオン3世のサヴォア獲得を取り上げた、「自然の法則に擁護された国家と個人による強奪」と題する『マンチェスター・ガーディアン』紙の解説について、著名な地質学者に宛てた手紙で苦情を述べている(Letter #2782, May 4, 1860, http://www.darwinproject.ac.uk)。

2

カリフォルニア州シミバレーのロナルド・レーガン大統領図書館で行なわれた、共和党大統領選立候補者の討論会(May 3, 2007)。

3

Herbert Spencer (1864, p. 414).

4

Andrew Carnegie (1889)はこう述べた。「この法則は個人にとってはつらいこともあるかもしれないが、人類にとっては最善だ。なぜなら、あらゆる領域で適者生存を確実にするからだ」

5

Richard Hofstadterの*Social Darwinism in American Thought* (1944, p. 45) [『アメリカの社会進化思想』後藤昭次訳、研究社出版、1973]での引用。

6

アメリカ社会での思いやり(あるいはその不足)の問題については、Candace Clarkの*Misery and Company* (1997)を参照のこと。アメリカ国民の約三分の一が、富める者は貧しい者に負うものは何もないと信じている(Pew Research Center, 2004)。だが、聖書は明快そのもので、「弱い者の砦、苦難に遭う貧しい者の砦、豪雨を逃れる避け所、暑さを避ける陰」(「イザヤ書」第25章4節)[日本聖書協会『聖書』新共同訳]となるように、私たちを強く促す。幸い、多くの宗教団体は社会ダーウィン主義の価値観よりも、聖書に謳われている価値観にもっと忠実で、スラム街で無料食堂を運営したり、自然災害の犠牲者に大がかりな援助をしたりする。

7

社会ダーウィン主義者は、自らのイデオロギーを進化

注

はじめに

1

2006年、ノースウェスタン大学の卒業式での演説。Northwestern News Service, June 22, 2006.

第一章　右も左も生物学

1

Federalist Paper No. 51 (Rossiter, 1961, p. 322)［『ザ・フェデラリスト』斎藤眞・中野勝郎訳、岩波書店、1999、他］.

2

Adam Smith, *The Theory of Moral Sentiments* (1759, p. 9)［『道徳感情論』水田洋訳、岩波書店、2003、他］.

3

2007年3月2日、ニュート・ギングリッチは保守政治行動会議での演説で次のように述べた。「ニューオーリンズであれだけ混乱を来しておきながら、連邦政府や州政府、市政府、第9地区の市民的行動の不履行の綿密な調査がなされていないとは、いったいどうしたことか？　あの地区では2万2000もの人が、あまりに教育水準が低く不用意で、ハリケーンの進路から退去することさえできなかったのだから」

4

Charles Darwin (1871, pp. 71-72).

5

この説明は*Primates and Philosophers: How Morality Evolved* (de Waal, 2006)に詳述してある。

6

動物の行動や、動物と人間の行動の関係に興味を抱いていたジョン・B・ワトソン(1878-1958)とB・F・スキナー(1904-1990)の両人は、行動主義という、絶大な影響力を持った学派を打ち立てた。

7

ワトソンの見解(当時は少しも常識外れではなかった)と、ハリー・ハーロウの人物像については、Deborah Blumの啓蒙的な*Love at Goon Park* (2002)を参照のこと。

8

「ブッシュマン」という名称は差別的に聞こえるかもしれないが、男性だけでなく女性を指すときにも使われる。Elizabeth Marshall Thomas (2006, p. 47)によれば、彼らも今は自らをそう呼んでいるそうだ。人類学者が使う「サン族」という名称はどうやら、「盗賊」を指すナマ語(訳注　ブッシュマンの使うコイサン語族の1つ)の単語に由来する軽蔑的な用語らしい。

9

今から200万年もさかのぼらない時点でさえ、ホモ・エレクトゥスは相変わらず樹上生活に対する適応力を残しており、安全のために木の上で寝ていたと思われる(Lordkipanidze et al., 2007)。

10

Kimberley Hockings and co-workers (2006)は、西アフリカで人間に囲まれて暮らしている野生のチンパンジーが道路を横切る様子を記録した。

11

「人間は生まれながらにして自由である」という言葉で有名なジャン＝ジャック・ルソーは、次のように説明している。「人間の第一の行動法則は、自分自身の身の保全であり、人間が第一に気遣うべきは自分自身だ。そして、分別がついたらただちに、人間は何が自分自身を守る最善の手段かを自分独りで決めるようになる。自分自身の主人となるのだ」(*The Social Contract*, 1762, pp. 49-50)［『社会契約論』作田啓一・原好男訳、白水社、1991、他］。ルソーは、密林の果樹の下で眠る私たちの祖先のイメージを描き出した。彼らは、お腹が満たされており、頭には何の心配もない。このような気ままなあり方がどれほどの幻想であるか、ルソーには思いもよらなかったかもしれない。彼は住み込みのメイドとの間に5人の子をもうけたが、1人残らず孤児院送りにした。

12

Winston Churchill (1932).

13

イスラエルの考古学者Ofer Bar-Yosef (1986)はエリコの壁を研究し、この町には敵がいたという話はまったく知られていないこと、積み重なったゴミや瓦礫のせいで壁は乗り越えられるようになっていたこと(もし軍事的な役割を果たしていたとしたら、そういう事態は避けなければならなかったはずだ)、エリコは川の流域に接する傾斜した平地にあったのでおそらく大規模な泥流の被害を受けやすかったことを挙げている。

14

ミトコンドリアのDNAを調べると、かつて私たちの

筑摩書房、2004]
- Hoffman, M. L. (1981). Perspectives on the difference between understanding people and understanding things: The role of affect. In *Social Cognitive Development*, J. H. Flavell and L. Ross (Eds.), pp. 67 - 81. Cambridge, UK: Cambridge University Press.
- Jaffee, S., and Hyde, J. S. (2000). Gender differences in moral orientation: A meta-analysis. *Psychological Bulletin* 126, pp. 703 - 726.
- Kagan, J. (2004). The uniquely human in human nature. *Daedalus* 133 (4), pp. 77 - 88.
- Kant, I. (1784). Idee zu einer allgemeinen Geschichte in weltbürgerlicher Absicht. *Berlinische Monatsschrift*, November, pp. 385 - 411.
- McConnell, P. B. (2005). *For the Love of a Dog: Understanding Emotions in You and Your Best Friend*. New York: Ballantine.
- Mencius (1895 [orig. fourth century B.C.]). *The Works of Mencius*. Translation: J. Legge. Oxford, UK: Clarendon. [『孟子』依田喜一郎訳、嵩山房、1913]
- Montagu, A., and Matson, F. (1983). *The Dehumanization of Man*. New York: McGraw-Hill. [『「非人間化」の時代』中野収訳、ティビーエス・ブリタニカ、1986]
- Nisters, B. (1950). Tertullian: Seine Persönlichkeit und sein Schicksal. *Münsterische Beiträge zur Theologie* 25.
- Pinker, S. (2002). *The Blank Slate: The Modern Denial of Human Nature*. New York: Viking.
- Premack, D. (2007). Human and animal cognition: Continuity and discontinuity. *Proceedings of the National Academy of Sciences, USA* 104, pp. 13861 - 13867.
- Preston, S. D., and de Waal F. B. M. (2002). Empathy: Its ultimate and proximate bases. *Behavioral & Brain Sciences* 25, pp. 1 - 72.
- Ridley, M. (2001). Re-reading Darwin. *Prospect* 66, pp. 74 - 76.
- Rowlands, M. (2008). *The Philosopher and the Wolf*. London: Granta.
- Rowling, J. K. (2008). Magic for Muggles. *Greater Good* V (1), p. 40.
- Sapolsky, R. M., and Share, L. J. (1998). Darting terrestrial primates in the wild: A primer. *American Journal of Primatology* 44, pp. 155 - 167.
- Singer, T., Seymour, B., O'Doherty, J. P., Stephan, K. E., Dolan, R. J., and Frith, C. D. (2006). Empathic neural responses are modulated by the perceived fairness of others. *Nature* 439, pp. 466 - 469.
- Trotsky, L. (1922). The tasks of communist education. *Communist Review* 4 (7).
- Waite, R. (1977). *The Psychopathic God: Adolph Hitler*. New York: Basic Books.
- Wight, J. B. (2003). Teaching the ethical foundations of economics. *Chronicle of Higher Education* (Aug. 15, 2003).
- Zahn-Waxler, C., Crick, N., Shirtcliff, E. A., and Woods, K. (2006). The origins and development of psychopathology in females and males. In *Developmental Psychopathology*, 2nd ed., vol. I, D. Cicchetti and D. J. Cohen (Eds.), pp. 76 - 138. New York: John Wiley.
- Zahn-Waxler, C., Radke-Yarrow, M., Wagner, E., and Chapman, M. (1992). Development of concern for others. *Developmental Psychology* 28, pp. 126 - 36.
- Zak, P. J. (2005). The neuroeconomics of trust. Available at *Social Science Research Network*, abstract 764944.

nomic and Social Policy 10, pp. 16 - 78.

- Sanfey, A. G., Rilling, J. K., Aronson, J. A., Nystrom, L. E., and Cohen, J. D. (2003). The neural basis of economic decision-making in the ultimatum game. *Science* 300, pp. 1755 - 1758.
- Shermer, M. (2008). *The Mind of the Market*. New York: Times Books.
- Skyrms, B. (2004). *The Stag Hunt and the Evolution of Social Structure*. Cambridge, UK: Cambridge University Press.
- Smith, A. (1982 [orig. 1776]). *An Inquiry into the Nature and Causes of the Wealth of Nations*. Indianapolis, IN: Liberty Classics.[前掲『国富論』]
- Subramanian, S. V., and Kawachi, I. (2003). The association between state income inequality and worse health is not confounded by race. *International Journal of Epidemiology* 32, pp. 1022 - 1028.
- Trivers, R. (2004). Mutual benefits at all levels of life. *Science* 304, pp. 964 - 965.
- van Wolkenten, M., Brosnan, S. F., and de Waal, F. B. M. (2007). Inequity responses of monkeys modified by effort. *Proceedings of the National Academy of Sciences, USA* 104, pp. 18854 - 18859.
- Visalberghi, V., and Anderson, J. (2008). Fair game for chimpanzees. *Science* 319, pp. 283 - 284.
- Wilkinson, G. S. (1988). Reciprocal altruism in bats and other mammals. *Ethology & Sociobiology* 9, pp. 85 - 100.
- Wilkinson, R. G. (2006). The impact of inequality. *Social Research* 73, pp. 711 - 732.
- Wolfe, J. B. (1936). Effectiveness of token-rewards for chimpanzees. *Comparative Psychology Monographs* 12 (5), pp. 1 - 72.
- Zak, P. (2008). *Moral Markets*. Princeton, NJ: Princeton University Press.

第7章　歪んだ材木

- Allen, J. G., Fonagy, P., and Bateman, A. W. (2008). *Mentalizing in Clinical Practice*. Arlington, VA: American Psychiatric Publishing.
- Babiak, P., and Hare, R. D. (2006), *Snakes in Suits: When Psychopaths Go to Work*. New York: Collins.[『社内の「知的確信犯」を探し出せ』真喜志順子訳、ファーストプレス、2007]
- Baron-Cohen, S. (2003). *The Essential Difference: The Truth About the Male and Female Brain*. New York: Basic Books.[『共感する女脳、システム化する男脳』三宅真砂子訳、日本放送出版協会、2005]
- Blair, R. J. R. (1995). A cognitive developmental approach to morality: Investigating the psychopath. *Cognition* 57, pp. 1 - 29.
- Colapinto, J. (2000). *As Nature Made Him: The Boy Who Was Raised as a Girl*. New York: HarperCollins.[『ブレンダと呼ばれた少年――性が歪められた時、何が起きたのか』村井智之訳、扶桑社、2005]
- Coolidge, F. L., Davis, F. L., and Segal, D. L. (2007). Understanding madmen: A DSM-IV assessment of Adolf Hitler. *Individual Differences Research* 5, pp. 30 - 43.
- de Mandeville, B. (1966 [orig.1714]). *The Fable of the Bees: or Private Vices, Publick Benefits*, vol. 1. London: Oxford University Press.[『蜂の寓話――私悪すなわち公益』泉谷治訳、法政大学出版局、1985、他]
- de Vignemont, F., and Singer, T. (2006). The empathic brain: How, when and why? *Trends in Cognitive Sciences* 10, pp. 435 - 441.
- Eisenberg, N. (2000). Empathy and sympathy. In *Handbook of Emotion*, M. Lewis and J. M. Haviland-Jones (Eds.), pp. 677 - 691. New York: Guilford Press.
- Feingold, A. (1994). Gender differences in personality: A meta-analysis. *Psychological Bulletin* 116, pp. 429 - 456.
- Freeman, R. E. (1984). *Strategic Management: A Stakeholder Approach*. Boston: Pitman.
- Grossman, D. (1995). *On Killing: The Psychological Cost of Learning to Kill in War and Society*. New York: Back Bay Books.[『戦争における「人殺し」の心理学』安原和見訳、

negatively impacts cardiac health in rabbits. *PLoS ONE* 3(11): e3705. doi:10.1371/journal.pone. 0003705.

- Henrich, J., Boyd, R., Bowles, S., Camerer, C., Gintis, H., McElreath, R., and Fehr, E. (2001). In search of *Homo economicus*: Experiments in 15 smallscale societies. *American Economic Review* 91, pp. 73 - 79.
- Henzi, S. P. and Barrett, L. (2002). Infants as a commodity in a baboon market. *Animal Behaviour* 63, pp. 915 - 921.
- Hobbes, T. (2004 [orig. 1651]). *De Cive*. Whitefish, MT: Kessinger. [『市民論』本田裕志訳、京都大学学術出版会、2008]
- Hockings, K. J., et al. (2007). Chimpanzees share forbidden fruit. *PLoS ONE* 9: e886.
- Jensen, K., Call, J., and Tomasello, M. (2007). Chimpanzees are rational maximizers in an Ultimatum Game. *Science* 318, pp. 107 - 109.
- Kahneman, D., Knetsch, J., and Thaler, R. (1986). Fairness and the assumptions of economics. *Journal of Business* 59, pp. 285 - 300.
- Knutson, B., Wimmer, G. E., Kuhnen, C. M., and Winkielman, P. (2008). Nucleus accumbens activation mediates the influence of reward cues on financial risk taking. *NeuroReport* 19, pp. 509 - 513.
- Koyama, N. F., Caws, C., and Aureli, F. (2006). Interchange of grooming and agonistic support in chimpanzees. *International Journal of Primatology* 27, pp. 1293 - 1309.
- Kropotkin, P. (1906). *The Conquest of Bread*. New York: Putnam. [『クロポトキンII』所収「パンの略取」長谷川進訳、三一書房、1970他]
- Kummer, H. (1991). Evolutionary transformations of possessive behavior. *Journal of Social Behavior and Personality* 6, pp. 75 - 83.
- Langergraber, K. E., Mitani, J. C., and Vigilant, L. (2007). The limited impact of kinship on cooperation in wild chimpanzees. *Proceedings of the National Academy of Sciences, USA* 104, pp. 7786 - 7790.
- Neiworth, J. J., Johnson, E. T., Whillock, K., Greenberg, J., and Brown, V. (2009). Is a sense of inequity an ancestral primate trait? Testing social inequity in cotton top tamarins (*Saguinus oedipus*). *Journal of Comparative Psychology* 123, pp. 10 - 17.
- Némirovsky, I. (2006). *Suite Française*. New York: Knopf.
- Nishida, T., Hasegawa, T., Hayaki, H., Takahata, Y., and Uehara, S. (1992). Meat-sharing as a coalition strategy by an alpha male chimpanzee? In *Topics of Primatology*, T. Nishida (Ed.), pp. 159 - 174. Tokyo: Tokyo Press.
- Noë, R., and Hammerstein, P. (1994). Biological markets: Supply and demand determine the effect of partner choice in cooperation, mutualism and mating. *Behavioral Ecology & Sociobiology* 35, pp. 1 - 11.
- Pepperberg, I. M. (2008). *Alex & Me*. New York: Collins.
- Perry, S. (2008). *Manipulative Monkeys: The Capuchins of Lomas Barbudal*. Cambridge, MA: Harvard University Press.
- Perry, S., and Rose, L. (1994). Begging and transfer of coati meat by whitefaced capuchin monkeys, *Cebus capucinus*. *Primates* 35, pp. 409 - 415.
- Perry, S., et al. (2003). Social conventions in wild white-faced capuchin monkeys: Evidence for traditions in a neotropical primate. *Current Anthropology* 44: pp. 241 - 268.
- Range, F., Horn, L., Viranyi, Z., and Huber, L. (2009). The absence of reward induces inequity aversion in dogs. *Proceedings of the National Academy of Sciences, USA* 106, pp. 340 - 345.
- Rose, L. (1997). Vertebrate predation and food-sharing in Cebus and Pan. *International Journal of Primatology* 18, pp. 727 - 765.
- Rosenau, P. V. (2006). Is economic theory wrong about human nature? *Journal of Eco-*

Personality and Social Psychology, T. Millon and M. J. Lerner (Eds.), pp. 447 - 461. New York: John Wiley.

●Csányi (2005). *If Dogs Could Talk: Exploring the Canine Mind*. New York: North Point.

●Dana, J. D., Kuang, J., and Weber, R. A. (2004). Exploiting moral wriggle room: Behavior inconsistent with a preference for fair outcomes. Available at *Social Science Research Network*, abstract 400900.

●de Waal, F. B. M. (2007 [orig. 1982]). *Chimpanzee Politics: Power and Sex among Apes*. Baltimore: Johns Hopkins University Press.［前掲『チンパンジーの政治学』］

●de Waal, F. B. M. (1989). Food sharing and reciprocal obligations in chimpanzees. *Journal of Human* Evolution 18, pp. 433 - 459.

●de Waal, F. B. M. (1996). *Good Natured: The Origins of Right and Wrong in Humans and Other Animals*. Cambridge, MA: Harvard University Press.［前掲『利己的なサル、他人を思いやるサル』］

●de Waal, F. B. M. (1997). *Bonobo: The Forgotten Ape, with photographs by Frans Lanting*. Berkeley: University of California Press.［前掲『ヒトに最も近い類人猿ボノボ』］

●de Waal, F. B. M. (1997). The chimpanzee's service economy: Food for grooming. *Evolution of Human Behavior* 18, pp. 375 - 86.

●de Waal, F. B. M. (2000). Attitudinal reciprocity in food sharing among brown capuchins. *Animal Behaviour* 60, pp. 253 - 261.

●de Waal, F. B. M., and Berger, M. L. (2000). Payment for labour in monkeys. *Nature* 404, p. 563.

●de Waal, F. B. M., Leimgruber, K., and Greenberg, A. R. (2008). Giving is self-rewarding for monkeys. *Proceedings of the National Academy of Sciences, USA* 105, pp. 13685 - 13689.

●de Waal, F. B. M., and Luttrell, L. M. (1988). Mechanisms of social reciprocity in three primate species: Symmetrical relationship characteristics or cognition? *Ethology & Sociobiology* 9, pp. 101 - 118.

●Fehr, E., and Fischbacher, U. (2003), The nature of altruism. *Nature* 425, pp. 785 - 791.

●Fehr, E., and Schmidt, K. M. (1999). A theory of fairness, competition, and cooperation. *Quarterly Journal of Economics* 114, pp. 817 - 868.

●Fletcher, G. E. (2008). Attending to the outcome of others: Disadvantageous inequity aversion in male capuchin monkeys. *American Journal of Primatology* 70, pp. 901 - 905.

●Frank, R. H. (1988). *Passions Within Reason*. New York: Norton.［『オデッセウスの鎖——適応プログラムとしての感情』山岸俊男監訳、大坪庸介他訳、サイエンス社、1995］

●Frank, R. H., and Cook, P. J. (1995). *Winner-Take-All Society*. New York: Free Press.［『ウィナー・テイク・オール——「ひとり勝ち」社会の到来』香西泰監訳、日本経済新聞社、1998］

●Freud, S. (1950 [orig. 1913]). *Totem and Taboo: Some Points of Agreement between the Mental Lives of Savages and Neurotics*. New York: Norton.［『フロイト全集12　トーテムとタブー:1912−13年』所収「トーテムとタブー」須藤訓任責任編集、門脇健訳、岩波書店、2009、他］

●Gintis, H., Bowles, S., Boyd, R., and Fehr, E. (2005). *Moral Sentiments and Material Interests*. Cambridge, MA: MIT Press.

●Güth, W., Schmittberger, R., and Schwarze, B. (1982). An experimental analysis of ultimatum bargaining. *Journal of Economic Behavior & Organization* 3, pp. 367 - 388.

●Handler, J. F. (2004). *Social Citizenship and Workfare in the United States and Western Europe: The Paradox of Inclusion*. Cambridge, UK: Cambridge University Press.

●Harbaugh, W. T., Mayr, U., and Burghart, D. R. (2007). Neural responses to taxation and voluntary giving reveal motives for charitable donations. *Science* 326, pp. 1622 - 1625.

●Heidary, F., et al. (2008). Food inequality

- Verbeek, P., and de Waal, F. B. M. (1997). Postconflict behavior in captive brown capuchins in the presence and absence of attractive food. *International Journal of Primatology* 18, pp. 703 - 725.
- von Hoesch, W. (1961). Über Ziegenhütende Bärenpaviane. *Zeitschrft für Tierpsychologie* 18, pp.297 - 301.
- Zahn-Waxler, C., Radke-Yarrow, M., Wagner, E., and Chapman, M. (1992). Development of concern for others. *Developmental Psychology* 28, pp.126 - 136.

第6章　公平にやろう

- Ahn, T. K., Ostrom, E., Schmidt, D., and Walker, J. (2003). Trust in two-person games: Game structures and linkages. In *Trust and Reciprocity*, E. Ostrom and J. Walker (Eds.), pp. 323 - 351. New York: Russell Sage.
- Alvard, M. (2004). The Ultimatum Game, fairness, and cooperation among big game hunters. In *Foundations of Human Sociality: Ethnography and Experiments in 15 Small-scale Societies*, J. Henrich et al. (Eds.), pp. 413 - 435. London: Oxford University Press.
- Amati, S., Babweteera, and Wittig, R. M. (2008). Snare removal by a chimpanzee of the Sonso community, Budongo Forest (Uganda). *Pan Africa News* 15, pp. 6 - 8.
- Bartels, L. M. (2008). *The Political Economy of the New Gilded Age*. Princeton, NJ: Princeton University Press.
- Beck, B. B. (1973). Cooperative tool use by captive Hamadryas baboons. *Science* 182, pp. 594 - 597.
- Bellugi, U., Lichtenberger, L., Jones, W., Lai, Z., and St. George, M. (2000). The neurocognitive profile of Williams Syndrome: A complex pattern of strengths and weaknesses. *Journal of Cognitive Neuroscience* 12, pp. 7 - 29.
- Boehm, C. (1993). Egalitarian behavior and reverse dominance hierarchy. *Current Anthropology* 34, pp. 227 - 254.
- Boesch, C., and Boesch-Achermann, H. (2000). *The Chimpanzees of the Taï Forest*. Oxford, UK: Oxford University Press.
- Boyd, R. (2006). The puzzle of human sociality. *Science* 314, pp. 1555 - 1556.
- Bräuer, J., Call, J., and Tomasello, M. (2009). Are apes inequity averse? New data on the token-exchange paradigm. *American Journal of Primatology* 71, pp. 175 - 181.
- Brosnan, S. F. (2008). Responses to inequity in non-human primates. In *Neuroeconomics: Decision Making and the Brain*, P. W. Glimcher et al. (Eds.), pp. 283 - 300. New York: Academic Press.
- Brosnan, S. F., and de Waal, F. B. M. (2003). Monkeys reject unequal pay. *Nature* 425, pp. 297 - 299.
- Brosnan, S. F., and de Waal, F. B. M. (2004). Socially learned preferences for differentially rewarded tokens in the brown capuchin monkey. *Journal of Comparative Psychology* 118, pp. 133 - 139.
- Brosnan, S. F., Schiff, H., and de Waal, F. B. M. (2005). Tolerance for inequity increases with social closeness in chimpanzees. *Proceedings of the Royal Society of London* B 272, pp. 253 - 258.
- Bshary, R., and Würth, M. (2001). Cleaner fish *Labroides dimidiatus* manipulate client reef fish by providing tactile stimulation. *Proceedings of the Royal Society of London* B 268, pp. 1495 - 1501.
- Burnham, T. C., and Johnson, D. D. P. (2005). The biological and evolutionary logic of human cooperation. *Analyse & Kritik* 27, pp. 113 - 135.
- Chase, I. (1988). The vacancy chain process: A new mechanism of resource distribution in animals with application to hermit crabs. *Animal Behaviour* 36, pp. 1265 - 1274.
- Clark, M. S., and Grote N. K. (2003). Close relationships. In *Handbook of Psychology:*

- Menzel, E. W. (1979). Communication of object-locations in a group of young chimpanzees. In *The Great Apes*, D. A. Hamburg and E. R. McCown (Eds.), pp. 359 - 371. Menlo Park, CA: Benjamin Cummings.
- Moss, C. (1988). *Elephant Memories: Thirteen Years in the Life of an Elephant Family*. New York: Fawcett Columbine.
- Nimchinsky, E. A., et al. (1999). A neuronal morphologic type unique to humans and great apes. *Proceedings of the National Academy of Sciences, USA* 96, pp. 5268 - 5273.
- Plotnik, J., de Waal, F. B. M., and Reiss, D. (2006). Self-recognition in an Asian elephant. *Proceedings of the National Academy of Sciences, USA* 103, pp. 17053 - 17057.
- Poole, J. (1996). *Coming of Age with Elephants: A Memoir*. New York: Hyperion.
- Povinelli, D. J. (1989). Failure to find self-recognition in Asian elephants (*Elephas maximus*) in contrast to their use of mirror cues to discover hidden food. *Journal of Comparative Psychology* 103, pp. 122 - 131.
- Povinelli, D. J., and Cant, J. G. H. (1995). Arboreal clambering and the evolution of self-conception. *Quarterly Review of Biology* 70, pp. 393 - 421.
- Preston, S. D., and de Waal, F. B. M. (2002). Empathy: Its ultimate and proximate bases. *Behavioral & Brain Sciences* 25, pp. 1 - 72.
- Reiss, D., and Marino, L. (2001). Mirror self-recognition in the bottlenose dolphin: A case of cognitive convergence. *Proceedings of the National Academy of Sciences, USA* 98, pp. 5937 - 5942.
- Rochat, P. (2003). Five levels of self-awareness as they unfold early in life. *Consciousness & Cognition* 12, pp. 717 - 731.
- Sapolsky, R. M. (2001). *A Primate's Memoir: A Neuroscientist's Unconventional Life among the Baboons*. New York: Scribner.
- Schino, G., Geminiani, S., Rosati, L., and Aureli, F. (2004). Behavioral and emotional response of Japanese macaque mothers after their offspring receive an aggression. *Journal of Comparative Psychology* 118, pp. 340 - 346.
- Seed, A. M., Clayton, N. S., and Emery, N. J. (2007). Postconflict third-party affiliation in rooks. *Current Biology* 17, pp. 152 - 158.
- Seeley, W. W., et al. (2006). Early frontotemporal dementia targets neurons unique to apes and humans. *Annals of Neurology* 60, pp. 660 - 667.
- Semendeferi, K., Lu, A., Schenker, N., and Damasio, H. (2002). Humans and great apes share a large frontal cortex. *Nature Neuroscience* 5, pp. 272 - 276.
- Siebenaler, J. B., and Caldwell, D. K. (1956). Cooperation among adult dolphins. *Journal of Mammalogy* 37, pp. 126 - 128.
- Smuts, B. B. (1999 [orig. 1985]). *Sex and Friendship in Baboons*. Cambridge, MA: Harvard University Press.
- Thompson, R. K. R., and Contie, C. L. (1994). Further reflections on mirror usage by pigeons: Lessons from Winnie-the-Pooh and Pinocchio too. In *Self-Awareness in Animals and Humans*, S. T. Parker et al. (Eds.), pp. 392 - 409. Cambridge, UK: Cambridge University Press.
- Toda, K., and Watanabe, S. (2008). Discrimination of moving video images of self by pigeons (*Columba livia*). *Animal Cognition* 11, pp. 699 - 705.
- Tomasello, M., Carpenter, M., and Liszkowski, U. (2007). A new look at infant pointing. *Child Development* 78, pp. 705 - 722.
- Trivers, R. L. (1971). The evolution of reciprocal altruism. *Quarterly Review of Biology* 46, pp. 35 - 57.
- Veà, J. J., and Sabater-Pi, J. (1998). Spontaneous pointing behaviour in the wild pygmy chimpanzee. *Folia primatologica* 69. pp. 289 - 290.

- Epstein, R., Lanza, R. P., and Skinner, B. F. (1981). "Self-awareness" in the pigeon. *Science* 212, pp. 695 - 696.
- Gallup, G. G. Jr. (1970). Chimpanzees: Self-recognition. *Science* 167, pp. 86 - 87.
- Gallup, G. G. Jr. (1983). Toward a comparative psychology of mind. In *Animal Cognition and Behavior*, R. L. Mellgren (Ed.), pp. 473 - 510. New York: North-Holland.
- Goleman, D. (2006). *Social Intelligence: The New Science of Human Relationships*. New York: Bantam Books. [『SQ生きかたの知能指数——ほんとうの「頭の良さ」とは何か』土屋京子訳、日本経済新聞出版社、2007]
- Gould, S. J. (1977). *Ontogeny and Phylogeny*. Cambridge, MA: Harvard University Press. [『個体発生と系統発生——進化の観念史と発生学の最前線』仁木帝都・渡辺政隆訳、工作舎、1988]
- Hakeem, A. Y., Sherwood, C. C., Bonar, C. J., Butti, C., Hof, P. R., and Allman, J. M. (2009). Von Economo Neurons in the elephant brain. *Anatomical Record* 292, pp. 242 - 248.
- Johnson, D. B. (1992). Altruistic behavior and the development of the self in infants. *Merrill-Palmer Quarterly of Behavior & Development* 28, pp. 379 - 388.
- Jorgensen, M. J., Hopkins, W. D., and Suomi, S. J. (1995). Using a computerized testing system to investigate the preconceptual self in nonhuman primates and humans. In *The Self in Infancy: Theory and Research*, P. Rochat (Ed.), pp. 243 - 256. Amsterdam: Elsevier.
- Ladygina-Kohts, N. N. (2001 [orig. 1935]). *Infant Chimpanzee and Human Child: A Classic 1935 Comparative Study of Ape Emotions and Intelligence*. F. B. M. de Waal (Ed.). New York: Oxford University Press.
- Krause, M. A. (1997). Comparative perspectives on pointing and joint attention in children and apes. *International Journal of Comparative Psychology* 10, pp. 137 - 157.
- Kummer, H. (1968). *Social Organization of Hamadryas Baboons*. Chicago: University of Chicago Press.
- Leavens, D. A., and Hopkins, W. D. (1998). Intentional communication by chimpanzees: A cross-sectional study of the use of referential gestures. *Developmental Psychology* 34, pp. 813 - 822.
- Leavens, D. A., and Hopkins, W. D. (1999). The whole-hand point: The structure and function of pointing from a comparative perspective. *Journal of Comparative Psychology* 113: pp. 417 - 425.
- Lewis, M., and Ramsay, D. (2004). Development of self-recognition, personal pronoun use, and pretend play during the 2nd year. *Child Development* 75, pp. 1821 - 1831.
- Manger, P. R. (2006). An examination of cetacean brain structure with a novel hypothesis correlating thermogenesis to the evolution of a big brain. *Biological Review* 81, pp. 293 - 338.
- Marais, E. N. (1939). *My Friends the Baboons*. New York: McBride.
- Marino, L. (1998). A comparison of encephalization between odontocete cetaceans and anthropoid primates. *Brain, Behavior, and Evolution* 51, pp. 230 - 238.
- Marino, L., et al. (2007). Cetaceans have complex brains for complex cognition. *PLoS-Biology* 5: e139.
- Medicus, G. (1992). The inapplicability of the biogenetic rule to behavioral development. *Human Development* 35, pp. 1 - 8.
- Menzel, C. R. (1999). Unprompted recall and reporting of hidden objects by a chimpanzee (*Pan troglodytes*) after extended delays. *Journal of Comparative Psychology* 113, pp. 426 - 434.
- Menzel, E. W. (1973). Leadership and communication in young chimpanzees. In *Precultural Primate Behavior*, E. W. Menzel (Ed.). Basel: Karger.

R. A. Emmons andM. E. McCullough (Eds.), pp. 213 - 229. Oxford, UK: Oxford University Press.

●Butterworth, G., and Grover, L. (1988). The origins of referential communication in human infancy. In *Thought without Language*, L. Weiskrantz (Ed.), pp. 5 - 24. Oxford, UK: Clarendon.

●Caldwell, M. C., and Caldwell, D. K. (1966). Epimeletic (care-giving) behavior in Cetacea. In *Whales, Dolphins, and Porpoises*. K. S. Norris(Ed.), pp. 755-789. Berkeley: University of California Press.[『クジラ・イルカ』ナショナルジオグラフィック協会編、日経BP社、1996]

●Carpenter, C. R. (1934). A field study of the behavior and social relations of howling monkeys. *Comparative Psychology Monographs* 10, pp. 1 - 168.

●Cenami Spada, E., Aureli, F., Verbeek, P., and de Waal, F. B. M. (1995). The self as reference point: Can animals do without it? In *The Self in Infancy: Theory and Research*, P. Rochat (Ed.), pp. 193 - 215. Amsterdam: Elsevier.

●Cheney, D. L., and Seyfarth, R. M. (2008). *Baboon Metaphysics: The Evolution of a Social Mind*. Chicago: University of Chicago Press.

●Connor, R. C., and Norris, K. S. (1982). Are dolphins reciprocal altruists? *American Naturalist* 119, pp. 358 - 372.

●de Waal, F. B. M. (2007 [orig. 1982]). *Chimpanzee Politics: Power and Sex among Apes*. Baltimore, MD: Johns Hopkins University Press.[前掲『チンパンジーの政治学』]

●de Waal, F. B. M. (1988). The communicative repertoire of captive bonobos(*Pan paniscus*), compared to that of chimpanzees. *Behaviour* 106, pp. 183 - 251.

●de Waal, F. B. M. (1997). *Bonobo: The Forgotten Ape*. Berkeley: University of California Press.[前掲『ヒトに最も近い類人猿ボノボ』]

●de Waal, F. B. M. (2001). *The Ape and the Sushi Master*. New York: Basic Books.[前掲『サルとすし職人』]

●de Waal, F. B. M. (2008). Putting the altruism back into altruism: The evolution of empathy. *Annual Review of Psychology* 59, pp. 279 - 300.

●de Waal, F. B. M., and Aureli, F. (1996). Consolation, reconciliation, and a possible cognitive difference between macaque and chimpanzee. In *Reaching into Thought: The Minds of the Great Apes*, A. E. Russon, K. A. Bard, and S. T. Parker (Eds.), pp. 80 - 110. Cambridge, UK: Cambridge University Press.

●de Waal, F. B. M., Dindo, M., Freeman, C. A., and Hall, M. (2005). The monkey in the mirror: Hardly a stranger. *Proceedings of the National Academy of Sciences, USA* 102, pp. 11140 - 11147.

●Decety, J., and Chaminade, T. (2003). When the self represents the other: A new cognitive neuroscience view on psychological identification. *Consciousness & Cognition* 12, pp. 577 - 596.

●Decety, J., and Grèzes, J. (2006). The power of simulation: Imagining one's own and other's behavior. *Brain Research* 1079, pp. 4 - 14.

●Douglas-Hamilton, I., Bhalla, S., Wittemyer, G., and Vollrath, F. (2006). Behavioural reactions of elephants towards a dying and deceased matriarch. *Applied Animal Behaviour Science* 100, pp. 87 - 102.

●Emery, N. J., and Clayton, N. S. (2001). Effects of experience and social context on prospective caching strategies by scrub jays. *Nature* 414, pp. 443 - 446.

●Emery, N. J., and Clayton, N. S. (2004). The mentality of crows: Convergent evolution of intelligence in corvids and apes. *Science* 306, pp. 1903 - 1907.

●Engh, A. L., et al. (2005). Behavioural and hormonal responses to predation in female chacma baboons. *Proceedings of the Royal Society of London* B 273, pp. 707 - 712.

●Perner, J., and Ruffman, T. (2005). Infants' insight into the mind: How deep? *Science* 308, pp. 214 - 216.

●Premack, D., and Woodruff, G. (1978). Does the chimpanzee have a theory of mind? *Behavioral and Brain Sciences* 1, pp. 515 - 526.

●Rosenblatt, P. (2006). *Two in a Bed: The Social System of Couple Bed Sharing*. New York: State University of New York Press.

●Silk, J. B., et al. (2005). Chimpanzees are indifferent to the welfare of unrelated group members. *Nature* 437, pp. 1357 - 1359.

●Smith, A. (1937 [orig. 1759]). *The Theory of Moral Sentiments*. New York : Modern Library.[前掲『道徳感情論』]

●Swofford, A. (2003). *Jarhead*. New York: Scribner.[『ジャーヘッド――アメリカ海兵隊員の告白』中谷和男訳、アスペクト、2003]

●Tomasello, M., and Call, J. (2006). Do chimpanzees know what others see—or only what they are looking at? In *Rational Animals?* S. Hurley and M. Nudds (Eds.), pp. 371 - 384. Oxford, UK: Oxford University Press.

●Virányi, Z., Topál, J., Miklósi, A., and Csányi, V. (2005). A nonverbal test of knowledge attribution: A comparative study on dogs and human infants. *Animal Cognition* 9, pp. 13 - 26.

●Warneken, F., Hare, B., Melis, A. P., Hanus, D., and Tomasello, M. (2007). Spontaneous altruism by chimpanzees and young children. *PLoS Biology* 5, pp. 1414 - 1420.

●Wellman, H. M., Phillips, A. T., and Rodriguez, T. (2000). Young children's understanding of perception, desire, and emotion. *Child Development* 71, pp. 895 - 912.

●Wispé, L. (1991). *The Psychology of Sympathy*. New York: Plenum.

●Yerkes, R. M. (1925). *Almost Human*. New York: Century.

●Zahn-Waxler, C., Hollenbeck, B., and Radke-Yarrow, M. (1984). The origins of empathy and altruism. In *Advances in Animal Welfare Science*, M. W. Fox and L. D. Mickley (Eds.), pp. 21 - 39. Washington, DC: Humane Society of the United States.

●Zillmann, D., and Cantor, J. R. (1977). Affective responses to the emotions of a protagonist. *Journal of Experimental Social Psychology* 13, pp. 155 - 165.

第5章　部屋の中のゾウ

●Anderson, J. R., and Gallup, G. G., Jr. (1999). Self-recognition in nonhuman primates: Past and future challenges. In *Animal Models of Human Emotion and Cognition*, M. Haug and R. E. Whalen (Eds.), pp. 175 - 194. Washington, DC: APA.

●Balfour, D., and Balfour, S. (1998). *African Elephants, A Celebration of Majesty*. New York: Abbeville Press.

●Bates, L. A., et al. (2008). Do elephants show empathy? *Journal of Consciousness Studies* 15, pp. 204 - 225.

●Bekoff, M. (2001). Observations of scent-marking and discriminating self from others by a domestic dog: Tales of displaced yellow snow. *Behavioural Processes* 55, pp. 75 - 79.

●Bekoff, M., and Sherman, P. W. (2003). Reflections on animal selves. *Trends in Ecology and Evolution* 19, pp. 176 - 180.

●Bischof-Köhler, D. (1988). Über den Zusammenhang von Empathie und der Fähigkeit sich im Spiegel zu erkennen. *Schweizerische Zeitschrift für Psychologie* 47, pp. 147 - 159.

●Bischof-Köhler, D. (1991). The development of empathy in infants. In *Infant Development: Perspectives from German-Speaking Countries*, M. Lamb and M. Keller (Eds.), pp. 245 - 273. Hillsdale, NJ: Erlbaum.

●Bonnie, K. E., and de Waal, F. B. M. (2004). Primate social reciprocity and the origin of gratitude. In *The Psychology of Gratitude*,

MA : Belknap.[『野生チンパンジーの世界』杉山幸丸,・松沢哲郎監訳、ミネルヴァ書房、1990]

●Goodall, J. (1990). *Through a Window*. Boston : Houghton Mifflin.[前掲『心の窓』]

●Hare, B., Call, J., and Tomasello, M. (2001). Do chimpanzees know what conspecifics know? *Animal Behaviour* 61, pp. 139 - 151.

●Harris, P., Johnson, C. N., Hutton, D., Andrews, G., and Cooke, T. (1989). Young children's theory of mind and emotion. *Cognition & Emotion* 3, pp. 379 - 400.

●Hobson, R. P. (1991). Against the theory of "Theory of Mind." *British Journal of Developmental Psychology* 9, pp. 33 - 51.

●Hoffman, M. L. (1981). Is altruism part of human nature? *Journal of Personality & Social Psychology* 40, pp. 121 - 137.

●Hornstein, H. A. (1991). Empathic distress and altruism: Still inseparable. *Psychological Inquiry* 2, pp. 133 - 135.

●Humphrey, N. (1978). Nature's psychologists. *New Scientist* 78, pp. 900 - 904.

●Jensen, K., Hare, B., Call, J., and Tomasello, M. (2006). What's in it for me? Self-regard precludes altruism and spite in chimpanzees. *Proceedings of the Royal Society of London* B 273, pp. 1013 - 1021.

●Kagan, J. (2000). Human morality is distinctive. *Journal of Consciousness Studies* 7, pp. 46 - 48.

●Krebs, D. L. (1991). Altruism and egoism: A false dichotomy? *Psychological Inquiry* 2, pp. 137 - 139.

●Krensky, S. (2002). *Abe Lincoln and the Muddy Pig*. New York: Simon & Schuster.

●Kuroshima, H., Fujita, K. Adachi, I., Iwata, K., and Fuyuki, A. (2003). A capuchin monkey recognizes when people do and do not know the location of food. *Animal Cognition* 6, pp. 283 - 291.

●Ladygina-Kohts, N. N. (2001 [1935]). *Infant Chimpanzee and Human Child: A Classic 1935 Comparative Study of Ape Emotions and Intelligence*. F. B. M. de Waal (Ed.). New York: Oxford University Press.

●Lakshminarayanan, V. R., and Santos, L. R. (2008). Capuchin monkeys are sensitive to others' welfare. *Current Biology* 18: R999 - R1000.

●Lanzetta, J. T., and Englis, B. G. (1989). Expectations of cooperation and competition and their effects on observers' vicarious emotional responses. *Journal of Personality & Social Psychology* 56, pp. 543 - 554.

●Lordkipanidze, D., et al. (2007). Postcranial evidence from early *Homo* from Dmanisi, Georgia. *Nature* 449, pp. 305 - 310.

●MacNeilage, P. F., and Davis, B. L. (2000). On the origin of internal structure of word forms. *Science* 288, pp. 527 - 531.

●McConnell, P. (2005). *For the Love of a Dog*. New York: Ballantine.

●Menzel, E. W. (1972). Spontaneous invention of ladders in a group of young chimpanzees. *Folia primatologica* 17, pp. 87 - 106.

●Menzel, E. W. (1974). A group of young chimpanzees in a one-acre field. In *Behavior of Non-human Primates*, vol. 5, A. M. Schrier and F. Stollnitz (Eds.), pp. 83 - 153. New York: Academic Press.

●Menzel, E. W., and Johnson, M. K. (1976). Communication and cognitive organization in humans and other animals. *Annals of the New York Academy of Sciences* 280, pp. 131 - 142.

●Nakamura, M., McGrew, W. C., Marchant, L. F., and Nishida, T. (2000). Social scratch: Another custom in wild chimpanzees? *Primates* 41, pp. 237 - 248.

●O'Connell, S. M. 1995. Empathy in chimpanzees: Evidence for Theory of Mind? *Primates* 36, pp. 397 - 410.

●Ottoni, E. B., and Mannu, M. (2001). Semi - free ranging tufted capuchin monkeys spontaneously use tools to crack open nuts. *International Journal of Primatology* 22, pp. 347 - 358.

Sciences, USA 104. pp. 19762 - 19766.

●Cialdini, R. B., Brown, S. L., Lewis, B. P., Luce, C. L., and Neuberg, S. L. (1997). Reinterpreting the empathy-altruism relationship: When one into one equals oneness. *Journal of Personality & Social Psychology* 73, pp. 481 - 94.

●Cools, A., van Hout, A. J. M., and Nelissen, M. H. J. (2008). Canine reconciliation and third-party-initiated postconflict affiliation: Do peacemaking social mechanisms in dogs rival those of higher primates? *Ethology* 114, pp. 53 - 63.

●Cordoni, G., and Palagi, E. (2008). Reconciliation in wolves (*Canis lupus*): New evidence for a comparative perspective. *Ethology* 114, pp. 298 - 308.

●Dally, J. M., Emery, N. J., and Clayton, N. S. (2006). Food-caching western scrub-jays keep track of who was watching when. *Science* 312, pp. 1662 - 1665.

●Darley, J. M., and Batson, C. D. (1973). From Jerusalem to Jericho: A study of situational and dispositional variables in helping behavior. *Journal of Personality & Social Psychology* 27, pp. 100 - 108.

●de Gelder, B. (1987). On having a theory of mind. *Cognition* 27, pp. 285 - 290.

●de Waal, F. B. M. (2007 [orig. 1982]). *Chimpanzee Politics: Power and Sex among Apes*. Baltimore: Johns Hopkins University Press. [前掲『チンパンジーの政治学』]

●de Waal, F. B. M. (1989). *Peacemaking among Primates*. Cambridge, MA: Harvard University Press. [『仲直り戦術——霊長類は平和な暮らしをどのように実現しているか』西田利貞・榎本知郎訳、どうぶつ社、1993]

●de Waal, F. B. M. (1996). *Good Natured: The Origins of Right and Wrong in Humans and Other Animals*. Cambridge, MA: Harvard University Press. [前掲『利己的なサル、他人を思いやるサル』]

●de Waal, F. B. M. (1997). *Bonobo: The Forgotten Ape*. Berkeley: University of California Press. [前掲『ヒトに最も近い類人猿ボノボ』]

●de Waal, F. B. M. (2002). *The Ape and the Sushi Master*. New York: Basic Books. [前掲『サルとすし職人』]

●de Waal, F. B. M. (2003). On the possibility of animal empathy. In *Feelings & Emotions: The Amsterdam Symposium*, T. Manstead, N. Frijda, and A. Fischer (Eds.), pp. 379 - 399. Cambridge, UK: Cambridge University Press.

●de Waal, F. B. M. (2008). Putting the altruism back into altruism: The evolution of empathy. *Annual Review of Psychology* 59, pp. 279 - 300.

●de Waal, F. B. M. (in press). The need for a bottom-up account of chimpanzee cognition. *In The Mind of the Chimpanzee: Ecological and Experimental Perspectives*, E. V. Lonsdorf, S. R. Ross, and T. Matsuzawa (Eds). Chicago: University of Chicago Press.

●de Waal, F. B. M., Leimgruber, K., and Greenberg, A. R. (2008). Giving is self-rewarding for monkeys. *Proceedings of the National Academy of Sciences, USA* 105. pp. 13685 - 13689.

●de Waal, F. B. M., and van Roosmalen, A. (1979). Reconciliation and consolation among chimpanzees. *Behavioral Ecology & Sociobiology* 5. pp. 55 - 66.

●Flombaum, J. I., and Santos, L. R. (2005). Rhesus monkeys attribute perceptions to others. *Current Biology* 15, pp. 447 - 452.

●Fouts, R., and Mills, T. (1997). *Next of Kin*. New York : Morrow. [『限りなく人類に近い隣人が教えてくれたこと』高崎浩幸・高崎和美訳、角川書店、2000]

●Fraser, O., Stahl, D., and Aureli, A. (2008). Stress reduction through consolation in chimpanzees. *Proceedings of the National Academy of Sciences, USA* 105, pp. 8557 - 8562.

●Goodall, J. (1986). *The Chimpanzees of Gombe : Patterns of Behavior*. Cambridge,

Smith, L. B. (2001). The dynamics of embodiment: A field theory of infant perseverative reaching. *Behavioral & Brain Sciences* 24, pp. 1 - 86.

- Thorndike, E. L. (1898). Animal intelligence: An experimental study of the associative process in animals. *Psychological Review & Monography* 2, pp. 551 - 553.
- Tomasello, M. (1999). *The Cultural Origins of Human Cognition*. Cambridge, MA: Harvard University Press. [『心とことばの起源を探る——文化と認知』大堀壽夫他訳、勁草書房、2006]
- van Baaren, R. B., Holland, R. W., Steenaert, B., and van Knippenberg, A. (2003). Mimicry for money: Behavioral consequences of imitation. *Journal of Experimental Social Psychology* 39, pp. 393 - 398.
- van Hooff, J. A. R. A. M. (1972). A comparative approach to the phylogeny of laughter and smiling. In *Non-verbal Communication*, R. Hinde (Ed.), pp.209 - 241. Cambridge, UK: Cambridge University Press.
- van Schaik, C. P. (2004). *Among Orangutans: Red Apes and the Rise of Human Culture*. Cambridge, MA: Belknap.
- Walusinski, O., and Deputte, B. L. (2004). Le bâillement: Phylogenèse, éthologie, nosogénie. *Revue Neurologique* 160, pp. 1011 - 1021.
- Wascher, C. A. F., Isabella Scheiber, I. B. R., and Kotrschal, K. (2008). Heart rate modulation in bystanding geese watching social and non-social events. *Proceedings of the Royal Society of London* B 275, pp. 1653 - 1659.
- Wells, R. S. (2003). Dolphin social complexity: Lessons from long-term study and life history. In *Animal Social Complexity*, F. B. M. de Waal and P. L. Tyack (Eds.), pp. 32 - 56. Cambridge, MA: Harvard University Press.
- Whiten, A., and Ham R. (1992). On the nature and evolution of imitation in the animal kingdom: Reappraisal of a century of research. In *Advances in the Study of Behavior*, vol. 21., J. B. Slater et al. (Eds.), pp. 239 - 283. New York: Academic Press.
- Whiten, A., et al. (1999). Cultures in chimpanzees. *Nature* 399, pp. 682 - 685.
- Whiten, A., Horner, V., and de Waal, F. B. M. (2005). Conformity to cultural norms of tool use in chimpanzees. *Nature* 437, pp. 737 - 740.
- Zahn-Waxler, C., Radke-Yarrow, M., Wagner, E., and Chapman, M. (1992). Development of concern for others. *Developmental Psychology* 28, pp. 126 - 136.

第4章　他者の身になる

- Bailey, M. B. (1986). Every animal is the smartest: Intelligence and the ecological niche. In *Animal Intelligence*, R. Hoage and L. Goldman (Eds.), pp. 105 - 113. Washington, DC: Smithsonian Institution Press.
- Batson, C. D. (1991). *The Altruism Question: Toward a Social-Psychological Answer*. Hillsdale, NJ: Erlbaum.
- Batson, C. D., et al. (1997). Is empathy-induced helping due to self-other merging? *Journal of Personality & Social Psychology* 73, pp. 495 - 509.
- Bradmetz, J., and Schneider, R. (1999). Is Little Red Riding Hood afraid of her grandmother? Cognitive versus emotional response to a false belief. *British Journal of Developmental Psychology* 17, pp. 501 - 514.
- Bugnyar, T., and Heinrich, B. (2005). Ravens, *Corvus corax*, differentiate between knowledgeable and ignorant competitors. *Proceedings of the Royal Society of London* B 272. pp. 1641 - 1646.
- Burkart, J. M., Fehr, E., Efferson, C., and van Schaik, C. P. (2007). Otherregarding preferences in a non-human primate: Common marmosets provision food altruistically. *Proceedings of the National Academy of*

posture as cues in communication of affect between monkeys. *AMA Archives of General Psychiatry* 1, pp. 480 - 488.

- Moore, B. R. (1992). Avian movement imitation and a new form of mimicry: Tracing the evoluting of a complex form of learning. *Behaviour* 122, pp. 231 - 263.
- Panksepp, J. (1998). *Affective Neuroscience*. New York: Oxford University Press.
- Paukner, A., Anderson, J. R., Borelli, E., Visalberghi, E., and Ferrari, P. F. (2005). Macaques recognize when they are being imitated. *Biology Letters* 1, pp. 219 - 222.
- Payne, K. (1998). *Silent Thunder: In the Presence of Elephants*. New York: Penguin.
- Platek, S. M., Mohamed, F. B., and Gallup, G. G. (2005). Contagious yawning and the brain. *Cognitive Brain Research* 23, pp. 448 - 452.
- Povinelli, D. J. (2000). *Folk Physics for Apes*. Oxford, UK: Oxford University Press.
- Prather, J. F., Peters, S., Nowicki, S., and Mooney, R. (2008). Precise auditory-vocal mirroring in neurons for learned vocal communication. *Nature* 451, pp. 305 - 310.
- Preston, S. D., and de Waal, F. B. M. (2002). Empathy: Its ultimate and proximate bases. *Behavioral & Brain Sciences* 25, pp. 1 - 72.
- Preston, S. D., and Stansfield, R. B. (2008). I know how you feel: Taskirrelevant facial expressions are spontaneously processed at a semantic level. *Cognitive, Affective, & Behavioral Neuroscience* 8, pp. 54 - 64.
- Preston, S. D., Bechara, A., Grabowski, T. J., Damasio, H., and Damasio, A. R. (2007). The neural substrates of cognitive empathy. *Social Neuroscience* 2, pp. 254 - 275.
- Proffitt, D. R. (2006). Embodied perception and the economy of action. *Perspectives on Psychological Science* 1, pp. 110 - 122.
- Provine, R. (2000). *Laughter: A Scientific Investigation*. New York: Viking.
- Repp, B. H., and Knoblich, G. (2004). Perceiving action identity: How pianists recognize their own performances. *Psychological Science* 15, pp. 604 - 609.
- Russon, A. E. (1996). Imitation in everyday use: Matching and rehearsal in the spontaneous imitation of rehabilitant orangutans (*Pongo pygmaeus*). In *Reaching into Thought: The Minds of the Great Apes*, A. E. Russon, K. A. Bard, and S. T. Parker (Eds.), pp. 152 - 176. Cambridge, UK: Cambridge University Press.
- Sagi, A., and Hoffman, M. L. (1976). Empathic distress in the newborn. *Developmental Psychology* 12, pp. 175 - 176.
- Schloßberger, M. (2005). *Die Erfahrung des Anderen: Gefühle im menschlichen Miteinander*. Berlin: Akademie Verlag.
- Senju, A., Maeda, M., Kikuchi, Y., Hasegawa, T., Tojo, Y., and Osanai, H. (2007). Absence of contagious yawning in children with autism spectrum disorder. *Biology Letters* 3, pp. 706 - 708.
- Singer, T., Seymour, B., O'Doherty, J. P., Stephan, K. E., Dolan, R. J., and Frith, C. D. (2006). Empathic neural responses are modulated by the perceived fairness of others. *Nature* 439, pp. 466 - 469.
- Sisk, J. P. (1993). Saving the world. *First Things* 33, pp. 9 - 14.
- Smith, A. (1976 [orig. 1759]). *A Theory of Moral Sentiments*,D.D. Raphael, A. L. Macfie (Eds.).Oxford,UK:Clarendon Press.[前掲『道徳感情論』]
- Sonnby-Borgström, M. (2002). Automatic mimicry reactions as related to differences in emotional empathy. *Scandinavian Journal of Psychology* 43, pp. 433 - 443.
- Stürmer, S., Snyder, M., and Omoto, A. M. (2005). Prosocial emotions and helping: The moderating role of group membership. *Journal of Personality & Social Psychology* 88, pp. 532 - 546.
- Taylor, S. (2002). *The Tending Instinct*. New York: Times Books.
- Thelen, E., Schoner, G., Scheier, C., and

and underlying transmission processes in chimpanzees. *Animal Behaviour* 73, pp. 1021 - 1032.

●Horner, V., and Whiten, A. (2007). Learning from others' mistakes? Limits on understanding a trap-tube task by young chimpanzees and children. *Journal of Comparative Psychology* 121, pp. 12 - 21.

●Horner, V., Whiten, A., Flynn, E., and de Waal, F. B. M. (2006). Faithful replication of foraging techniques along cultural transmission chains by chimpanzees and children. *Proceedings National Academy of Sciences, USA* 103, pp. 13878 - 13883.

●Iacoboni, M. (2005). Neural mechanisms of imitation. *Current Opinion in Neurobiology* 15, pp. 632 - 637.

●Joly-Mascheroni, R. M., Senju, A., and Shepherd, A. J. (2008). Dogs catch human yawns. *Biology Letters* 4, pp. 446 - 448.

●Langford, D. J., et al. (2006). Social modulation of pain as evidence for empathy in mice. *Science* 312, pp. 1967 - 1970.

●Lipps, T. (1903). Einfühlung, innere Nachahmung und Organempfindung. *Archiv für die gesammte Psychologie*, vol. I, part 2. Leipzig: Engelman.

●Lucke, J. F., and Batson, C. D. (1980). Response suppression to a distressed conspecific: Are laboratory rats altruistic? *Journal of Experimental Social Psychology* 16, pp. 214 - 227.

●MacLean, P. D. (1985). Brain evolution relating to family, play, and the separation call. *Archives of General Psychiatry* 42, pp. 405 - 417.

●Marshall-Pescini, S., and Whiten, A. (2008). Social learning of nut-cracking behavior in East African sanctuary-living chimpanzees (*Pan troglodytes schweinfurthii*). *Journal of Comparative Psychology* 122, pp. 186 - 194.

●Marshall, J. T., and Sugardjito, J. (1986). Gibbon systematics. In *Comparative Primate Biology*, vol. 1, D. R. Swindler and J. Erwin (Eds.), pp. 137 - 185. New York: Liss.

●Martin, G. B., and Clark, R. D. (1982). Distress crying in neonates: Species and peer specificity. *Developmental Psychology* 18, pp. 3 - 9.

●Masserman, J., Wechkin, M. S., and Terris, W. (1964). Altruistic behavior in rhesus monkeys. *American Journal of Psychiatry* 121, pp. 584 - 585.

●McDougall, W. (1923 [orig. 1908]). *An introduction to Social Psychology*. London: Methuen.

●McGrew, W. C. (2004). *The Cultured Chimpanzee: Reflections on Cultural Primatology*. Cambridge, UK: Cambridge University Press.

●Meaney, C. A. (2000). In perfect unison. In *The Smile of a Dolphin: Remarkable Accounts of Animal Emotions*, M. Bekoff (Ed.), p. 50. New York: Discovery Books.

●Meeren, H. K. M., van Heijnsbergen, C. C. R. J., and de Gelder, B. (2005). Rapid perceptual integration of facial expression and emotional body language. *Proceedings of the National Academy of Sciences, USA* 102, pp. 16518 - 16523.

●Meltzoff, A. N., and Moore, M. K. (1995). A theory of the role of imitation in the emergence of self. In *The Self in Infancy: Theory and Research*, P. Rochat (Ed.), pp. 73 - 93. Amsterdam: Elsevier.

●Merleau-Ponty, M. (1964). *The Primacy of Perception*. Evanston, IL: Northwestern University Press.

●Miller, R. E. (1967). Experimental approaches to the physiological and behavioral concomitants of affective communication in rhesus monkeys. In *Social Communication among Primates*, S. A. Altmann (Ed.), pp. 125 - 134. Chicago: University of Chicago Press.

●Miller, R. E., Murphy, J. V., and Mirsky, I. A. (1959). Relevance of facial expression and

51 - 68.

- Darwin, C. (1981 [orig. 1871]), *The Descent of Man, and Selection in Relation to Sex*. Princeton, NJ: Princeton University Press.[前掲『人間の進化と性淘汰』]
- Davila Ross, M., Menzler, S., and Zimmermann, E. (2007). Rapid facial mimicry in orangutan play. *Biology Letters* 4, pp. 27 - 30.
- de Gelder, B. (2003). Towards the neurobiology of emotional body language. *Nature Review of Neuroscience* 7, pp. 242 - 249.
- de Waal, F. B. M. (1996). *Good Natured: The Origins of Right and Wrong in Humans and Other Animals*. Cambridge, MA: Harvard University Press.[前掲『利己的なサル、他人を思いやるサル』]
- de Waal, F. B. M. (2001). *The Ape and the Sushi Master*. New York: Basic Books.[『サルとすし職人――「文化」と動物の行動学』西田利貞・藤井留美訳、原書房、2002]
- de Waal, F. B. M., Boesch, C., Horner, V., and Whiten, A. (2008). Comparing children and apes not so simple. *Science* 319, p. 569.
- Dimberg, U., Thunberg, M., and Elmehed, K. (2000). Unconscious facial reactions to emotional facial expressions. *Psychological Science* 11, pp. 86 - 89.
- Dosa, D. M. (2007). A day in the life of Oscar the cat. *New England Journal of Medicine* 357, pp. 328 - 329.
- Eisenberg, N. (2000). Empathy and sympathy. In *Handbook of Emotion* (2nd ed.), M. Lewis and J. M. Haviland-Jones (Eds.), pp. 677 - 691. New York: Guilford.
- Ferrari P. F., Fogassi, L., Gallese, V., and Rizzolatti, G. (2003). Mirror neurons responding to the observation of ingestive and communicative mouth actions in the monkey ventral premotor cortex. *European Journal of Neuroscience* 17. pp. 1703 - 1714.
- Ferrari, P. F., Visalberghi, E., Paukner, A., Fogassi, L., Ruggiero, A., and Suomi, S. J. (2006). Neonatal imitation in rhesus macaques. *PLoS-Biology* 4, pp. 1501 - 1508.
- Gallese, V. (2005). "Being like me": Self-other identity, mirror neurons, and empathy. In *Perspectives on Imitation*, S. Hurley and N. Chater (Eds.), pp. 101 - 118. Cambridge, MA: MIT Press.
- Gallese, V., Keysers, C., and Rizzolatti, G. (2004). A unifying view of the basis of social cognition. *Trends in Cognitive Science* 8, pp. 396 - 403.
- Geissmann, T., and Orgeldinger, M. (2000). The relationship between duet songs and pair bonds in siamangs, *Hylobates syndactylus*. *Animal Behaviour* 60, pp. 805 - 809.
- Goodall, J. (1990). *Through a Window*. Boston: Houghton Mifflin.[『心の窓――チンパンジーとの三〇年』高崎和美・高崎浩幸・伊谷純一郎訳、どうぶつ社、1994]
- Hatfield, E., Cacioppo, J. T., and Rapson, R. L. (1994). *Emotional Contagion*. Cambridge, UK: Cambridge University Press.
- Haun, D. B. M., and Call, J. (2008). Imitation recognition in great apes. *Current Biology* 18, pp. 288 - 290.
- Herman, L. H. (2002). Vocal, social, and self-imitation by bottlenosed dolphins. In *Imitation in Animals and Artifacts*. K. Dautenhahn and C. L. Nehaniv (Eds.), pp. 63 - 108. Cambridge, MA: MIT Press.
- Herrmann, E., Call, J., Hernàndez-Lloreda, M. V., Hare, B., and Tomasello, M. (2007). Humans have evolved specialized skills of social cognition: The cultural intelligence hypothesis. *Science* 317, pp. 1360 - 1366.
- Hobbes, T. (1991 [orig. 1651]). *Leviathan*. Cambridge, UK: Cambridge University Press.[『リヴァイアサン(国家論)』水田洋・田中浩訳、河出書房新社、2005、他]
- Hoffman, M. L. (1978). Sex differences in empathy and related behaviors. *Psychological Bulletin* 84, pp. 712 - 722.
- Hopper, L., Spiteri, A., Lambeth, S. P., Schapiro, S. J., Horner, V., and Whiten, A. (2007). Experimental studies of traditions

●Mayr, E. (1961). Cause and effect in biology. *Science* 134, pp. 1501 - 1506.

●McLean, B., and Elkind, P. (2003). *Smartest Guys in the Room: The Amazing Rise and Scandalous Fall of Enron*. New York: Portfolio.

●Meston, C. M., and Buss, D. M. (2007). Why humans have sex. *Archives of Sexual Behavior* 36, pp. 477 - 507.

●Midgley, M. (1979). Gene-juggling. *Philosophy* 54, pp. 439 - 458.

●Rand, A. (1992 [orig. 1957]). *Atlas Shrugged*. New York: Dutton.［『肩をすくめるアトラス』脇坂あゆみ訳、ビジネス社、2004］

●Ridley, M. (1996). *The Origins of Virtue*. New York: Penguin.［『徳の起源――他人をおもいやる遺伝子』岸由二監修、古川奈々子訳、翔泳社、2000］

●Silk, J. B., Alberts, S. C., and Altmann, J. (2003). Social bonds of female baboons enhance infant survival. *Science* 302, pp. 1231 - 1234.

●Smuts, B. B. (1985). *Sex and Friendship in Baboons*. New York: Aldine.

●Solomon, R. C. (2007). Free enterprise, sympathy, and virtue. In *Moral Markets: The Critical Role of Values in the Economy*, P. J. Zak (Ed.), pp. 16 - 41. Princeton, NJ: Princeton University Press.

●Spencer, H. (1864). *Social Statics*. New York: Appleton.

●Tinbergen, N. (1963). On aims and methods of ethology. *Zeitschrift für Tierpsychologie* 20, pp. 410 - 433.

●Todes, D. (1989). *Darwin without Malthus: The Struggle for Existence in Russian Evolutionary Thought*. New York: Oxford University Press.［『ロシアの博物学者たち ――ダーウィン進化論と相互扶助論』垂水雄二訳、工作舎、1992］

●Whybrow, P. C. (2005). *American Mania: When More Is Not Enough*. New York: Norton.

●Wright, R. (1994). *The Moral Animal*. New York: Pantheon.［『モラル・アニマル』竹内久美子監訳、小川敏子訳、講談社、1995］

第3章　体に語る体

●Alexander, R. D. (1986). Ostracism and indirect reciprocity: The reproductive significance of humor. *Ethology & Sociobiology* 7, pp. 253 - 270.

●Anderson, J. R., Myowa-Yamakoshi, M., and Matsuzawa, T. (2004). Contagious yawning in chimpanzees. *Proceedings of the Royal Society of London* B 271: S468 - S470.

●Aureli, F., Preston, S. D., & de Waal, F. B. M. (1999). Heart rate responses to social interactions in free-moving rhesus macaques: A pilot study. *Journal of Comparative Psychology* 113, pp. 59 - 65.

●Bard, K. A. (2007). Neonatal imitation in chimpanzees tested with two paradigms. *Animal Cognition* 10. pp. 233 - 242.

●Batson, C. D. (1991). *The Altruism Question: Toward a Social-Psychological Answer*. Hillsdale, NJ: Erlbaum.

●Boesch, C. (2007). What makes us human (*Homo sapiens*)? The challenge of cognitive cross-species comparison. *Journal of Comparative Psychology* 121, pp. 227 - 240.

●Bonnie, K. E., Horner, V., Whiten, A., and de Waal, F. B. M. (2006). Spread of arbitrary conventions among chimpanzees: A controlled experiment. *Proceedings of the Royal Society of London* B, 274, pp. 367 - 372.

●Chartrand, T. L., and Bargh, J. A. (1999). The chameleon effect: The perception-behavior link and social interaction. *Journal of Personality & Social Psychology* 76, pp. 893 - 910.

●Church, R. M. (1959). Emotional reactions of rats to the pain of others. *Journal of Comparative Physiological Psychology* 52, pp. 132 - 134.

●Cole, J. (2001). Empathy needs a face. *Journals of Consciousness Studies* 8: pp.

Do dogs resemble their owners? *Psychological Science* 15. pp. 361 - 363.

- Saffire, W. (1990). The bonding market. *New York Times Magazine* (June 24, 1990).
- Smith, A. (1937 [orig. 1759]). *The Theory of Moral Sentiments*. New York: Modern Library.［『道徳感情論』水田洋訳、岩波書店、2003、他］
- Smith, A. (1982 [orig. 1776]). *An Inquiry into the Nature and Causes of the Wealth of Nations*. Indianapolis, IN: Liberty Classics.［『国富論——国の豊かさの本質と原因についての研究』山岡洋一訳、日本経済新聞出版社、2007、他］
- Thierry, B., and Anderson, J. R. (1986). Adoption in anthropoid primates. *International Journal of Primatology* 7. pp. 191 - 216.
- van Schaik, C. P., and van Noordwijk, M. A. (1985). Evolutionary effect of the absence of felids on the social organization of the macaques on the island of Simeulue. *Folia primatologica* 44. pp. 138 - 147.
- Wiessner, P. (2001). Taking the risk out of risky transactions: A forager's dilemma. In *Risky Business*, F. Salter (Ed.), pp. 21 - 43. Oxford, UK: Berghahn.
- Wrangham, R. W., and Peterson, D.(1996) *Demonic Males: Apes and the Evolution of Human Aggression*. Boston: Houghton Mifflin.［『男の凶暴性はどこからきたか』山下篤子訳、三田出版会、1998］
- Zajonc, R. B., Adelmann, P. K., Murphy, S. T., and Niedenthal, P. M. (1987). Convergence in the physical appearance of spouses: An implication of the vascular theory of emotional efference. *Motivation & Emotion* 11. pp. 335 - 346.

第2章　もう一つのダーウィン主義

- Carnegie, A. (1889). Wealth. *North American Review* 148, pp. 655 - 657.
- Clark, C. (1997). *Misery and Company: Sympathy in Everyday Life*. Chicago: University of Chicago Press.
- Dawkins, R. (1976). *The Selfish Gene*. Oxford, UK: Oxford University Press.［『利己的な遺伝子』日高敏隆他訳、紀伊國屋書店、1992］
- de Tocqueville, A. (1969 [orig. 1835]). *Democracy in America*, vol. 1. New York: Anchor.［『アメリカのデモクラシー』第一巻（下）松本礼二訳、岩波書店、2005、他］
- de Waal, F. B. M. (1996). *Good Natured: The Origins of Right and Wrong in Humans and Other Animals*. Cambridge, MA: Harvard University Press.［『利己的なサル、他人を思いやるサル——モラルはなぜ生まれたのか』西田利貞・藤井留美訳、草思社、1998］
- de Waal, F. B. M. (1999). Anthropomorphism and anthropodenial: Consistency in our thinking about humans and other animals. *Philosophical Topics* 27, pp. 255 - 280.
- de Waal, F. B. M. (2007 [orig. 1982]). *Chimpanzee Politics: Power and Sex among Apes*. Baltimore: Johns Hopkins University Press.［『チンパンジーの政治学——猿の権力と性』西田利貞訳、産経新聞出版、2006、他］
- Flack, J. C., Krakauer, D. C., and de Waal, F. B. M. (2005). Robustness mechanisms in primate societies: A perturbation study. *Proceedings of the Royal Society London* B 272, pp. 1091 - 1099.
- Ghiselin, M. (1974). *The Economy of Nature and the Evolution of Sex*. Berkeley: University of California Press.
- Hofstadter, R. (1992 [orig. 1944]). *Social Darwinism in American Thought*. Boston: Beacon.［『アメリカの社会進化思想』後藤昭次訳、研究社出版、1973］
- Kropotkin, P. (1972 [orig. 1902]). *Mutual Aid: A Factor of Evolution*. New York: New York University Press.［『相互扶助論』大杉栄訳、同時代社編集部現代語訳、同時代社、2009、他）
- Lott, T. (2005). *Herding Cats: A Life in Politics*. New York: Harper.

参考文献

第1章　右も左も生物学

- Bar-Yosef, O. (1986). The walls of Jericho: An alternative interpretation. *Current Anthropology* 27, pp. 157 - 162.
- Behar, D. et al. (2008). The dawn of human matrilineal diversity. *American Journal of Human Genetics* 82, pp. 1130 - 1140.
- Blum, D. (2002). *Love at Goon Park: Harry Harlow and the Science of Affection*. New York: Perseus.
- Churchill, W. S. (1991 [orig. 1932]). *Thoughts and Adventures*. New York: Norton.
- Darwin, C. (1981 [orig. 1871]). *The Descent of Man, and Selection in Relation to Sex*. Princeton, NJ: Princeton University Press.［『人間の進化と性淘汰』長谷川眞理子訳、文一総合出版、1999、他］
- de Waal, F. B. M. (1986). The brutal elimination of a rival among captive male chimpanzees. *Ethology & Sociobiology* 7, pp. 237 - 251.
- de Waal, F. B. M. (1997). *Bonobo: The Forgotten Ape*, with photographs by Frans Lanting. Berkeley: University of California Press.［『ヒトに最も近い類人猿ボノボ』フランス・ランティング写真、加納隆至監修、藤井留美訳、ティビーエス・ブリタニカ、2000］
- de Waal, F. B. M. (2006). *Primates and Philosophers: How Morality Evolved*. Princeton, NJ: Princeton University Press.
- Fry, D. P. (2006). *The Human Potential for Peace: An Anthropological Challenge to Assumptions about War and Violence*. New York: Oxford University Press.
- Haidt, J. (2001). The emotional dog and its rational tail: A social intuitionist approach to moral judgment. *Psychological Review* 108, pp. 814 - 834.
- Helliwell, J. F. (2003). How's life? Combining individual and national variables to explain subjective well-being. *Economic Modeling* 20, pp. 331 - 360.
- Hockings, K. J., Anderson, J. R., and Matsuzawa, T. (2006). Road crossing in chimpanzees: A risky business. *Current Biology* 16, pp. 668 - 670.
- Hume, D. (1985 [orig. 1739]). *A Treatise of Human Nature*. Harmondsworth, UK: Penguin.［『人間本性論』木曾好能訳、法政大学出版局、1995］
- Kano, T. (1992). *The Last Ape: Pygmy Chimpanzee Behavior and Ecology*. Stanford, CA: Stanford University Press.
- Lemov, R. (2005). *World as Laboratory: Experiments with Mice, Mazes, and Men*. New York: Hill & Wang.
- Lordkipanidze, D. et al. (2007). Postcranial evidence from early Homo from Dmanisi, Georgia. *Nature* 449, pp. 305 - 310.
- Marshall Thomas, E. (2006). *The Old Way: A Story of the First People*. New York: Sarah Crichton.
- Martikainen, P., and Valkonen, T. (1996). Mortality after the death of a spouse: Rates and causes of death in a large Finnish cohort. *American Journal of Public Health* 86, pp.1087 - 1093.
- Niedenthal, P. M. (2007). Embodying emotion. *Science* 316, pp. 1002 - 1005.
- Poole, J. (1996). *Coming of Age with Elephants: A Memoir*. New York: Hyperion.
- Rodseth, L., Wrangham, R. W., Harrigan, A. M., and Smuts, B. B. (1991). The human community as a primate society. *Current Anthropology* 32, pp. 221 - 254.
- Rossiter, C. (1961). *The Federalist Papers*. New York: New American Library.［『ザ・フェデラリスト』斎藤眞・中野勝郎訳、岩波書店、1999、他］
- Rousseau, J-J. (1968 [orig. 1762]). *The Social Contract*. London: Penguin.［『社会契約論・人間不平等起源論』作田啓一・原好男訳、白水社、1991、他］
- Roy, M. M., and Christenfeld, N. J. S. (2004).

著者

フランス・ドゥ・ヴァール Frans de Waal

動物行動学者。霊長類の社会的知能研究で世界の第一人者として知られている。現在、ヤーキーズ国立霊長類研究センターのリヴィング・リンクス・センター所長、エモリー大学心理学部教授。最初の著書『チンパンジーの政治学』(産経新聞出版)では、チンパンジーの権力闘争に絡む追従や画策を人間の政治家と比較した。その著書は15か国語以上に翻訳されて広く人気を博し、霊長類学者として世界でも抜群の知名度を誇る。2007年には『タイム』誌の「世界で最も影響力のある100人」の一人に選ばれている。著書に『利己的なサル、他人を思いやるサル』(草思社)、『あなたのなかのサル』(早川書房)などがある。

訳者

柴田裕之(しばた・やすし)

1959年生まれ。早稲田大学・アーラム大学(米国)卒業。主な訳書に、リゾラッティ他『ミラーニューロン』、ジェインズ『神々の沈黙』、ハンフリー『赤を見る』、ノーレットランダーシュ『ユーザーイリュージョン』(以上、紀伊國屋書店)、カシオポ他『孤独の科学』(河出書房新社)、ガザニガ『人間らしさとはなにか?』(インターシフト)、ダイソン『叛逆としての科学』(みすず書房)、プレストウィッツ『東西逆転』(NHK出版)、ギンガリッチ『誰も読まなかったコペルニクス』(早川書房)、シャタック『禁断の知識』(凱風社)などがある。

解説者

西田利貞(にしだ・としさだ)

1941年生まれ。(財)日本モンキーセンター所長、京都大学名誉教授。理学博士。チンパンジー研究の第一人者。国際霊長類学会会長(1996-2000)、日本霊長類学会会長(2001-2005)などを歴任。2008年に人類起源研究の分野で最高の賞とされるリーキー賞を受賞。著書に『人間性はどこから来たか』、『新・動物の「食」に学ぶ』(以上、京都大学学術出版会)、『チンパンジーおもしろ観察記』(紀伊國屋書店)、『チンパンジーの社会』(東方出版)など多数。

共感の時代へ　動物行動学が教えてくれること

2010年4月22日　第1刷発行

発行所…………株式会社 紀伊國屋書店
東京都新宿区新宿3-17-7
出版部(編集) 03(6910)0508
ホールセール部(営業) 03(6910)0519
〒153-8504　東京都目黒区下目黒3-7-10

本文イラスト……フランス・ドゥ・ヴァール
装丁……………芦澤泰偉＋五十嵐 徹
印刷・製本 ……図書印刷

ISBN 978-4-314-01063-4 C0045
Printed in Japan

定価は外装に表示してあります